环境保护与检测技术

徐 标 王程涛 张建江 主编

吉林科学技术出版社

图书在版编目（CIP）数据

环境保护与检测技术 / 徐标，王程涛，张建江主编
. -- 长春：吉林科学技术出版社，2021.8（2023.4重印）
ISBN 978-7-5578-8526-7

Ⅰ．①环… Ⅱ．①徐… ②王… ③张… Ⅲ．①环境保
护②环境监测 Ⅳ．①X

中国版本图书馆 CIP 数据核字（2021）第 158600 号

环境保护与检测技术

HUANJING BAOHU YU JIANCE JISHU

主　　编	徐　标　王程涛　张建江	
出 版 人	宛　霞	
责任编辑	孔彩虹	
封面设计	李　宝	
制　　版	张　凤	
幅面尺寸	185mm×260mm	
开　　本	16	
字　　数	380 千字	
页　　数	274	
印　　张	17.125	
版　　次	2021 年 8 月第 1 版	
印　　次	2023 年 4 月第 2 次印刷	
出　　版	吉林科学技术出版社	
发　　行	吉林科学技术出版社	
地　　址	长春市福祉大路 5788 号	
邮　　编	130118	

发行部电话/传真　0431—81629529　　81629530　　81629531
　　　　　　　　　　　　81629532　　81629533　　81629534

储运部电话　0431—86059116

编辑部电话　0431—81629518

印　　刷　北京宝莲鸿图科技有限公司

书　　号　ISBN 978-7-5578-8526-7

定　　价　70.00 元

前　言

环境问题是人类面临的最重大的问题之一。人们为了追求更加美好的生活，加快利用自然、改造自然，特别是进入 20 世纪后，伴随着全球经济的高速增长，人与自然的矛盾更加激化，生态破坏和环境污染已经成为严重的区域性和全球性环境问题，制约着可持续发展。因此探索环境问题的成因、规律、危害，以及解决环境问题的途径，保护我们赖以生存的生态环境，是一项紧迫而又艰巨的任务，更是我们义不容辞的责任。

在现代社会错综复杂的社会经济、技术和生态系统的进程中，可以看出资源、环境、人口和发展之间相互依存，相互影响的关系。人口和经济的迅速增长，加剧了资源的使用，导致了环境的破坏，进一步降低了资源的生产率。自然生态的破坏、土地的损失和不当的工业化，不仅减少了资源基地，而且造成农业环境退化，污染环境和浪费大量资源，成为当代一个严重的环境问题。因此，能否正确认识和处理好资源、环境、人口和发展之间相互关系，做好环境保护工作，不仅关系到当前这一代人，而且关系到子孙后代能否正常生活，是一个与人类前途休戚相关的战略问题。水质污染降低或丧失影响了水体使用功能，有限的可利用的水资源总量减少，进一步加剧了水资源的短缺局面。

环境检测是准确，及时、全面地反映环境质量现状及发展趋势的技术手段，为环境科学研究，环境规划、环境影响评价，环境工程设计，环境保护管理和环境保护宏观决策等提供不可缺少的基础数据和重要信息。环境检测是环境保护工作的基础，是执行环境保护法规的依据，是污染治理及环境科学研究、规划和管理不可缺少的重要手段。

由于笔者水平有限，书中难免会出现不足之处，希望各位读者和专家能够提出宝贵意见，以待进一步修改，使之更加完善。

目　录

第一章 资源与环境

第一节 自然资源

一、自然资源的概念

自然资源有狭义和广义之分。狭义的自然资源指可以被人类利用的自然物。广义的自然资源则要延伸到这些自然物所赖以生存、演化的生态环境。最有代表性的广义解释是联合国环境规划署于1972年提出的：所谓自然资源，是指在一定时间条件下，能够产生经济价值以提高人类当前和未来福利的自然环境因素的总和。

二、自然资源的特点及分类

（一）自然资源的特点

资源是一个历史范畴的概念，随着人类认识水平的提高会有越来越多的物质成为资源，物质资源化和资源潜力的发挥是无限的。但在一定的时空范围和认识水平下，有效性和稀缺性是资源的本质属性。一般自然资源都具有一些共同的特征，主要有如下几方面：

1.可用性

即资源必须是可以被人类利用的物质和能量，对人类社会经济发展能够产生效益或者价值。如地下埋藏的石油，是当今工业社会的主要能源和某些化学工业原料的主要来源。

2.有限性

在一定条件下资源的数量是有限的，不是取之不尽、用之不竭的。即使是太阳能，照射到地球的有效辐射也是有限的，人类对其利用的程度更是有限的。如空气，在地球上绝大多数地方是一种可以任意取用的物质，但在特殊的场所、特殊的时间，空气也会成为非常有限的资源，如潜水员使用的压缩空气、宇宙飞船的密封舱，空气就是一种非常重要而且完全有可能耗尽的资源。

3.多宜性

即自然资源一般都可用于多种途径，如土地可用于农业、林业、牧业，也可用于工业、交通和建筑等。这是引起行业资源竞争的主要原因之一，但也是产业结构调整的基础。

4.整体性

自然资源不是孤立存在的，而是相互联系、相互影响和相互依赖的复杂整体。一种资源的利用会影响其他资源的利用性能，也受其他资源利用状态的影响。如土地是一个较广泛的概念，它可以包括特定区域空间的水、空气、辐射等多种资源。由于水气资源的质量变化，也会影响到土地资源质量的变化，水资源的缺乏会引起土地生产力的下降。

5.区域性

自然资源存在空间分布的不均匀性和严格的区域性。从宏观上看，全球自然资源是一个整体，但任何一种资源在地球上的分布都是不均的，即使是空气也有明显的垂直分布差异，从而也使不同国家或地区都有不同的资源特点。这种资源分布的地域性与不平衡性，导致了全球区域性的资源短缺与区域间的资源交换和优势互补。

6.可塑性

自然资源在受到外界有利的影响时会逐渐得到改善，而在不利的干扰下会导致资源质量的下降或破坏。这就为资源的定向利用和保护提供了依据。

因此，在社会经济的发展中，必须正确地处理好自然资源利用与保护的关系。对自然资源的过度利用，势必影响资源整体的平衡，使其整体结构和功能以及在自然环境中的生态效能遭到破坏甚至丧失，从而导致自然整体的破坏。因此开发任一项自然资源，都必须注意保护人类赖以生存、生活、生产的自然环境。

（二）自然资源的分类

自然资源的分类是研究自然资源的特点及其对人类社会经济活动影响的基础。为了研究自然资源的可持续利用问题，根据自然资源能否再生，将其分为可更新资源和可耗竭资源。

1.可更新资源

可更新资源（原生性自然资源、可再生资源、继发性资源、非耗竭性资源、无限资源）是能够通过自然力以某一增长率保持或增加蕴藏量的自然资源。例如太阳能、大气、风、降水、气候、森林、鱼类、农作物以及各种野生动植物等，随着地球形成及其运动而存在，基本上是持续稳定产生的。

可更新资源又可分为生物资源和非生物资源，但不管哪一类都可以持续再生、代谢更新。生物资源是自然环境中的有机组成部分，是自然历史的产物，包括各种农作物、林木、牧草、家畜、家禽、水生生物、微生物和各种野生动植物以及由它们组成的各种群体。生物资源不仅为人类提供了大量的肉食、蛋白质和各种药材以及工业原料等，而且是生态系统物质循环和能量流动的基础。当人类的利用速度超过了资源的更新速度时，就会导致可更新量越来越少，自然资源趋于耗竭。因此，只有合理地保护自然资源，才能实现对其持续永久的利用。

2.可耗竭资源

可耗竭资源（次生性自然资源、非继发性自然资源、耗竭性资源、有限资源）是指：假定在任何对人类有意义的时间范围内，资源质量保持不变，资源蕴藏量不再增加的资源。这种自然资源是在地球自然历史演化过程中的特定阶段形成的，质与量是有限定的，空间分布是不均匀的。

耗竭既可看作是一个过程，也可以看作是一种状态。可耗竭资源的持续开采过程也就是资源的耗竭过程。当资源的蕴藏量为零时，就达到了耗竭状态。确切地说，当开采成本过高，使市场需求为零时，尽管资源蕴藏量不为零，也可视为资源耗竭。

可耗竭资源按其能否重复使用，又分为可回收的可耗竭资源和不可回收的可耗竭资源。可回收的可耗竭资源——资源产品的效用丧失后，大部分物质还能够回收利用的可耗竭资源。这主要是指金属等矿产资源。如汽车报废后汽车上的废铁可以回收利用。

不可回收的可耗竭资源——使用过程不可逆，且使用之后不能恢复原状的可耗竭资源。主要指煤、石油、天然气等能源资源，这类资源被使用后就被消耗掉了，如煤燃烧变成热能，热便消散到大气中，变得不可恢复了。

三、自然资源与环境和人类的关系

自然资源是指在一定的技术经济条件下，现实或可预见的将来能产生生态价值或经济效益，以提高人类生产水平和生活质量的一切自然物质和自然能量的总和。从这一概念不难看出，资源是动态的，它随着人类的认识水平和科技成就而不断地扩展，与人类需要和利用能力紧密联系。也就是说，资源是一个历史范畴的概念，随着社会生产力水平和科学技术水平的进步，其内涵与外延不断深化和扩大。随着人类的变迁和认识水平的提高，人类赖以生存、生活和生产的自然环境组成成分，都可以成为自然资源。可以说人们生活所依赖的环境也是一种自然资源。

从自然资源与自然环境的概念可以看到两者具有非常密切的关系。自然环境是人类赖以生存、生活和生产所必需的、不可缺少的而又无需经过任何形式的摄取就可以利用的外界客观物质条件的总和，即直接或间接影响人类的一切自然形成的物质及能量的总体。自然资源是人类从自然环境因素中，经过特定形式摄取利用于生存、生活和生产所必需的各种自然组成成分。可见，自然资源是自然环境的组成部分，它在组成环境整体的结构和功能中，具有特定的作用即生态效能。如森林资源，既能完成森林生态系统中能量和物质的代谢功能，提供一定的生物产量和产物，还具有涵养水源、保持水土、净化空气、消除噪声、调节气候、保护农田草原、改善环境质量等生态效能。

因此，自然资源与自然环境是自然物质条件的两种属性、两个侧面，在一定条件下两者可以相互转化。人类赖以生存、生活和生产所需的土地、土壤、水、森林、野生动植物等自然资源，也是在特定条件下人类所需的基本自然物质条件，也就是自然环境。不仅如此，由于现代文明的出现和人类对自然认识的肤浅性和渐进性，导致环境污染和生态破坏日趋严重，为了保护人类生存、生活和生产的环境，人们已逐渐摒弃传统的对环境要素中各种自然因子的放任自流的任意利用，而是将环境因素作为资源加以开发、保护和利用，所以有人将这类环境因素称之为环境资源，如水、大气、土壤等。

资源是经济发展的基础。人类进行生产和消费的内容多种多样，从根本上说都是利用和消耗自然资源。例如人类生活所需的食物是由水、土壤和大气中的 CO_2、O_2 等自然资源通过生态系统对太阳能的转化固定所形成；占地球总生物量近90%的森林，既是氧气的重要来源，又是国民经济许多部门的基本生产资料，如木材加工业、造纸业、建筑业等。

在社会生产发展的初级阶段，生产工具的制造完全依赖于自然资源，如石器取之于岩石，木器取之于森林，铜器来源于矿层；人类劳动的对象如土地、动植物体和水等都是自然资源，人类驯化的动物还为人类提供劳动力等。

人类利用自然资源的历史证明，把自然资源看成是取之不尽、用之不竭的观点是错误的。随心所欲地利用自然资源来发展经济，只会导致自然资源的枯竭和环境的破坏，并反过来制约经济的进一步发展，因而这种发展是不可持续的。如森林的大面积乱砍滥伐、草原的过度放牧等都引起了严重的水土流失和生态破坏，不仅制约着本地区的经济发展，也给下游地区的生态经济带来严重的不良影响。

大量的事实告诉人们，人类在利用自然资源发展经济的同时，必须注意保护资源。要把资源的利用与保护统一起来，须防止两种错误倾向：一种是强调经济发展，忽视对自然资源的保护；另一种是过分强调自然资源的保护，而限制了经济的发展。这两种倾向对社会经济的持续发展都是不利的。只有在"保护资源，节约和合理利用资源""开发利用与保护增值并重"的方针和"谁开发谁保护，谁破坏谁恢复，谁利用谁补偿"的政策下，依靠科技进步挖掘资源潜力，充分提高资源的利用效率，发展资源节约型经济，坚持经济效益、社会效益和生态环境效益相统一的原则，才能实现自然资源的高效持续利用。

四、资源蕴藏量

自然资源的蕴藏量有三个不同的概念，即已探明储量、未探明储量和蕴藏量。

（一）已探明储量

已探明储量是在现有的技术条件下，其资源位置、数量和质量可以得到明确证实的储量。已探明储量可分为：①可开采储量——在目前的经济技术水平下有开采价值的资源；

②待开采储量——储量虽已探明，但由于经济技术条件的限制，尚不具备开采价值的资源。

（二）未探明储量

未探明储量是指目前尚未探明但可以根据科学理论推测其存在或应当存在的资源。未探明储量可分为：①推测存在的储量——可据现有科学理论推测其存在的资源；②应当存在的资源——今后由于科学的发展可以推测其存在的资源。

（三）蕴藏量

资源蕴藏量等于已探明储量与未探明储量之和，是指地球上所有资源储量的总和。对于可耗竭资源来说，蕴藏量是绝对减少的；对于可更新资源来说，蕴藏量是一个可变量。这个概念之所以重要，是因为它代表着地球上所有有用资源的最高极限。

第二节　自然资源的利用与保护

一、矿产资源的开发利用与保护

矿产，是人类社会生产与发展过程中形成的一个概念，是指在目前科技和经济条件下，可供人类开发利用的矿物（矿物质）或其集结体——岩石。《中华人民共和国矿产资源法实施细则》中指出："矿产资源是指由地质作用形成的，具有利用价值的，呈固态、液态、气态的自然资源"。矿产资源是不可再生的自然资源，一般可分为能源、金属矿物和非金属矿物三大类。

世界上矿产资源分布极不均匀。以黑色金属、有色金属、贵金属和金刚石等固体矿产为例，其资源量主要分布在世界上几个国家或地区。如全球铬矿资源储量的82%、铂族金属储量的89%和黄金储量的41%分布在南非，矿储量的43%和稀土金属储量的42%在我国，铅矿储量的27%分布在澳大利亚，铜矿储量的26%分布在智利。

我国是世界上为数不多的矿产资源比较丰富、矿种比较齐全的国家之一。目前已发现矿产168种，探明储量的矿产有153种（其中，能源矿产7种，金属矿产54种，非金属矿产89种，水气矿产3种）。已发现矿床、矿点20余万个，如果把某些建筑材料矿产，如花岗岩、砂岩等也包括在内，矿床数量将更多，平均每10 000 k ㎡陆地国土面积有200多个矿床、矿点。已发现的油气田400余处，固体矿产地约2万个。40多种主要矿产探明储量的潜在经济价值居世界第三位，仅次于苏联和美国。

矿产资源开发面临的最大挑战之一是环境问题。在开发矿产资源取得巨大经济和社会效益的同时，引发的环境污染和生态破坏日趋严重，并呈发展趋势。在世界上，一些发达国家在治理与防止由于矿产开发而引起的环境问题方面有明显的进展，在经历了先污染、后治理过程后，走向了防止与治理结合的道路。而发展中国家由于经济状况所限，大多是处于以牺牲环境来获取矿产资源，破坏环境的势头有增无减。我国目前也处于这种状态，局部有改善，总体还在恶化。具体体现在以下几个方面：大气污染，酸雨严重；水位下降，水质恶化；堆积尾矿，挤占土地，污染环境。

矿产资源是人类社会生存和发展的重要物质基础。新中国成立以来，我国矿产勘查开发取得巨大的成就，探明一大批矿产资源，建成了比较完善的矿产供应体系。矿业作为国民经济的基础产业，提供了我国所需要的95%的能源、80%的工业原材料和70%以上的农业生产资料，为支持经济高速发展、满足人民物质生活日益增长的需求提供了广泛的资源保障，作出了重要的贡献。目前我国经济快速、持续、稳定增长，但是高耗费、高排放、高污染、低效率的粗放型经济增长方式并没有得到根本的改变。随着经济规模的迅速扩大，资源消耗速度明显加快，需求迅速增长，资源供需形势日趋严峻，进口依赖程度越来越高，对经济发展的瓶颈制约日益凸现；矿产资源长期粗放式的过度开发，特别是一个时期以来的乱采乱挖，使得生态环境脆弱，污染问题突出，资源短缺与严重浪费并存，人口、资源和环境已经成为我国社会经济可持续发展的最重要制约因素。

党在十六届三中全会提出，坚持以人为本，树立全面协调可持续的发展观。这就要求我们在经济社会发展过程中，要充分地考虑人口承担力、资源支撑力、生态环境和社会的承受力，既要考虑当前发展的需要又要考虑未来发展的需要，既要满足当代人的利益又不能够牺牲后代人的利益，既要遵循经济规律又要遵循自然规律，既要讲究经济社会效益又要讲究生态环境效益，还要控制人口、节约资源、保护环境，加强生态建设，实现社会经济与人口资源环境相协调。

二、土地资源的利用与保护

土地是最基本的自然资源，是农业的根本生产资料，是矿物质的储存场所，也是人类生活和生产活动的场所以及野生动物和家畜等的栖息所。总之，土地是陆地上一切可更新资源都赖以存在或繁衍的场所。因此，土地资源的合理利用就成为各种可更新资源的保护中心。

在全球51 000万 km^{2}的总面积中，陆地占29.2%，约14 000万 km^2，其中还包括南极大陆和其他大陆上高山冰川所覆盖的土地。如果减去这部分长年被冰雪覆盖的土地，则地球上无冰雪的陆地面积约13 000万 km^2。其中与人类关系最大的是可耕土地。世界上现有耕地13.7亿公顷，约占土地总面积的10.5%。对于世界居民而言，这些土地无疑是一个巨大的数字。用当前世界总人口60亿计，人均占有2.5公顷。

考虑到土地的质量属性，则这些数字就得大打折扣了，从农业利用的角度来看，包括土地的地理分布、土层厚度、肥力高低、水源远近、潜水埋深和地势高低、坡度大小等，这些属性对农业生产都有着不同程度的影响。从工矿和城乡建设用地的角度，还要考虑地基的稳定性、承压性能和受地质地貌灾害（火山、地震、滑坡等）、气象灾害（干旱、暴雨、大风等）威胁的程度等。在土地质量诸要素中，还有一个重要的因素即土地的通达性。包括土地离现有居民点的远近，以及道路和交通情况等因素，这些因素影响着劳动力与机械到达该土地所消耗的时间和能量。

这样一来，陆地面积中大约有 20% 处于极地和高寒地区，20% 属于干旱区，20% 为陡坡地，还有 10% 的土地岩石裸露，缺少土壤和植被。这 4 项共占陆地面积的 70%，在土地利用上存在着不同程度的限制因素，即限制性环境。其余 30%±地限制性较小，适宜于人类居住，称为适居地，也就是可居住的土地，包括可耕地和住宅、工厂、交通、文教和军事用地等。按人均 2.5 公顷的 30% 计算，人均占有 0.75 公顷。在适居地中，可耕地占 60%～70%，折合人均面积为 0.45-0.53 公顷。

我国是土地资源相对贫乏、土地质量较差的国家。国土面积中干旱、半干旱土地大约占一半，山地、丘陵和高原占 66%，平原仅占 34%。随着人口的不断增长，工矿、交通、城市建设用地不断增加，人均耕地不断减少。与此同时，由于人类不合理的生产活动，致使水土流失严重，土地沙化、盐渍化和草场退化面积不断扩大而损失掉大片的良田。因此，合理地利用和保护有限的土地资源是关系到我国社会、经济和生态环境可持续发展的关键。我国土地总面积居世界第三位，但人均土地面积仅为 0.777 公顷，相当于世界人均土地的三分之一。其中耕地面积大约占世界总耕地的 7%。虽然我们用世界上 7% 的耕地养活了 22% 的人口，取得了举世瞩目的成就，但这种情况不可能无休止地维持下去。引起土地资源危机的原因既有自然因素，又有人为影响，但其最主要的因素还是人类不合理的活动，具体体现在以下几个方面：耕地减少、水土流失、土地荒漠化。

1950～1990 年间，世界人口增加整整一倍，全球人均耕地也恰恰减少一半。这表明，全球人口爆炸是构成全球人均耕地减少的主要因素。

水土流失是指土壤在水的浸润和冲击作用下，结构发生破碎和松散，随水流动而散失的现象。在自然条件下，降水所形成的地表径流会冲走一些土壤颗粒。但土壤如果有森林、野草、作物或植物的枯枝落叶等良好覆盖物的保护.则这种流失的速度非常缓慢，使土壤流失的量小于母质层变为土壤的量。在过度砍伐或过度放牧引起植被破坏的地方，水土流失更是逐渐加重。当今世界森林正以每年 1 800～2 000 万公顷的速度从地球上消失，全世界每年有 260 亿吨土壤耕作层流失。这种人为的植被破坏是加速水土流失的根本原因。我国水土流失总面积 356 万 km^2，其中水蚀 165 万 km^2，风蚀 191 万 km^2。在水蚀和风蚀面积中，水蚀风蚀交错区土壤侵蚀面积为 26 万 km^2。按流失强度分，全国轻度水土流失面积为

162 万 km^2，中度为 80 万 km^2，强度为 43 万 km^2，极强度为 33 万 km^2，剧烈为 38 万 km^2。黄河每年流出三门峡的泥沙量为 16 亿吨，个别年份最大输沙量达 26.5 亿吨，在世界上占第一位。

荒漠化是指由于气候变异和人为活动等因素，干旱、半干旱或亚湿润地区的土地退化。根据地表形态特征和物质构成，荒漠化分为风蚀荒漠化、水蚀荒漠化、盐渍化、冻融及石漠化。目前全国荒漠化土地面积超过 262.2 万 km^2 占国土总面积的 27.3%，其中沙化土地面积为 168.9 万 km^2。荒漠化及其引发的土地沙化已成为严重制约我国经济社会可持续发展的重大环境问题。

合理地开发利用土地资源，维持土地数量相对稳定，保持土壤肥力的久用不衰是提高社会经济效益，促进生态良性循环，保证人类生存和发展的千秋大计。

三、水资源的利用与保护

水是人类生活和生产中不可缺少的重要资源，是经济社会可持续发展的基础。水资源是一种可以更新的自然资源。广义水资源是指地球水圈中多个环节多种形态的水。狭义水资源是指参与自然界的水循环，通过陆海间的水分交换，陆地上逐年可得到更新的淡水资源，而大气降水是其补充源。狭义水资源是人类重点调查评价、开发利用和保护的水资源。

全球总贮水量估计为 13.86 亿 km^3，但其中淡水总量仅为 0.36 亿 km^3 除冰川和冰帽外，可利用的淡水总量不足世界总贮水量的 1%。这部分淡水与人类的关系最密切，并且具有经济利用价值。虽然在较长时间内它可以保持平衡，但在一定时空范围内，它的数量却是有限的，并不像人们所想象的那样可以取之不尽、用之不竭。

地球上各种形态的水都处在不断运动与相互转换之中，形成了水循环。水循环直接涉及自然界中一系列物理、化学和生物过程，对于人类社会的生产、生活以至整个地球生态都有着重要意义。

传统意义上的水循环即水的自然循环，它是指地球上各种形态的水在太阳辐射和重力作用下，通过蒸发、水汽输送、凝结降水、下渗、径流等环节，不断发生相态转换的周而复始的运动过程。

水是关系人类生存发展的一项重要资源。人类社会为了生产、生活的需要，抽取附近河流、湖泊等水体。通过给水系统用于农业、工业和生活。在此过程中，部分水被消耗性使用掉，而其他则成为污、废水，需要通过排水系统妥善处理和排放。给水系统的水源和排水系统的受纳水体大多是邻近的河流、湖泊或海洋，取之于附近水体，还之于附近水体，形成另一种受人类社会活动作用的水循环，这一过程相对于水的自然循环而言，称之为水的社会循环。之所以称之为"循环"，是从天然水的资源效能角度而言的，它使附近水体中的水多次更换，多次使用，在一定的空间和一定的时间尺度上影响着水的自然循环。

千百年来，在人们的认识中水是取之不尽、用之不竭的天然源泉，因而没有引起人们的充分重视和爱惜，肆意污染和浪费。近年来，越来越多的人已经察觉到，水资源并不像想象的那么丰富，目前这种不可持续的水资源利用方式已经对许多地区的人类生活、经济发展和生态环境造成严重的不利影响。

据联合国最近几年的统计显示：全世界淡水消耗自20世纪初以来增加了六、七倍，比人口增长速度高2倍。目前世界上有80个国家约15亿人口存在严重的淡水不足问题，其中26个国家3亿多人口完全生活在缺水状态之中。据专家估计，2000年，大约30个国家的、占全世界20%的人口面临水资源短缺问题，到2025年，将会有大约50个国家的、占全世界30%（即23亿人）的人口面临淡水危机。在淡水消费增长的同时，淡水资源污染也日益严重。

我国水资源总量为$2.8 \times 10^{12} m^3$（居世界第六位），但人均水量只有2 300m^3左右，约为世界人均水量的四分之一（居世界第八十几位），许多地区已出现因水资源短缺影响人民生活、制约经济发展的局面。20世纪80年代以来，由于社会经济的高速发展，气候持续干旱，污染日益严重，中国不少地区出现了不断加剧的水资源短缺问题，特别是在北方及部分沿海地区，水资源的供需矛盾十分突出，已成为制约经济和社会发展的重要因素。

人类避免水资源危机所采取的行动主要有以下几方面：①控制人口增长；②改变观念，循环用水；③运用高新技术；④兴修水利，拦洪蓄水，植树造林，含蓄水源；⑤发展水产淡水业。

四、森林资源的利用与保护

森林是由乔木或灌木组成的绿色植物群体，是整个陆地生态系统中的重要组成部分，是自然界物质和能量交换的重要枢纽，对于地面、地下和空间都有多方面的影响。森林是一种极为重要的自然资源，拥有大量的生物资源，蕴藏着地球上最丰富的生物群落，是巨大的遗传资源库。森林本身是陆地生态系统中面积最大、结构最复杂、功能最稳定、生物总量最高的生态系统。它对整个陆地生态系统有着决定性的影响。

世界森林历史上曾达到过76亿公顷，覆盖着三分之二的陆地，直到1862年降到55亿公顷。目前，地球上有五分之一的地面为森林所覆盖，总面积40.8亿公顷，总蓄积3 100亿m^3、每年能生产23亿m^3木材。据国内外的经验，一个较大的国家和地区，其森林覆盖率达到30%以上，而且分布比较均匀，那么这个国家或地区的自然环境就比较好，农牧业生产也就比较稳定。当今世界，由于人类不合理的利用，乱砍滥伐森林，严重地破坏了人类赖以生存的环境。全世界森林正以每年1 800—2 000万公顷的速度消失，据世界粮农组织卫星测定，热带雨林现仅剩9亿公顷。

据中国环境公报数据表明，我国现有林业用地 26 300 万公顷，森林面积 15 900 万公顷，活立木蓄积量 1 248 800 万 m^3，森林蓄积量 1 126 700 万 m^3。森林覆盖率为 16.55%，比世界平均水平低 10.45%；全国人均占有森林面积为 0.128 公顷，相当于世界人均森林面积的 1/5；人均蓄积量为 9.048 m^3，只有世界人均蓄积量的 1/8。与前一次全国森林资源清查结果相比，森林面积、蓄积量继续保持双增长，林木的生长量大于消耗量。

森林除了给人类提供大量的直接产品外，在维护生态环境方面的功能十分突出，主要表现在以下几个方面：①涵养水源和保持水土；②吸收 CO_2，放出 O_2。③吸收有毒有害气体和检测大气污染；④驱菌和杀菌；⑤阻滞粉尘和减低噪声；⑥保护野生生物和美化环境；⑦防风固沙；⑧调节气候。

我国林业发展的总战略即总任务是：切实保护和经营好现有森林；大力造林、育林、扩大森林资源；永续、合理利用森林资源；充分发挥森林的多种功能和效益，逐步满足社会主义建设和人民生产生活的需要。

五、生物资源的利用与生物多样性保护

（一）生物资源的概念及其特性

生物资源通常指植物、动物和微生物，即可供人类利用的一切生命有机体的总和。

生物资源不同于其他自然资源，有其特殊的性质。因而在整个自然资源中起着桥梁的作用并占据中心地位。生物资源与非生物资源的本质区别在于生物资源可以不断自然更新和人为扩大繁殖，而非生物资源则不能。利用生物资源的这一特性，首先必须保护生物资源本身不断更新的生产能力，从而才有可能达到长期利用的目的。

生物资源都具有一定的地域性，即每一种生物都有其或大或小的特定的生长地理范围，在植物里面表现得尤为突出。如巴西橡胶、可可只能在湿热带生长；瓜尔豆、牛油树只有在干热带方能生长良好；贝母、黄连只适应高海拔地区等。

生物具有遗传潜力的基因，存在于该种生物的种群之中，任何生物个体不能代表其种群的基因库。各种危及物种生存和繁殖的因素容易引发物种世代顺序的断裂，而种群的个体数减少到一定限度时，该生物的遗传基因便有丧失的危险，最终导致物种的解体。而物种的解体也就是资源的解体，因为物种绝种之后是不可能再造的。

生物与环境之间是相互作用的，它们一方面受制于环境因素，反过来又影响这些环境因素。植物在这方面的作用尤为显著。组成土壤有机物质的大部分是植物的产物；植物组成的植被具有保持水土、调节气候的作用。森林植被的恒温恒湿作用、涵养水源作用和巨大的热容量，具有保护农业生产和稳定生态环境的特殊作用。由于森林植被的破坏而造成区域气候诸要素的明显不利变化早已成为全球面临的严峻问题。

生物资源中的植物资源又有其独到之处，能直接利用太阳能，并将太阳能转换为化学能加以储存，在一定条件下释放出来或转变为热能。部分光合自养性微生物也有此功能。

（二）生物资源的利用

人类文明早期，原始人利用生物资源主要是为了果腹，提供能量，生存繁衍。这类生物资源可归类为食用生物资源，主要有淀粉、糖料、蛋白质、油脂等。这类开发利用目前仍旧是人类对生物资源需求和重点研究的一个主要方面。

随着文明的发展，在长期与自然打交道的过程中，人们发现了一些动植物具有治疗某些疾病的作用，并开始了有意识的深入研究。因而利用生产资源的进程几乎同时进入了另一个阶段——食药同源。我国对药物的利用历史源远流长，为世界医药作出了巨大贡献。在微生物中多种抗生素的发现，这方面生物资源开发利用的新纪元。

在人类文明的一定阶段，生物资源在工业方面得到不同程度、不同规模地利用。但真正大规模集约化利用生物资源，还是近代工业革命之后的事。随着资本主义市场的不断扩大，对各种资源的需求也随之加剧。目前工业化对生物资源的利用已达到无以复加的地步，极大地改变了我们这个星球的面貌。对木材、造纸原料的需求就是一个很好的例证。近百年间，橡胶从热带雨林中原始部族中的小儿玩具一跃而成为重要工业原料和战略物资。而由于大量砍伐木材和毁林植胶已使热带雨林急剧萎缩，这不仅使区域气候诸要素发生显著的变化，也使全球生态系统产生不可逆转的不利变化。目前，利用集约化生物工程求得最大限度的商业利润已成为工业利用生物资源的一个崭新领域，也是解决人类迫在眉睫的资源危机的新世纪曙光。

人类在文明的成长过程中，审美意识逐渐增强，逐步懂得利用生物资源美化环境，历史悠久的名贵花木、艳丽贝壳的室内装饰就是很好的例证。懂得利用生物资源进行环境改造则是人们在长期的生产实践中逐步摸索出来的，如利用植物防风固沙、改良环境、固氮增肥、改良土壤等。真正具有环保眼光，有意识地合理利用这一套生物资源则是比较近代的事物，如利用生物进行环境检测和抗污染等。这是生物科学发展到一定程度后开始的利用生物资源的一个高级历史进程。根据遗传学观点，每个物种都有自己的遗传特性；不同的遗传特性均应视为不同的种质。生物种质资源主要是指有用生物的种质资源。各种有用生物均隶属于相应分类等级的科、属、种，往往具有大量的近缘属种。长期栽培的植物、驯化的动物和有用微生物菌株，由于人为地定向培育皆具不同程度的特性，与其野生类型和不同区域形成的变型相比，往往具有不同程度的特性，构成了生物种质资源多样性的一个方面。

收藏、研究这些种质资源，对人类十分有益。国际上很多研究中心、机构都建立了各种相应的收藏种质资源的"种子库"或"种子银行""精卵库""细胞库""菌株库"乃至分子水平的"基因库"，利用不同种质进行杂交，以期获得满足人们不同需求的新品种，获得了各种成功。特别是目前以 DNA 克隆、杂交、定向移植、异体表达等新技术为标志的生物基因工程的应用，在生物种质资源的收藏、研究和利用方面显示出极富魅力的前景。然而，由于植被的破坏和环境的恶化，当今世界种质的损失日趋严重，种质的消失是不能再造的。国际上十分重视生物种质的保护，成立了许多机构，提出了相应的行动纲领。

（三）生物多样性的保护

生物多样性是指活的有机体（包括植物、动物、微生物）的种类、变异及其生态系统的复杂性程度。它通常包含三个不同层次的多样性：一是遗传多样性，它是指遗传信息的总和，包含栖居于地球的植物、动物和微生物个体的基因；二是物种多样性，是指地球上生命有机体的多样化，估计在 500—5 000 万种之间；三是生态系统的多样性，与生物圈中的生境、生物群落和生态过程的多样化有关，也与生态系统内部由于生境差异和生态过程的多样化所引起的极其丰富的多样化有关。

生物多样性的重要性体现在以下几方面：①为人类提供食物来源。人类的主要食物即作物、家禽、家畜均源自野生祖型。②为人类提供药物来源。发展中国家 80% 的人依靠野生动植物来源的药物治病，发达国家 40% 以上的药物依靠自然资源。③为人类提供各种工业原料。如木材、纤维、橡胶、造纸原料、天然淀粉、油脂等。④生物多样性保存了物种的遗传基因。为人类繁殖良种提供了遗传材料，用它作为外源基因，可培养出更多、更有价值的生物新品种。⑤生物多样性为维护自然界生态平衡、保持水土、促进重要营养元素的物质循环等方面起着重要作用。

生物多样性的保护方法分四种：一是就地保护，大多是建立自然保护区，比如卧龙大熊猫自然保护区等；二是迁地保护，大多转移到动物园或植物园，比如，水杉种子带到南京的中山陵植物园种植等；三是开展生物多样性保护的科学研究，制定生物多样性保护的法律和政策；四是开展生物多样性保护方面的宣传和教育。

其中最重要的是就地保护，可以免去人力、物力和财力消耗，对人和自然都有好处。就地保护利用原生态的环境使被保护的生物能够更好地生存，不用再花时间去适应环境，能够保证动物和植物原有的特性。

政府有关部门重视对生物资源的有效保护。2003 年 1 月，中国科学院倡导启动一项濒危植物抢救工程，计划在 15 年内将所属 12 个植物园保护的植物种类从 1.3 万种增加到 2.1 万种，并建立总面积为 458 km^2 的世界最大的植物园。此项工程中，用于收集珍稀濒危植物的资金达 3 亿多元，将以秦岭、武汉、西双版纳和北京等地为中心建设基因库。

拯救濒危野生动物工程也初见成效，全国已建立 250 个野生动物繁育中心，专项实施大熊猫、朱鹮等七大物种拯救工程。目前，被视为中国"国宝"、也被称为动物"活化石"

的大熊猫野生种群数量保持在 1 000 只以上，生存环境继续得到良好改善；朱鹮种群数量由 7 只增加到 250 只左右，濒危状况得以进一步缓解；扬子鳄的人工饲养数量接近 1 万条；海南坡鹿由 26 只增加到 700 多只；遗鸥种群数量由 2 000 只增加到 1 万多只；难得一见的老虎也不时在东北、华东和华南地区现身；对白鱀豚人工繁殖的研究正在加速进行；由于坚持不懈地打击盗猎，加上国际社会多个动物保护组织的配合，曾遭受疯狂非法屠杀致使数量急剧下降的藏羚羊得以休养生息，目前数量稳定在 7 万只左右。

六、海洋资源的利用与保护

海洋约占地球面积的 71%，贮水量为 13.7 亿 km³，占地球总水量的 77.2%。它不仅起着调节陆地气候，为人类提供航行通道的作用，而且蕴藏着丰富的资源。自从人类出现以来，海洋就成为人类获取资源的宝库。人类对海洋的开发和利用越来越受到重视。海洋中一切可被人类利用的物质和能量都叫海洋资源，预计在 21 世纪，海洋将成为人类获取蛋白质、工业原料和能源的重要场所。

海洋中有 80 余种元素，尤其是 Na^+、K^+、Cl^-、I^-、Br^- 等非常丰富，每立方千米海水中含 NaCl 12 000 多万吨，据预测如果将渤海海水中的氯化钠全部提取出来足有 583 亿吨，够 10 亿人吃 10 万年。在 1 000 吨海水中，可提取 32 吨食盐、3 吨氢氧化镁、4 吨芒硝、0.5 吨钾、65 克溴、26 克硼、3 克铀、170 克锂，所制得的食盐是化工上制取纯碱、烧碱、盐酸、氯及各种氯化物的原料。镁在海水中的含量也很高，浓度可达 1.29 克/m³，仅次于氯和钠，居第三位。海盐产量高的国家多利用制盐的苦卤（$MgCl_2$）生产各种镁化物（生产 1 t 食盐可得 0.5 t 苦卤），或直接从海水中提取镁盐。镁和镁盐是工业和国防上的重要原料，主要用于铝镁合金、照相材料、镁光弹、焰火、制药和钙镁磷肥料等。

中国大陆海底石油的架藏量尤为丰富。因受太平洋板块和欧亚板块挤压的应力作用，中国的大陆架都属陆缘的现代凹陷区，在中、新生代发育了一系列的断裂带，形成许多沉积盆地。中国大陆长江、黄河、珠江等大河挟带大量有机质泥沙入海，使这些盆地形成几千米厚的沉积层，伴随地壳构造运动产生大量热能加速有机物转化为石油，成为今天的大陆架油气田。自北向南由渤海起经黄海、东海至冲绳、台西南、珠江口、琼东南、北部湾、曾母暗沙等 16 个以新生代沉积物为主的中、新生代沉积盆地，这些中国大陆架盆地面积之广、沉积物之厚、油气资源之丰富在各大洋中是少见的。据估计，中国近海石油与中国陆地石油储量相当约 40 亿 ~ 150 亿吨（300 亿 ~ 1 120 亿桶）。其中渤海、黄海各为 7.47 亿吨（56 亿桶）、东海为 17 亿吨（128 亿桶）、南海（包括台湾海峡）为 11 亿吨（80 亿桶），钓鱼岛周围东海大陆架海域亦储藏丰富的石油，据估计有几十亿吨。

在滨海的砂层中，因长期经受地壳运动和海水筛分作用，为形成各种金属和非金属矿床创造了有利条件，常蕴藏着大量的金刚石、砂金、砂铂、石英以及金红石、锆石、独居石、钛铁矿等稀有矿物，因为它们在滨海地带富集成矿，所以称"滨海砂矿"。近几十年内发现并开采的深海锰矿，是一种含 Mn、Fe、Cu、Ni、C$_0$ 等二十几种金属元素经济价值很高的矿瘤。地质学家称之为锰结核矿，是一种含锰品位很高的富矿。它在大洋海底，据测算仅太平洋底就有数千亿吨，它所含的锰矿，按目前消耗水平计算，可以供应 14 万年。

汹涌澎湃的海洋永远不会停息，是真正拥有用之不竭的动力资源。目前正在研究利用的海洋动力资源有潮汐发电、海浪发电、温差发电、海流发电、海水浓差发电和海水压力差的能量利用等，通称为海洋能源。其中潮汐发电应用较为普遍，并具有一定的实用意义。

中国沿海和近海的海洋能蕴藏量估计为 10.4 亿 kW，其中潮汐能 1.9 亿 kW、海浪能 1.5 亿 kW、温差能 5.0 亿 kW、海流能 1.0 亿 kW、盐差能 1.0 亿 kW、可开发利用的装机容量潮汐能为 2 000 万 kW，海浪能为 3 000 万～3 500 万 kW。海洋能与其他能源比较，具有资源丰富、不会污染、占地少、可综合利用等优点。它的不足之处是密度小、稳定性差、设备材料及技术要求高、开发利用工艺复杂、成本高等。然而由于石化燃料和煤等不可再生能源对环境污染造成严重的挑战，所以海洋可再生能源的开发利用是人类新能源开发的曙光。

海洋的污染是由于人类的活动改变了海洋原来的状态，使人类和生物在海洋中的各种活动受到不利的影响。由于海水水量之巨大和海浪波涛之澎湃，一般的污染在大洋中容易被驱散，通过大海得到自净。同时因为海洋容量非常大，以至于包括海洋深层的海水循环一周需要数百年，因此海洋遭受的重型污染影响海洋机能所潜在的危机可能暂不易发现，一旦出现问题，可能就非人类力量所能解决的了。海洋污染的主要有赤潮、黑潮和原油泄漏造成海湾大面积污染。

从 1954 年颁布《国际防止海上油污公约》开始，到目前已建立了为数众多的公约，但迄今为止，真正履行仍然非常困难。近年来海上巨型油轮事故泄漏原油使海洋生态遭受严重污染的事件不断发生。近十年来的海湾战争致使大量原油流入海洋已使人触目惊心。所以，海洋环境生态保护任重道远，国与国之间在公海发生大片油污染事件连国际法庭也望油兴叹！即使如此，国际公约仍是目前保护海洋生态环境的唯一出路。

第三节　能源与环境

一、能源的分类

能源的种类繁多，随着能源研究的发展和技术的进步，更多新型的能源被开发利用，能源种类在不断增加。能源的分类有许多形式。世界能源委员会推介的能源分类为：固体燃料、液体燃料、水能、核能、电能、太阳能、生物质能、风能、海洋能和地热能等。

（一）固体燃料

固体燃料是通过呈固态的化石燃料、生物质燃料及其加工处理所得的，能产生热能或动力的固态可燃物质，大多含有碳或碳氢化合物。天然的有木材、泥煤、褐煤、烟煤、无烟煤、油页岩等。经过加工而成的有木炭、焦炭、煤砖、煤球等。此外，还有一些特殊品种，如固体酒精、固体火箭燃料。与液体燃料或气体燃料相比，一般固体燃料燃烧较难控制，效率较低，灰分较多。可直接用作燃料，也可用做制造液体燃料和气体燃料的原料或化工产品的原料。

（二）液体燃料

液体燃料是在常温下为液态的天然有机燃料及其加工处理所得的液态燃料，能产生热能或动力的液态可燃物质，主要含有碳氢化合物或其混合物。天然的有天然石油或原油，加工而成的有由石油加工而得的汽油、煤油、柴油、燃料油等，用油页岩干馏而得的页岩油，以及由一氧化碳和氢合成的人造石油等。液体的燃料相比固体燃料有下列优点：①比具有同量热能的煤约轻 30%，所占空间约少 50%；②可贮存在离炉子较远的地方，贮油柜可不拘形式，贮存便利还胜过气体燃料；③可用较细管道输送，所费人工也少；④燃烧容易控制；⑤基本上无灰分。液体燃料用于内燃机和喷气机等。可用做制造油气和增碳水煤气的原料，也可用做有机合成工业的原料。

固体煤变成油通常有直接液化和间接液化两种方法。煤的直接液化又称"加氢液化"，主要是指在高温高压和催化剂作用下，对煤直接催化加氢裂化，使其降解和加氢转化为液体油品的工艺过程；煤的间接液化是先将煤气化，生产出原料气，经净化后再进行合成反应，生成油的过程。直接液化就是用化学方法，把氢加到煤分子中，提高它的氢碳原子比。在直接液化过程中，催化剂是降低生产成本和降低反应条件苛刻度的关键。

（三）水能

水能是天然水流蕴藏的位能、压能和动能等能源资源的统称。采用一定的技术措施，可将水能转变为机械能或电能。水能资源是一种自然能源，也是一种可再生资源。构成水能能源的最基本条件是水流和落差（水从高处降落到低处时的水位差），流量大，落差大，所包含的能量就大，即蕴藏的水能资源大。全世界江河的理论水能资源为48.2万亿千瓦时，技术上可开发的水能资源为19.3万亿千瓦时。中国的江河水能理论蕴藏量为6.91亿千瓦时，每年可发电6万多亿千瓦时，可开发的水能资源约3.82亿千瓦时，年发电量1.9万亿千瓦时。水能是清洁的可再生能源，但和全世界能源需要量相比，水能资源仍很有限。

（四）核能

核能是由于原子核内部结构发生变化而释放出的能量。核能通过三种核反应释放：①核裂变，打开原子核的结合力；②核聚变，原子的粒子熔合在一起；③核衰变，自然的慢得多的裂变形式。核聚变是指由质量小的原子，在一定条件下（如超高温和高压），发生原子核互相聚合作用，生成新的质量更重的原子核，并伴随着巨大的能量释放的一种核反应形式。原子核中蕴藏巨大的能量，原子核的变化（从一种原子核变化为另外一种原子核）往往伴随着能量的释放。如果是由重的原子核变化为轻的原子核，叫核裂变，如原子弹爆炸；如果是由轻的原子核变化为重的原子核，叫核聚变，如太阳发光发热的能量来源。相比核裂变，核聚变几乎不会带来放射性污染等环境问题，而且其原料可直接取自海水中，来源几乎取之不尽，是理想的能源方式。

（五）电能

电能是表示电流做多少功的物理量，指电以各种形式做功的能力（所以有时也叫电功）。它分为直流电能、交流电能，这两种电能可相互转换。日常生活中使用的电能主要来自其他形式能量的转换，包括水能（水力发电）、内能（俗称热能，火力发电）、原子能（原子能发电）、风能（风力发电）、化学能（电池）及光能（光电池、太阳能电池等）等。电能也可转换成其他所需能量形式，可以通过有线或无线的形式做远距离的传输。

（六）太阳能

太阳能是太阳以电磁辐射形式向宇宙空间发射的能量，是太阳内部高温核聚变反应所释放的辐射能，其中约二十亿分之一到达地球大气层，是地球上光和热的源泉。自地球形成生物后，生物就主要以太阳提供的热和光生存，人类自古以来就懂得以阳光晒干物件，并作为保存食物的方法，如制盐和晒咸鱼等。但在化石燃料减少情况下，才有意把太阳能进一步发展。太阳能的利用有被动式利用（光热转换）和光电转换两种方式。太阳能发电是一种新兴的可再生能源。广义上的太阳能是地球上许多能量的来源，如风能、化学能、水的势能等。

（七）生物质能

生物质能是绿色植物通过叶绿素将太阳能转化为化学能存储在生物质内部的能量。它直接或间接地来源于绿色植物的光合作用，可转化为常规的固态、液态和气态燃料，取之不尽、用之不竭，是一种可再生能源，同时也是唯一一种可再生的碳源。生物质能的原始能量来源于太阳，所以从广义上讲，生物质能是太阳能的一种表现形式。有机物中除矿物燃料以外的所有来源于动植物的能源物质均属于生物质能，通常包括木材、森林废弃物、农业废弃物、水生植物、油料植物、城市和工业有机废弃物、动物粪便等。地球上的生物质能资源较为丰富，而且是一种无害的能源。地球每年经光合作用产生的物质有 1 730 亿 t，其中蕴含的能量相当于全世界能源消耗总量的 10～20 倍，但目前的利用率不到 3%。

（八）风能

风能是空气流动所产生的能量。由于地面各处受太阳辐照后气温变化不同和空气中水蒸气的含量不同，因而引起各地气压的差异，在水平方向高压空气向低压地区流动，即形成风。风能资源取决于风能密度和可利用的风能年累积小时数。风能密度是单位迎风面积可获得的风的功率，与风速的三次方和空气密度成正比关系。据估算，全世界的风能总量约 1 300 亿 kW，中国的风能总量约 16 亿 kW。

（九）海洋能

海洋能是蕴藏在海洋中的可再生能源，包括潮汐能、波浪能、海流及潮流能、海洋温差能和海洋盐度差能。海洋通过各种物理过程接收、储存和散发能量，这些能量以潮汐、波浪、温度差、盐度梯度、海流等形式存在于海洋之中。地球表面积约为 5.1×10^8 km^2，其中陆地表面积为 1.49×10^8 km^2；海洋面积达 3.61×10^8 km^2。以海平面计，全部陆地的平均海拔约为 840 m，而海洋的平均深度却为 380 m，整个海水的容积多达 1.37×10^9 km^3。一望无际的大海，不仅为人类提供航运、水源和丰富的矿藏，而且还蕴藏着巨大的能量，它将太阳能以及派生的风能等以热能、机械能等形式蓄在海水里，不像在陆地和空中那样容易散失。海洋能有三个显著特点：①蕴藏量大，并且可以再生不绝。②能流的分布不均、密度低。③能量多变、不稳定。

（十）地热能

地热能即地球内部隐藏的能量，是驱动地球内部一切热过程的动力源，其热能以传导形式向外输送。地球内部的温度高达 7 000℃，而在 80～100 km 的深度处，温度会降至 650～1 200℃。透过地下水的流动和熔岩涌至离地面 1～5 km 的地壳，热力得以被转送至较接近地面的地方。高温的熔岩将附近的地下水加热，这些加热了的水最终会渗出地面。运用地热能最简单和最合乎成本效益的方法，就是直接取用这些热源，并抽取其能量。地热能是可再生资源。地热发电实际上就是把地下的热能转变为机械能，然后再将机械能转变为电能的能量转变过程。目前开发的地热资源主要是蒸汽型和热水型两类。

二、世界能源消费现状和趋势

能源是人类社会发展的重要基础资源。随着世界经济的发展、世界人口的剧增和人民生活水平的不断提高，世界能源需求量持续增大，由此导致对能源资源的争夺日趋激烈、环境污染加重和环保压力加大。近几年出现的"油荒""煤荒"和"电荒"以及前一阶段国际市场高油价加重了人们对能源危机的担心，促使人们更加关注世界能源的供需现状和趋势，也更加关注中国的能源供应安全问题。

（一）世界能源消费现状及特点

1.受经济发展和人口增长的影响，世界一次能源消费量不断增加

随着世界经济规模的不断增大，世界能源消费量持续增长。过去近 40 年来，世界能源消费量年均增长率为 1.9%左右。

2.世界能源消费呈现不同的增长模式，发达国家增长速率明显低于发展中国家

过去几十年来，北美、中南美洲、欧洲、中东、非洲及亚太等六大地区的能源消费总量均有所增加。但是经济、科技比较发达的北美洲和欧洲两大地区的增长速度非常缓慢，其消费量占世界总消费量的比例也逐年下降。其主要原因，一是发达国家的经济发展已进入到后工业化阶段，经济向低能耗、高产出的产业结构发展，高能耗的制造业逐步转向发展中国家；二是发达国家高度重视节能与提高能源使用效率。

3.世界能源消费结构趋向优质化，但地区差异仍然很大

自 19 世纪 70 年代的产业革命以来，化石燃料的消费量急剧增长。初期主要是以煤炭为主，进入 20 世纪以后，特别是 20 世纪 50 年代以来，石油和天然气的生产与消费持续上升，石油于 20 世纪 60 年代首次超过煤炭，跃居一次能源的主导地位。虽然 20 世纪 70 年代世界经历了两次石油危机，但世界石油消费量却没有丝毫减少的趋势。此后，石油、煤炭所占比例缓慢下降，天然气的比例上升。同时,核能、风能、水力、地热等其他形式的新能源逐渐被开发和利用，形成了目前以化石燃料为主和可再生能源、新能源并存的能源结构格局。

由于中东地区油气资源最为丰富、开采成本极低，故中东能源消费的 97%左右为石油和天然气，该比例明显高于世界平均水平，居世界之首。在亚太地区，中国、印度等国家煤炭资源丰富，煤炭在能源消费结构中所占比例相对较高，其中中国能源结构中煤炭所占比例高达 68%左右，故在亚太地区的能源结构中，石油和天然气的比例偏低（约为 47%），

明显低于世界平均水平。除亚太地区以外，其他地区石油、天然气所占比例均高于 60%。

4.世界能源资源仍比较丰富，但能源贸易及运输压力增大

根据《BP 世界能源统计 2010》，2010 年年底，全世界剩余石油探明可采储量为 1 888.8 亿 t，同比增长 0.5%。其中，中东地区占 55%，北美洲占 5%，中、南美洲占 17%，欧洲占 10%，非洲占 10%，亚太地区占 3%。中东地区需要向外输出约 8.8 亿 t，非洲和中南美洲的石油产量也大于消费量，而亚太、北美和欧洲的产销缺口却很大。

煤炭资源的分布也存在巨大的不均衡性。2010 年年底，世界煤炭剩余可采储量为 8 609 亿 t，储采比高达 192%，欧洲、北美和亚太三个地区是世界煤炭主要分布地区，三个地区合计占世界总量的 92% 左右。同期，天然气剩余可采储量为 187.1 万亿 m^3，储采比达到 59%。中东和东欧地区是世界天然气资源最丰富的地区，两个地区占世界总量的 71.8%，而其他地区的份额仅为 2% ~ 8%。随着世界一些地区能源资源的相对枯竭，世界各地区及国家之间的能源贸易量将进一步增大，能源运输需求也相应增大，能源储运设施及能源供应安全等问题将日益受到重视。

（二）世界能源供应和消费趋势

根据美国能源信息署（EIA）最新预测结果，随着世界经济、社会的发展，未来世界能源需求量将继续增加，2020 年世界能源需求量将达到 128.89 亿 t 油当量，预计 2025 年达到 136.50 亿 t 油当量，年均增长率为 1.2%。欧洲和北美洲两个发达地区能源消费占世界总量的比例将继续呈下降的趋势，而亚洲、中东、中南美洲等地区将保持增长态势。伴随着世界能源储量分布集中度的日益增大，对能源资源的争夺将日趋激烈，争夺的方式也更加复杂，由能源争夺而引发冲突或战争的可能性依然存在。

随着世界能源消费量的增大，二氧化碳、氮氧化物、灰尘颗粒物等环境污染物的排放量逐年增大，化石能源对环境的污染和全球气候的影响将日趋严重。据 EIA 统计，1990 年世界二氧化碳的排放量约为 215.6 亿 t，2001 年达到 239.0 亿 t，预计 2025 年将达到 371.2 亿 t，年均增长 1.85%。

面对以上挑战，未来世界能源供应和消费将向多元化、清洁化、高效化、全球化和市场化方向发展。

1.多元化

世界能源结构先后经历了以薪柴为主、以煤为主和以石油为主的时代，现在正在向以天然气为主转变。同时，水能、核能、风能、太阳能也正得到更广泛的利用。可持续发展、环境保护、能源供应成本和可供应能源的结构变化决定了全球能源多样化发展的格局。天然气消费量将稳步增加，在某些地区，燃气电站有取代燃煤电站的趋势。未来，在发展常规能源的同时，新能源和可再生能源将受到重视。2003 年初英国政府首次公布的《能源白皮书》确定了新能源战略，到 2010 年，英国的可再生能源发电量占英国发电总量的比例要从目前的 3% 提高到 10%，到 2020 年达到 20%。

2.清洁化

随着世界能源新技术的进步及环保标准的日益严格，未来世界能源将进一步向清洁化的方向发展。不仅能源的生产过程要实现清洁化，而且能源工业要不断生产出更多、更好的清洁能源，清洁能源在能源总消费中的比例也将逐步增大。在世界消费能源结构中，煤炭所占的比例将由目前的 26.47% 下降到 2025 年的 21.72%，而天然气将由目前的 23.94% 上升到 2025 年的 28.40%，石油的比例将维持在 37.60% ~ 37.90% 的水平。同时，过去被认为是"脏"能源的煤炭和传统能源薪柴、秸秆、粪便的利用将向清洁化方面发展，洁净煤技术（如煤液化技术、煤气化技术、煤脱硫脱尘技术）、沼气技术、生物柴油技术等将取得突破并得到广泛应用。一些国家，如法国、奥地利、比利时、荷兰等已经关闭其国内的所有煤矿而发展核电，他们认为核电就是高效、清洁的能源，能够有效解决温室气体的排放问题。

3.高效化

世界能源加工和消费的效率差别较大，能源利用效率提高的潜力巨大。随着世界能源新技术的进步，未来世界能源利用效率将日趋提高，能源强度将逐步降低。

4.全球化

由于世界能源资源分布及需求分布的不均衡性，世界各个国家和地区已经越来越难以依靠本国的资源来满足其国内的需求，越来越需要依靠世界其他国家或地区的资源供应。世界贸易量将越来越大，贸易额呈逐渐增加的趋势。以石油贸易为例，世界石油贸易量由 1985 年的 12.2 亿 t 增加到 2002 年的 21.8 亿 t，年均增长率约为 3.46%，超过同期世界石油消费 1.82% 的年均增长率。在可预见的未来，世界石油净进口量将逐渐增加，年均增长率达到 2.96%。2020 年达到 4 080 万桶/d，预计 2025 年将达到 4 850 万桶/d。世界能源供应与消费的全球化进程将加快，世界主要能源生产国和能源消费国将积极加入到能源供需市场的全球化进程中。

5.市场化

由于市场化是国际经济的主体，特别是世界各国市场化改革进程的加快，世界能源利用的市场化程度越来越高，世界各国政府直接干涉能源利用的行为将越来越少。而政府为能源市场服务的作用则相应增大，特别是在完善各国、各地区的能源法律法规并提供良好的能源市场环境方面，政府将更好地发挥作用。当前，俄罗斯、哈萨克斯坦、利比亚等能源资源丰富的国家，正在不断完善其国家能源投资政策和行政管理措施，这些国家能源生产的市场化程度和规范化程度将得到提高，有利于境外投资者进行投资。

三、中国能源的特点和发展趋势

（一）中国能源的特点

从中国能源资源的总体情况看，其特点可以概括为：总量较丰、人均较低、分布不均、开发较难。因此，我国的能源呈现如下特征。

1.总量比较丰富

化石能源和可再生能源资源较为丰富。其中，煤炭占主导地位。2006年，煤炭保有资源量10 345亿t，剩余探明可采储量约占世界的13%，列世界第三位。油页岩、煤层气等非常规化石能源储量潜力比较大。水力资源理论蕴藏量折合年发电量为6.19万亿kW·h，经济可开发年发电量约1.76万亿kW·h，相当于世界水力资源量的12%，列世界首位。

2.人均拥有量较低

煤炭和水力资源人均拥有量相当于世界平均水平的50%，石油、天然气人均资源量仅相当于世界平均水平的1/15左右。耕地资源不足世界人均水平的30%，生物质能源开发也受到制约。

3.赋存分布不均

煤炭资源主要赋存在华北、西北地区；水力资源主要分布在西南地区；石油、天然气资源主要赋存在东、中、西部地区和海域。而我国主要能源消费区集中在东南沿海经济发达地区，资源赋存与能源消费地域存在明显差别。

4.开发难度较大

与世界能源资源开发条件相比，中国煤炭资源地质开采条件较差，大部分储量需要井下开采，极少量可供露天开采。石油、天然气资源地质条件复杂，埋藏深，勘探开发技术要求较高。未开发的水力资源多集中在西南部的高山深谷，远离负荷中心，开发难度和成本较大。非常规能源资源勘探程度低，经济性较差。

（二）中国能源的发展趋势

伊拉克战争、哥本哈根气候会议的召开都毫无疑问地说明能源、环境、经济等各方面的发展需求与制约，世界终端能源结构必将发生很大的变化。总的发展趋势为：通过管网输送的能源（电力、热、氢等）增多，固化能源（煤、生物质等）和液化能源比例下降。

我国煤炭剩余可开采储量为900亿t，可供开采不足百年；石油剩余可开采储量为23亿t，仅可供开采14年；天然气剩余可开采储量为6 310亿m³，可供开采不超过32年。

2020年，我国人口按14亿计算，则需要26亿～28亿t标准煤。由此，2020年我国的能源结构不会有太大变化，仍以煤、石油、天然气为主，但其消费比例中下降的部分会被新能源（水电、风能、核能等）所代替。

到 2050 年，人口按 15 亿～16 亿计算，则需 35 亿～40 亿 t 标准煤，煤炭资源量能够满足需求量，但是石油就主要依靠进口。新能源中水电由于是清洁能源而且我国水能资源理论储藏量近 7 亿千瓦时。占我国常规能源资源量的 40%，是仅次于煤炭资源的第二大能源资源，可推测在 2020～2050 年间我国能源仍以煤为主，水电消费比例逐渐排升到第二位，石油、天然气将逐渐被其他能源取代。

由于我国煤炭的开采大部分属于掠夺性开采，估计到 2100 年煤炭资源已贫缺。而由于科技的高速发展，太阳能、水能、风能、核能等新型能源的利用将更为普遍，更为高效，而且太阳能作为取之不尽、用之不竭的能源是能源开发的首选资源。我国 2/3 的国土属于太阳能丰富区，全国陆地每年接受的太阳辐射能相当于 70 300 亿 GJ。

预计在 2050～2100 年间，我国的能源结构会有很大的调整，并能更好的完善。将会以太阳能为主要能源，水能、风能、核能也会相继提升消费比例，而石化能源将逐渐被取代。

中国有自己的国情，中国能源资源储量结构的特点及中国经济结构的特色决定在可预见的未来，我国以煤炭为主的能源结构将不大可能改变，我国能源消费结构与世界能源消费结构的差异将继续存在。这就要求中国的能源政策，包括在能源基础设施建设、能源勘探生产、能源利用、环境污染控制等方面的政策应有别于其他国家。鉴于我国人口多、能源资源特别是优质能源资源有限，以及正处于工业化进程中等情况，应特别注意依靠科技进步和政策引导，提高能源效率，寻求能源的清洁化利用，积极倡导能源、环境和经济的可持续发展。

为保障能源安全，我国一方面应借鉴国际先进经验，完善能源法律法规，建立能源市场信息统计体系、建立我国能源安全的预警机制、能源储备机制和能源危机应急机制，积极倡导能源供应在来源、品种、贸易、运输等方面的多元化，提高市场化程度；另一方面应加强与主要能源生产国和消费国的对话，扩大能源供应网络，实现能源生产、运输、采购、贸易及利用的全球化。

第二章　大气环境保护

空气是人类和所有生命体赖以生存的基本条件之一，如果没有空气，人类就无法生存，植物就无法进行光合作用。如果空气被污染，混入许多有毒、有害物质，这些物质就会直接危害人体健康和生态系统。随着经济的快速增长，人类对环境的作用日益增强，大气（空气）污染问题也愈加严峻。大气污染对人的影响不同于水污染和土壤污染，它不仅时间长，而且范围广（既有地域性，更有全球性的影响，例如温室效应、酸雨、臭氧层破坏等问题）。世界上发生过的严重"公害事件"中，大多数是大气污染造成的。因此，研究大气污染问题在目前就显得更加迫切。

第一节　大气与大气污染

一、大气圈结构

大气圈又叫大气层。大气圈的范围是有限的，但其最外层边界很难确定。一般认为，从地球表面到高空 1 000 ~ 1 400 km，可看作是大气层的厚度，超过 1 400 km 就是宇宙空间了。观测证明，大气在垂直方向上的温度、物质组成与物理性质有显著的差异。根据大气温度垂直分布的特点，大气结构可分为五层。

（一）对流层

对流层是地球大气圈中最下部的一层，底界是地面。对流层内具有强烈的空气对流作用，强度因纬度而异。一般对流作用在低纬度较强、高纬度较弱，所以对流层的厚度从赤道向两极减小，在低纬度地区为 17 ~ 18 km，高纬度地区为 8 ~ 9 km，其平均厚度约为 12 km。对流层的上界称为"对流层顶"，是厚约几百米到 1 ~ 2 km 的过渡层。对流层相对大气层总厚度而言很薄，但其空气质量却占整个大气质量的 3/4。

由于对流层不能直接从太阳光得到热能，只能从地面反射得到热能，因而该层大气温度随高度升高而降低，平均高度每升高 100 m 约降低 0.65℃。对流层中存在着极其复杂的气象条件，地面水蒸气、尘埃和微生物等进入此层，将形成雨、雪、雾、霜、露、云、扬尘等一系列现象。

另外，人类活动排放的污染物主要聚集在对流层中，大气污染也主要发生在这一层。因此，对流层与人类关系最密切，其状况对人类健康和生态系统影响最大，特别是靠近地面的 1~2 km 范围内。

（二）平流层

对流层之上是平流层。这一层空气比较干燥，几乎没有水汽和尘埃，性质非常稳定，不存在雨、雪等大气现象，是现代超音速飞机飞行的理想场所。平流层高度约 50~55 km，厚度约为 38 km。平流层的温度先是随高度增加变化很小，到 30~35 km 高度温度约为 -55℃，再向上温度则随高度的上升而增加，到平流层顶升至-3℃以上。引起这一层空气温度随高度升高而上升的主要原因是该层中臭氧能够强烈吸收来自太阳的紫外线，分解成分子氧和原子氧，这些分子氧和原子氧又能很快地重新结合生成臭氧，释放出大量的热能。这样。阳光自上射入加热，所以高度愈高，气温就愈高。

（三）中间层

由平流层顶至 85 km 高处范围内的大气称为中间层，其厚度约 35 km。由于该层中没有臭氧这一类可直接吸收太阳辐射能量的组分，因此其温度垂直分布的特点是气温随高度的增加而迅速降低，中间层顶温度可降到-83℃左右。中间层底部由于接受了平流层传递的热量，因而温度最高。这种温度分布上低下高的特点，使得中间层空气再次出现较强的垂直对流运动。

（四）热成层（电离层）

热成层位于 85~800 km 的高度之间。由于太阳光线和宇宙射线的作用，该层空气的分子大部分都发生了电离，带电粒子的密度较高，故此层又称电离层。由于电离后的原子氧强烈地吸收太阳紫外线，使温度迅速上升，因此，随着高度增加，该层温度又急剧上升。电离层能将电磁波反射回地球，对全球的无线电通信具有重要意义。

（五）散逸层

散逸层是大气圈的最外层，也称为外层大气，其高度在 800 km 以上，厚度为 15 000~24 000 km，实际上这是相当厚的过渡层。由于该层大气直接吸收太阳紫外线的热量，所以该层气温随高度增加而升高。该层大气极为稀薄，气温高，分子运动速度快，以致一个高速运动的气体质点克服地球引力的作用而逃逸到宇宙空间去，就很难再有机会被上层的气体质点碰撞回来，所以称其为散逸层。

二、大气的组成

大气是多种气体的混合物，除去水汽和杂质外的空气称为干洁空气。它的主要成分有：氮（占 78.09%）、氧（占 20.95%）、氩（占 0.93%），三者共计约占空气总量的 99.97%，其他各种气体含量合计不到 0.1%。

根据大气中混合气体的组成，大气组分通常分为如下三个部分。

（一）恒定组分

大气中恒定组分由氮、氧、氩三种气体加上微量稀有气体构成。大约在 90 km 的高度范围以内，氮、氧两种组分的比例几乎没有什么变化。实际上，上面所说的干洁空气也属于恒定组分。其组成较稳定的主要原因是分子氮和其他惰性气体的性质不活泼，而自然界中由于燃烧、氧化、岩石风化、呼吸、有机物腐解所消耗的氧基本上又由植物光合作用释放的氧而得到补偿。

（二）可变组分

可变组分主要指空气中的二氧化碳（CO_2）和水蒸气。正常情况下，二氧化碳（CO_2）含量为 0.02% ~ 0.04%，水蒸气含量一般在 4% 以下，热带地区有时达 4%，而在南北极则不到 0.1%。这些组分的含量，随季节、气象和人类活动的影响而变化。目前，由于经济的高速发展，人口的急剧膨胀，二氧化碳（CO_2）含量不断上升，已成为一个重要的环境问题而引起了人们的高度关注。

（三）不定组分

大气中不定组分的来源主要有两个方面：一是自然界火山爆发、森林火灾、海啸、地震等灾难引起的，如尘埃、硫、硫化氢、硫氧化物、氮氧化物、盐类及恶臭气体，这些不定组分进入大气中，常会造成局部和暂时性污染；二是由于人类生产活动、人口密集、城市工业布局不合理和环境设施不完善等人为因素造成的，如煤烟、粉尘、硫氧化物、氮氧化物等，这些气体是形成空气污染的主要根源。

三、大气污染的定义及污染源

（一）大气污染的定义

大气污染是指大气中污染物质的浓度达到了有害程度，以致破坏生态系统和人类正常生存发展的条件，对人和物造成危害的现象。根据大气组成知道，大气中痕量组分含量极少，但在一定条件下，大气中出现了原来没有的微量物质，其数量和持续时间，均足以对生态系统和人类以及物品、材料等产生不利的影响和危害时，这时的大气状况被认为是受到了污染。

造成大气污染的原因包括人类活动和自然过程两个方面。其中人类活动是造成大气污染的主要原因，如工业废气、燃烧、汽车尾气等。随着人类经济活动和生产的迅速发展，在大量消耗能源的同时，将大量的废气、烟尘物质排入大气，严重影响了大气环境质量，特别是在人口稠密的城市和工业集中的区域，大气污染尤为严重。自然过程则包括了火山喷发、森林火灾、海啸、土壤和岩石的风化以及大气圈的空气运动等自然现象。它导致一些非自然大气组分如硫氧化物、氮氧化物、颗粒物、硫化氢、盐类等进入大气引起污染。一般说来，这种情况只占大气污染很小一部分。

（二）大气污染源

根据污染物的来源，一般可分为自然源和人为源。

由各种自然现象，例如森林火灾造成的烟尘、火山喷发产生的火山灰、二氧化硫、干燥地区的风沙等引起的大气污染，称之为自然污染源。这些污染源目前还难以控制，也不是环境科学讨论的重点。

环境科学研究的大气污染源，主要是人为污染源。所谓人为污染源一般指产生或排放大气污染物的设备、装置、场所等。在环境科学中，根据不同的研究目的以及污染源的特点，污染源的类型有五种分类方法。

1.按污染源存在形式

第一，固定污染源——排放污染物的装置、场所位置固定，如火力发电厂、烟囱、炉灶等。

第二，移动污染源——排放污染物的装置、设施位置处于运动状态，如汽车、火车、轮船等。

2.按污染的排放方式

第一，点源——集中在一点或在可当作一点的小范围内排放污染物，如高烟囱。

第二，面源——在一个大范围内排放污染物，如许多低矮烟囱集合起来而构成的一个区域性的污染源。

第三，线源——沿着一条线排放污染物，如汽车、火车等。

3.按污染物排放空间

第一，高架源——在距地面一定高度处排放污染物，如高烟囱。

第二，地面源——在地面上排放污染物，如居民煤炉、露天储煤场等。

4.按污染物排放时间

第一，连续源——连续排放污染物，如火力发电厂烟囱等。

第二，间断源——排放污染时断时续，如取暖锅炉、饭店炉灶排气筒等。

第三，瞬时源——无规律的短时间排放污染物，如工厂事故排放等。

5.按污染物产生类型

按人类生产和生活活动方式，可将污染物划分为工业污染源、生活污染源和交通运输污染源。该分类方法是污染调查、环境影响评价最常用的方法。

（1）工业污染源

工业企业是大气污染的主要来源。污染物的数量、种类与企业的性质、规模、工艺过程、原料和产品等因素有关。火力发电厂、金属冶炼厂、化工厂及水泥厂等各种类型的工业企业，在原材料及产品的运输、破碎、燃烧等环节以及由各种原料制成成品的过程中都会有大量废气排放。

（2）生活污染源

生活污染源主要来自居民区。例如家庭炉灶、北方农村冬季燃煤取暖设备、垃圾存放设施等。

（3）交通运输污染源

交通污染源是由汽车、火车及船舶等交通工具排放尾气所造成的，主要原因是汽油、柴油等燃料的燃烧。但就目前情况看，排放污染物最多的还是汽车，工业发达的国家城市中，汽车已成为重要的大气污染源。

四、大气污染物及其来源

由各种污染源排入大气中的污染物种类很多。据不完全统计，目前被人们注意到或已经对环境和人类产生危害的大气污染物大约有 100 种之多。其中排放量多、影响范围广、对人类环境威胁较大、具有普遍性的污染物有颗粒物质、硫氧化物（SCL）、氮氧化物（NCL）、一氧化碳（CO）、碳氢化合物（CH）、光化学氧化剂等。

排放到大气中的污染物，在与正常的空气成分相混合过程中，在一定条件下会发生各种物理、化学变化，形成新的污染物质。因此，大气中的污染物又可进一步分为一次污染物和二次污染物。

（一）一次污染物

一次污染物又称原发性污染物，是指从污染源直接排出，且进入大气后其性状、性质没有发生变化的污染物。这些污染物包括气体、蒸气和颗粒物。主要的一次污染物是颗粒物、硫氧化物、碳氧化物、氮氧化物、碳氢化合物等物质。

1.颗粒物

颗粒物是除气体之外的包含于大气中的物质，包括各种各样的固体、液体和气溶胶。

有灰尘、烟尘、烟雾，以及液体的云雾和雾滴，其粒径分布大致在 $200 \sim 0.1 \mu m$ 之间。颗粒物按粒径大小可分为两类。

（1）降尘

降尘指粒径大于 $10 \mu m$，在重力作用下可以降落下来的颗粒状物质。它主要产生于固体破碎、燃烧产物的颗粒结块及研磨粉碎的细碎物质。自然界刮起的尘埃、沙尘暴也可产生降尘。

（2）飘尘

飘尘指粒径小于 $10 \mu m$ 的颗粒状物质，包括粒径为 0.25–$10 \mu m$ 的在空气中等速沉降的雾尘，以及粒径小于 0.1 的随空气分子做布朗运动的云雾尘。由于这些物质粒径小，重量轻，在大气中呈悬浮状态，且分布极为广泛，其粒子可通过呼吸道侵入人体，对健康具有很大的危害。

2.硫氧化物

硫氧化物表示为 SO_2，包括二氧化硫（SO_2）、三氧化硫（SO_2）、三氧化二硫（S_2O_3）、一氧化硫（SO）和过氧化硫。其中 SO_2 是一种无色、具有刺激性气味的不可燃气体，是大气中分布最广、影响最大的主要污染物。SO_2 和飘尘具有协同效应，两者结合起来对人体危害更大。

大气中的硫氧化物主要是人类活动产生的，大部分来自煤和石油的燃烧、石油炼制、有色金属冶炼、硫酸制备等。自然的硫源主要是生物产生的硫化氢氧化而成为硫的氧化物。人类活动排放的二氧化硫每年多达 1.5 亿 t，在各种污染物中，其排放总量仅次于一氧化碳，排第二位。其中 2/3 来自煤的燃烧，约 1/5 来自石油的燃烧，特别是火力发电厂的排放量约占 SO_2 排放量的一半。

SO_2 在大气中最多只能存在 $1 \sim 2$ 天，极不稳定。在相对湿度比较大以及有催化剂存在时，可发生催化氧化反应，生成 SO_3，进而生成硫化氢或硫酸盐，所以 SO_2 是形成酸雨的主要因素。硫酸盐在大气中可存留 1 周以上，能飘移至 100 km 以外，造成远离污染源的区域性污染。SO_2 也可在太阳紫外线的照射下，发生光化学反应，生成三氧化硫和硫酸雾，从而降低大气的能见度，对环境和人体产生危害。

3.碳氧化物

碳氧化物主要有两种物质，即 CO 和 CO_2，CO_2 是大气的正常组成成分，CO 则是大气中很普遍的排量极大的污染物，全世界 CO 每年排放量约为 2.1 亿 t。

CO 是无色、无臭的有毒气体。大气中的 CO 是碳氢化合物燃烧不完全的产物，主要来源于燃料的燃烧和加工、汽车尾气排放。CO 的化学性质稳定，在大气中不易与其他物质发生化学反应，可以在大气中停留几个月的时间。大气中的 CO 虽可转化为 CO_2 但速度很慢，而大气中的 CO 浓度多年来始终保持在一个水平上，并未发现持续增加，这一事实表明自然界肯定存在着强大的消除 CO 的机制。有迹象表明，CO 的氧化作用有助于 CO 的消除，但更主要的可能是土壤微生物的代谢作用，这一系列作用能将 CO 转化为 CO_2。

一般城市空气中的 CO 水平对植物及有关的微生物均无害，但对人类则有害。因为它能与人体中的血红素作用生成羧基血红素（Carboxyhemoglobin，简写为 COHb），实验证明，血红素与一氧化碳的结合能力比与氧的结合能力大 200~300 倍。因此，使血液携带氧的能力降低而引起缺氧，症状有头痛、晕眩等，同时还使心脏过度疲劳，致使心血管工作困难，终至死亡。

CO_2 是大气中一种"正常"成分，它主要来源于生物的呼吸作用和化石燃料等的燃烧。CO_2 参与地球上的碳平衡，有重大的意义。然而，由于当今世界人口急剧增加，化石燃料大量使用，使大气中的 CO_2 浓度逐渐增高，造成全球性的气候变暖。

4.氮氧化物

氮氧化物包括一氧化二氮（N_2O）、一氧化氮（NO）、二氧化氮（NO_2）、三氧化二氮（NO_2O_3）、四氧化二氮（N_2O_4）和五氧化二氮（N_2O_5）等多种形态。人为活动排放到大气中的主要是 NO 和 NO_2，它们是常见的大气污染物。

全球每年排放 NOx 的量为 10 亿 t，其中 95% 来自自然发生源，即土壤和海洋中有机物的分解。人为发生源主要是化石燃料的燃烧过程排放的，如飞机、汽车、内燃机及工业窑炉以及来自生产、使用硝酸的过程，如氮肥厂、有机中间体厂、有色及黑色金属冶炼厂等。造成空气污染的氮氧化物主要是一氧化氮（NO）和二氧化氮（NO_2），既是形成酸雨的主要物质之一，也是形成大气中光化学烟雾的重要物质。

5.碳氢化合物

碳氢化合物（CH）包括烷烃、烯烃和芳烃等复杂多样的含碳和氢的化合物。大气中大部分的碳氢化合物来源于植物的分解，人类排放的量虽然小，却不容忽视。碳氢化合物的人为来源主要是石油燃料的不充分燃烧过程和蒸发过程，其中汽车排放量占有相当的比重，石油炼制、化工生产等也产生多种类型的碳氢化合物。

目前，虽未发现城市中的碳氢化合物浓度直接对人体健康产生影响，但它是形成光化学烟雾的主要成分，碳氢化合物中的多环芳烃化合物，如 3，4-苯并芘，具有明显的致癌作用，已引起人们的密切关注。

（二）二次污染

1.二次污染物的反应

二次污染物又称继发性污染物，是指排入大气中的一次污染物在大气中互相作用，或与大气中正常组分发生化学反应，以及在太阳辐射的参与下引起光化学反应而产生的与一次污染物的物理、化学性质完全不同的新的大气污染物。主要有以下几种反应。

第一，气体污染物之间的化学反应（可在有催化剂或无催化剂作用下发生）。常温下，有催化剂存在时，硫化氢和二氧化硫气体污染物之间的反应，是其中的一例。

$$2H_2S+SO_2 \xrightarrow{\text{催化剂}} 3S+2H_2O$$

第二，空气中粒状污染物对气体污染物的吸附作用，或粒状污染物表面上的化学物质与气体污染物之间的化学反应。例如尘粒中的某些金属氧化物与二氧化硫直接反应，生成硫酸盐。

$$4MgO+4SO_2 \rightarrow 3MgSO_4+MgS$$

第三，气体污染物在太阳光作用下的光化学反应。

NO_2是污染空气中最重要的光吸收物质，光解过程如下：

$$NO_2+h_\nu \rightarrow NO+O$$

$$O+O_2+M \rightarrow O_3+M$$

HNO_3的光解过程如下：

$$HNO_3+h_\nu \rightarrow HO\cdot+NO_2$$

有 CO 存在时：

$$HO\cdot+CO \rightarrow CO_2+H\cdot$$

$$H\cdot+O_2+M \rightarrow HO_2\cdot+M$$

$$2HO_2 \rightarrow H_2O_2+O_2$$

第四，气体污染物在气溶胶中的溶解作用。

2.二次污染物的种类

二次污染物颗粒小，一般在 $0.01 \sim 1.0\mu m$ 之间。但其毒性比一次污染物更强，最常见的二次污染物有光化学烟雾、酸雨等。

（1）光化学烟雾

大气中氮氧化物、碳氢化合物等一次污染物，在太阳紫外线的作用下，发生光化学反应，生成浅蓝色的烟雾型混合物的污染现象，叫光化学烟雾。光化学烟雾的表现特征是烟雾弥漫，能见度降低。一般发生在大气相对湿度较低、气温为 $24 \sim 32℃$ 的夏季晴天。20世纪 40 年代首先在美国的洛杉矶发现。50 年代以后，光化学烟雾在美国其他城市和世界各地，如日本、加拿大、法国、澳大利亚等国的大城市相继发生过。70 年代，我国兰州西固石油化工区也出现光化学烟雾。

形成光化学烟雾，除了有产生光化学烟雾的物质前提外，还必须有一定的气象和地理条件。概括起来说，光化学烟雾形成条件包括：第一，大气中存在 NO_2 和碳氢污染物，这是形成烟雾的前提，而这些污染物可来自以石油为燃料的厂矿企业、汽车等。第二，必须有充足的阳光，产生 290～430 nm 的紫外辐射，使 NO_2 光解。但近地表的太阳辐射受天顶角的影响。一般来说，天顶角越小，紫外辐射越强。所以地理纬度超过 60 P 的地区，由于天顶角较大，小于 430 nm 的光很难到达地表面，这些地区就不易产生光化学烟雾。就时间季节而论，夏季的天顶角比冬天小，所以夏季中午前后光线强时，出现光化学烟雾的可能性最大。第三是地理气象条件，天空晴朗、高温低湿和有逆温层存在，或由于地形条件，导致烟雾在地面附近聚集不散者，易于形成光化学烟雾。

光化学烟雾的发生机制十分复杂。有人用烟雾室进行模拟，发现其化学反应式多达 242 个。光化学烟雾反应除生成臭氧、过氧乙酰硝酸酯（PAN）、甲醛、酮、丙烯醛之外，近来还发现了一种与 PAN 类似的物质过氧苯酰硝酸酯（PBN）。此外，大气中 SO_2 也会被 HO、HO_2 和 O_3 氧化生成硫酸和硫酸盐，它们也是光化学烟雾气溶胶中的重要组分。

光化学烟雾的危害非常大。烟雾中的甲醛、丙烯醛、PAN、O_3 等，能刺激人眼和上呼吸道，诱发各种炎症。臭氧浓度超过嗅觉一定阈值时，会导致哮喘发作。臭氧还会伤害植物，使叶片上出现褐色斑点。PAN 则能使叶背面呈银灰色或古铜色，影响植物的生长，降低它抵抗害虫的能力。此外，PAN 和 O_3 还能使橡胶制品老化、染料褪色，并对油漆、涂料、纺织纤维、尼龙制品等造成损害。

（2）酸雨

指 pH 值小于 5.6 的雨、雪或其他的大气降水，是大气污染的一种表现。由于人类活动的影响，大气中含有大量 SOx 和 NOx 等酸性氧化物，通过一系列化学反应转化成硫酸和硝酸随着雨水的降落而沉降到地面，故称酸雨。酸雨不但使土壤、湖泊、河流发生酸化，而且还能腐蚀建筑材料、金属框架等。

五、大气污染的危害

大气是一切生物生存的最重要的环境要素之一。随着人类活动的增强，大气污染越来越严重。混进了许多有毒、有害物质的大气不但危害人体健康、影响动植物生活、损害各种各样的材料、制品，而且对全球气候的变化也产生了极大的影响。

（一）对人体健康的危害

大气被污染后，由于污染物的来源、性质、浓度和持续时间的不同；污染地区的气象条件、地理环境等因素的差别；甚至人的年龄、健康状况的不同，均会对人产生不同的危害。

大气中有害物质主要通过下述三个途径侵入人体造成危害：第一，通过人的直接呼吸而进入人体；第二，附着在食物或溶于水，随饮食、饮水而侵入人体；第三，通过接触或刺激皮肤而进入人体，尤其是脂溶性物质更易从完整的皮肤渗入人体。大气污染对人体的影响，首先是感觉上受到影响，随后在生理上显示出可逆性反应，再进一步就出现急性危害的症状。大气污染对人的危害大致可分急性中毒、慢性中毒、致癌三种。

1.急性中毒

存在于大气中的污染物浓度较低时，通常不会造成人体的急性中毒。但是在某些特殊条件下，如工厂在生产过程中出现特殊事故，大量有害气体逸散，外界气象条件突变等，便会引起附近居民人群的急性中毒。历史上曾发生过数起大气污染急性中毒事件，最典型的是 1952 年伦敦烟雾事件，4 天内死亡 4 000 人。

2.慢性中毒

大气污染对人体健康慢性毒害作用的主要表现是污染物质在低浓度、长期连续作用于人体后所出现的患病率升高现象。目前，虽然很难确切地说明大气污染与疾病之间的因果关系，但根据临床发病率的统计调查研究证明，慢性呼吸道疾病与大气污染有密切关系。

3.致癌、致畸、致突变作用

随着工业、交通运输业的发展，大气中致癌物质的含量和种类日益增多，比较确定有致癌作用的物质有数十种。例如，某些多环芳烃（如 3，4-苯并芘）、脂肪烃类、金属类（如砷、铍、镍等）。这种作用是长期影响的结果，是由于污染物长时间作用于机体，损害体内遗传物质，引起突变，如果诱发成肿瘤就称致癌作用；如果是使生殖细胞发生突变，后代机体出现各种异常，称致畸作用；如果引起生物体细胞遗传物质和遗传信息发生突然改变，又称致突变作用。

（二）对植物的危害

大气污染对植物的危害，随污染物的性质、浓度和接触时间，植物的品种和生长期以及气象条件等的不同而异。气体状污染物通常都是经叶背的气孔进入植物体，然后逐渐扩散到海绵组织、栅栏组织，破坏叶绿素，使组织脱水坏死，或干扰酶的作用，阻碍各种代谢机能，抑制植物的生长。粒状污染物则能擦伤叶面、阻碍阳光、影响光合作用，影响植物的正常生长。

污染物对植物的危害也可分为急性、慢性和不可见三种。急性危害是在污染物浓度很高的情况下，短时间内所造成的危害。它常使作物产量显著降低，不同的污染物往往表现出各自特有的危害症状。慢性危害是指低浓度的污染物在长时间内造成的危害。它也能影响植物生长发育，有时表现出与急性危害相似的症状，但大多数症状是不明显的。不可见危害只造成植物生理上的障碍，在某种程度上抑制植物的生长，但在外观上一般看不出症状。对植物生长危害较大的大气污染物主要是二氧化硫、氟化物和光化学烟雾。

1.二氧化硫（SO_2）

二氧化硫对植物的危害，首先从叶背气孔周围细胞开始，逐渐扩散到海绵和栅栏组织细胞，使叶绿素破坏，组织脱水坏死，形成许多退色斑点。受二氧化硫伤害的植物，初期主要在叶脉间出现白色"烟斑"，轻者只在叶背气孔附近，重者则从叶背到叶面均出现"烟斑"，这是二氧化硫危害的主要特征，后期叶脉也退成白色，叶片脱水，逐渐枯萎。

不同植物受二氧化硫危害的程度是有差异的。对二氧化硫反应敏感的植物有大麦、小麦、棉花、大豆、梨、落叶松等；对二氧化硫有抗性的植物有玉米、马铃薯、柑橘、黄瓜、洋葱等。

2.氟化物

大气中的氟化物主要是氟化氢和四氟化硅。它们对植物的危害症状表现为从气孔或水孔进入植物体内，但不损害气孔附近的细胞。顺着导管向叶片尖端和边缘部分移动，在那里积累到足够的浓度，并与叶片内钙质反应，生成难溶性氟化钙类沉淀于局部，从而干扰酶的催化活性，阻碍代谢机制，破坏叶绿素和原生质，使得遭受破坏的叶肉因失水干燥而褐色。当植物在叶尖、叶边出现症状时，几小时便出现萎缩现象，同时绿色消退，变成黄褐色，2～3天后变成深褐色。

较低浓度的氟化物就能对植物造成危害，同时它能在植物体内积累，故其危害程度并不是与浓度和时间的乘积成正比，而是时间起着主要作用。在有限浓度内，接触时间越长，氟化物积累越多，受害就越重。受害的植物一旦被人或牲畜所食，便会使人和牲畜受氟危害。

对氟化物敏感的植物有玉米、苹果、葡萄、杏等；具有抗性的植物有棉花、大豆、番茄、烟草、扁豆、松树等。

3.光化学烟雾

光化学烟雾中对植物有害的成分主要是臭氧、氮氧化物等。臭氧对植物的危害主要是从叶背气孔侵入，通过周边细胞、海绵细胞间隙，到达栅栏组织，使其首先受害，然后再侵害海绵细胞，形成透过叶片的坏死斑点。同时，植物组织机能衰退，生长受阻，发芽和开花受到抑制，并发生早期落叶、落果现象。

对臭氧敏感的植物有烟草、番茄、马铃薯、花生、大麦、小麦、苹果、葡萄等；具抗性的植物有胡椒、松柏等。

4.其他污染物

氮氧化物进入植物叶气孔后易被吸收产生危害，最初叶脉出现不规则的坏死，然后细胞破裂，逐步扩展到整个叶片。过氧乙酰硝酸酯（PAN）是光化学烟雾的剧毒成分。它在中午强光照时反应强烈，夜间作用降低。PAN危害植物的症状表现为叶子背面气室周围海绵细胞或下表皮细胞原生质被破坏，使叶背面逐渐变成银灰色或古铜色，而叶子正面却无受害症状。

对 PAN 敏感的植物有番茄和木本科植物；对 PAN 抗性强的植物有玉米、棉花等。

（三）其他危害

大气污染除了对人体健康、对植物生长造成严重的危害外，对金属制品、油漆涂料、皮革制品、纸制品、纺织衣料、橡胶制品和建筑材料也会造成损害。这种损害包括玷污性损害和化学性损害两个方面，会造成很大的经济损失。玷污性损害是造成各种器物表面污染不易清洗除去；化学性损害是由于污染物对各种器物的化学作用，使器物腐蚀变质。如二氧化硫及其生成的硫酸雾对建筑、雕塑、金属、皮革等腐蚀力很强；也使纸制品、纺织品、皮革制品等腐化变脆；使各种油漆涂料变质变色；降低保护效果。光化学烟雾能使橡胶轮胎龟裂和老化，电镀层加速腐蚀。另外，高浓度的氮氧化物能使化学纤维织物分解销蚀。

（四）对气候的影响

人类活动对气候造成的影响，包括全球性和区域性两方面。对区域气候变化的影响主要表现在影响城市气候方面。在城市地区，由于人口稠密、建筑物多、工业集中等，造成城市温度比周围郊区高的现象，即把城市区域看成是一个比周围农村温暖的岛屿地区（其温度一般高 $0.5\sim2℃$ ），又称"热岛"效应。如美国洛杉矶市区年平均温度比周围农村约高出 $0.5\sim1.5℃$ 。产生热岛效应的原因，是城市蓄热量大，水的径流快、蒸发量少，人口密集放出的热量多等。这些热量加热城市内空气，使之温度上升。如果城市上空存在逆温层，这些热空气就会流向较冷的邻近郊区，而郊区的冷空气就会沿地面流入城市，形成"城市风"，围绕城市的大气就会构成所谓"城市圆拱"。

影响全球气候变化的因素多且复杂，它虽然受天文地理方面因素的影响，但最主要还是与人类活动的不断增强有直接关系。近几十年来，气候异常、全球变暖、两极的臭氧空洞的不断扩大、世界各地不同程度地沉降酸雨等全球性气候问题已让人类深深陷入环境危机当中。这一系列由于大气污染导致的全球性和区域性的环境问题目前已引起了全世界普遍关注。不论是发达国家还是发展中国家，都应为此进行努力，作出贡献，在公平合理的原则上，承担起各自的责任与义务。

第二节　大气污染物的扩散

一个区域的大气污染程度取决于该区域内排放污染物的源参数、气象条件和近地表下垫面的状况。

　　污染源包括排放污染物的数量、组成、排放方式、污染源的几何形状、相对位置、密集程度及污染源的高度等。排入大气的污染物通常由各种气体和固体颗粒组成，它们的性质是由它们的化学成分决定的。不同的化学成分在大气中造成的化学反应和被清除的过程不同，粒径大小不同的固体颗粒在大气中的沉降速度及清除过程是不同的，因此对浓度分布的影响也不同。按污染源的几何形状分类，可分为点源、面源和线源；按排放污染物的持续时间分类，有瞬时源、间断源和连续源；按排放源的高度分类可分为地面源、高架源等。不同类型的污染源有不同的排放方式，污染物进入大气的初始状态也不一样，因此其浓度分布就不同，计算污染物浓度的公式也不同。但污染源的几何形状和排放方式只是相对的。例如，通常将工厂烟囱看作高架连续源，繁忙的公路作为连续线源，而城市居民区的家庭炉灶当作面源。各个污染源结合在一起，则可看成复合源。

　　气象条件和下垫面状况影响着大气对污染物的稀释扩散速率和迁移转化途径。因此，在污染源参数一定的条件下，气象条件和下垫面状况是影响大气污染的重要因素。本节主要讨论气象条件和近地表下垫面的状况对污染物扩散的影响。

一、影响大气污染物扩散的气象因素

　　事实证明风向、风速、大气的稳定度、降水情况和雾是影响空气污染的重要气象因素。

（一）风的影响

　　风对空气中污染的扩散影响包括风向和风速两个方面。风向影响着污染物的扩散方向。任何地区的风向，一年四季都在变化，但是也都有它自己的主导方向。风速的大小决定着污染物扩散的快慢和稀释程度。通常，污染物在大气中的浓度与平均风速成反比。若风速增大一倍，则下风向污染物的浓度将减少一半。

　　由于地面对风的摩擦阻碍作用，所以风速随高度的下降而减小。100 m 高处的风速，约为 1 m 高处的 3 倍。

　　所谓风向频率，就是指某方向的风占全年各风向总和的百分率。如果从一个原点出发，画许多根辐射线，每一条辐射线的方向就是某个地区的一种风向，而线段的长短则表示该方向风的风向频率，将这些线段的末端逐一连接起来，就得到该地区的风向频率玫瑰图。

　　污染系数表示风向、风速联合作用对空气污染物的扩散影响，其值可由下式计算：

$$污染系数 = \frac{风向频率}{该风向的平均风速}$$

　　显然，不同方向的污染系数不尽相同，其大小则表示该方向空气污染的轻重。如果也像绘制风向频率玫瑰图那样，在从某原点出发的辐射线上，截取一定长短的线段，表示该方向上污染系数的大小，并把各线段的末端逐一连接起来，就得到污染系数玫瑰图。风向频率玫瑰图和污染系数玫瑰图，都能直观地反映一个地区的风向，或风向与风速联合作用对空气污染物的扩散影响。换言之，由图可直观看到某地区的某个方向上，由于风的作用，容易造成严重的空气污染。

（二）大气稳定性的影响

在地球表面的上方，大气温度随高度变化的速率，是气象变化的一个重要因素，它直接影响空气的垂直混合状况。换言之，大气温度随高度的变化情况与大气的稳定性关系密切，同时影响着受污染的空气被较洁净的空气混合而稀释其污染浓度的作用。以下简要介绍大气温度随高度的变化情况。

将大气温度沿垂直方向随高度变化的速率称为垂直降温率，并用式（3-1）表示：

$$r = -\frac{dT}{dh} \tag{3-1}$$

式中 r——垂直降温率；

T——温度，℃；

h——离地面的高度，m。

垂直绝热降温率是指空气在绝热条件下上升时，由于上升气块所受的压力降低而膨胀，消耗了内能，使气块温度随之下降的速率。绝热就是指该气块与其周围不存在任何热交换。由于干空气可近似看作理想气体，气压随高度变化的关系如式（3-2）所示：

$$\frac{dp}{dh} = -\rho g \tag{3-2}$$

式中 p ——大气压力，Pa；

h——高度，m；

P ——空气密度，kg/m³；

g——重力加速度·m/s²。

利用有关热力学公式，可以推导出计算垂直绝热降温率的数学表达式：

$$r = -\frac{dT}{dh} = \frac{Mg}{C_{pm}} \tag{3-3}$$

式中 M——空气的相对分子质量；

C_{pm} ——空气的定压摩尔热容。

把相应的数值代入式（3-3）后，便可求得 r 值：

$$r \approx \frac{0.98\,^\circ C}{100\,m} \approx \frac{1\,^\circ C}{100\,m}$$

这就是说，当空气绝热上升时，离开地面每升高 100 m，气温下降 1℃。通常把这个 r 值称为空气的绝热降温率。显然，这是针对理想情况的，实际情况并非如此。由于各地区空气的成分、干湿等差异，所以 r 值也就不总是等于 1℃/100 mo 例如 r＞1℃/100 m，就是超绝热降温率。此时气块上升的降温率大于绝热降温率，造成气块的温度低于理想的温度。冷者下沉，下沉后受到地表的辐射热又上升，结果发生垂直混合。显然，此时大气是不稳定的，它有利于空中的污染物扩散。从控制空气污染的角度出发，这是我们所期待的气象条件。与此相反，当 r＜1℃/100m，即次绝热降温时，空气是稳定的，此时空气上升的降温率低于绝热降温率，以致气块的温度稍高于理想的温度。这样，不同高度的空气层之间，就很难发生垂直混合，因此空气基本上是稳定的，这会使空气中污染物积累起来。绝热降温时空气稳定于原点时高度与温度的变化。

假如高度上升时，气温反而上升，即 $dT＞0$，或垂直降温率 $r=-dT/dA＜0$，则该空气层便称为逆温层。此时上层空气密度低，下层空气密度高，空气在垂直方向上不存在任何运动，大气层异常稳定，以致常常发生空气污染事故。习惯上把出现逆温层所在的高度称为逆温高度，而把开始出现逆温至逆温消失的高度范围，称为逆温层厚度。逆温层内的最大温度差，称为逆温强度。

不同降温率对烟囱的排烟形式影响很大。超绝热降温时，大气不稳定，出现波浪形排烟，它能使污染物随风速扩散。逆温时，由于大气稳定，形成扇形排烟，它严重地妨碍空中污染物的垂直运动，只能朝水平方向扩散；当大气的上层为逆温，下层是超绝热降温，即上层稳定，下层不稳定时，形成熏烟型排烟，空气中污染物被熏烟带回地面，使污染更为严重。

（三）降水的影响

各种形式的降水，特别是降雨，能有效地吸收、淋洗空气中的各种污染物。所以大雨之后，空气格外清新，就是这个道理。

（四）雾的影响

有雾的天气属于静风状况，进入到大气的污染物很难扩散。雾像一顶盖子，它会使空气污染状况加剧。

以上所讨论的风、大气的稳定性、降水情况及雾的出现，就是影响空气污染物扩散的主要气象因素。

二、大气污染物扩散与下垫面的关系

地面是一个凸凹不平的粗糙曲面，当气流沿地面流过时，必然要同各种地形地物发生摩擦作用，使风向、风速同时发生变化，其影响程度与各障碍物的体积、形状、高低有密切关系。

山脉的阻滞作用对风速有很大影响。尤其是封闭的山谷盆地，受四周群山的屏障影响，往往是静风，小风频率占优势，不利于大气污染物的扩散。

城市中的高层建筑物、体形大的建筑物和构筑物，都能造成气流在小范围内产生涡流，阻碍气流运动，减小平均风速，降低近地面风速梯度，并使风向摆动很大。近地面风场变得很不规则，一般规律是建筑物背风区风速下降，在局部地区产生涡流，不利于气体扩散。

山风和谷风的方向是相反的，但比较稳定。在山风与谷风的转换期间，风的方向是不稳定的，山风和谷风均可能出现时而山风时而谷风的现象。这时如果有大量污染物排入山谷中，由于风向的摆动，污染物不易扩散，在山谷中停留很长时间，可能造成大气污染。

（一）城市下垫面的影响

城市与郊区相比，地面建筑物密集，道路硬化等容易吸收更多的太阳热能，造成了城乡大气的温度差异，从而引起局地风，也就是所谓的城市热岛环流。造成城乡温度差异的主要原因是：①城市人口密集、工业集中，能耗水平高；②城市的覆盖物（如建筑物、水泥路面等）热容量大，白天吸收太阳辐射热，夜间放热缓慢，使低层空气变暖；③城市上空笼罩着一层烟雾和 CO_2，使地面有效辐射减弱。因此，城市市区净热量比周围乡村多，故平均气温比周围乡村高（尤其是夜间），于是形成了所谓城市热岛。据统计，城乡年平均温差一般为 0.4~1.5℃，有时可达 6.0~8.0℃。温差与城市的大小、性质、当地气候条件和纬度有关。

由于城市温度经常比乡村地区高（尤其是夜间），气压比乡村低，所以能形成一种从周围乡村吹向城市市区的特殊局地风，称为城市热岛环流或城市风。这种风在市区汇合就会产生上升气流。因此，若城市周围有较多生产污染物的工厂，就会使污染物在夜间向城市中心输送，造成严重污染，尤其是夜间城市上空有逆温层存在时，污染更加严重。"热岛效应"引起的城乡空气环流。

（二）山区下垫面的影响

山谷风发生在山区，是以昼夜为周期的局地环流，山谷风在山区最为常见，主要是由于山坡和山沟受热不均而产生的。在白天，太阳首先照到山坡上，使山坡上大气比山沟地带同一高度的大气温度高，形成了由沟谷吹向山坡的风，称为谷风。在高空形成了由山坡吹向山谷的反谷风。它们同山坡上升气流和谷地下降气流一起形成了山谷风局地环流。在夜间，山坡和山顶比谷地冷却得快，使山坡和山顶的冷空气顺山坡下滑到谷底，形成了山风。它们同山坡下降气流和谷地上升气流一起构成了山谷风局地环流。

（三）水陆交界区的影响

在水陆交界地区（主要指海陆交界地带）由于地面和水面的温差，形成以昼夜为周期的大气局地环流，称为海陆风。海陆风是由于陆地和海洋的热力性质差异而引起的。在白天，由于太阳辐射，陆地升温比海洋快，在海陆大气之间产生了温度差、气压差，使低空大气由海洋流向陆地，形成海风。高空大气从陆地流向海洋，形成反海风。它们和陆地上的上升气流和海洋上的下降气流一起形成了海陆风局地环流。在夜晚，由于有效辐射发生了变化，陆地比海洋降温快，在海陆之间产生了与白天相反的温度差、气压差，使低空大气从陆地流向海洋，形成陆风。高空大气从海洋流向陆地，形成反陆风。它们同陆地下降气流和海面上升气流一起构成了海陆风局地环流。

在大湖泊、江河和水陆交界地带也会产生水陆风局地环流，但水陆风的活动范围和强度比海陆风要小。由此可知，建在海边地区的工厂所排放的污染物扩散必须考虑海陆风的影响，因为有可能出现夜间随陆风吹到海面上的污染物，在昼间又随海风吹回来，或者进入海陆风局地环流中，使污染物不能充分扩散稀释而造成污染。

第三节　大气污染治理技术简介

一、颗粒污染物的治理技术

从废气中将颗粒物分离出来并加以捕集、回收的过程称为除尘。实现这一过程的设备、装置称为除尘器。

（一）除尘装置的技术性能指标

全面评价除尘装置性能应包括技术指标和经济指标两项内容。技术指标常以气体处理量、净化效率、压力损失等参数表示。而经济指标则包括设备费、运行费、占地面积等内容。本节主要介绍其技术性能指标。

1.烟尘的浓度表示

根据含尘气体中含尘量的大小，烟尘浓度可表示为以下两种形式。

（1）烟尘的个数浓度

单位气体体积中所含烟尘颗粒的个数，称为烟尘的个数浓度，单位为个/cm3。

（2）烟尘的质量浓度

每单位标准体积含尘气体中悬浮的烟尘质量数，称为烟尘的质量浓度，单位为 mg/m3。实际应用中常用质量浓度表示烟尘的浓度。

2.除尘装置气体处理量

该项指标表示的是除尘装置在单位时间内所能处理烟气量的大小,是表明除尘装置处理能力大小的参数,烟气量一般用体积流量表示（m³/h 或 m³/s）。

3.除尘装置的效率

除尘装置的效率是表示除尘装置捕集粉尘效果的重要指标,也是选择、评价除尘装置的最主要参数,可用总效率、分级效率、通过率、多级除尘效率等表示。

（1）总效率（除尘效率）

总效率是指在同一时间内,由除尘装置除下的粉尘量与进入除尘装置的粉尘量的百分比,常用符号 η 表示。总效率所反映的是除尘装置净化程度的平均值,它是评价除尘装置性能的重要技术指标。

（2）分级效率

分级效率是指除尘装置对以某一粒径为中心、粒径宽度为 Δd 范围的烟尘的除尘效率,具体数值是用同一时间内除尘装置除下的该粒径范围内的烟尘量占进入除尘装置的该粒径范围内的烟尘量的百分比来表示的,符号为 ηd。

总除尘效率只是表示对气流中各种粒径的颗粒污染物去除效率的平均值,而不能说明对某一粒径范围粒子的去除能力,因此不能完全反映除尘器效果的好坏。引入分级效率后,即可根据对不同粒径的粉尘去除情况,更准确地判断除尘效果的好坏,这样可以根据要处理的烟气中的粒径分布情况,选择更适宜的除尘装置。

（3）通过率（除尘效果）

通过率是指没有被除半装置除下的烟尘量与除尘装置入口烟尘量的百分比,用符号 ε 表示。

在对烟气进行除尘时,主要关心的是除尘后气体中还含有多少烟尘量。单从除尘效率看,除尘装置的这种性能差异表现得不明显。若用通过率来表示,这种差异就可比较清楚地显示出来。

（4）多级除尘效率

在实际应用的除尘系统中,为了提高除尘效率,经常把两种或多种不同规格或不同形式的除尘器串联使用。这种多级净化系统的总效率称为多级除尘效率,一般用 $\eta_\text{总}$ 来表示。

4.除尘装置的压力损失

压力损失是表示除尘装置消耗能量大小的指标,有时也称压力降。压力损失的大小用除尘装置进出口处气流的全压差（Δp）来表示。

（二）除尘装置的分类

除尘器种类繁多，根据不同的原则，可对除尘器进行不同的分类。

依照除尘器除尘的主要机理可将其分为机械式除尘器、过滤式除尘器、湿式除尘器、静电除尘器等四类。

根据在除尘过程中是否使用水或其他液体可分为：湿式除尘器、干式除尘器。

此外，按除尘效率的高低还可将除尘器分为高效除尘器、中效除尘器和低效除尘器。

近年来，为提高对微粒的捕集效率，还出现了综合几种除尘机理的新型除尘器。如声凝聚器、热凝聚器、高梯度磁分离器等。

（三）各类除尘装置

1.机械式除尘器

机械式除尘器是通过质量力的作用达到除尘目的的除尘装置。质量力包括重力、惯性力和离心力，主要除尘器形式为重力沉降室、惯性除尘器和离心式除尘器（旋风除尘器）等。

（1）重力沉降室

重力沉降室是利用粉尘与气体的密度不同，使含尘气体中的尘粒依靠自身的重力从气流中自然沉降下来，达到净化目的的一种装置。重力沉降室分为单层和多层重力沉降室。

含尘气流进入沉降室后，通过横断面比管道大得多的沉降室时，流速大大降低，气流中大而重的尘粒，在随气流流出沉降室之前，由于重力的作用，缓慢下落至沉降室底部而被清除。

重力沉降室是各种除尘器中最简单的一种，只能捕集粒径较大的尘粒，一般对 50 以上的尘粒具有较好的捕集作用，而对于小于 50 的尘粒捕集效果差。因此除尘效率低，只能作为初级除尘手段。

（2）惯性除尘器

利用粉尘与气体在运动中的惯性力的不同，使粉尘从气流中分离出来的方法称为惯性力除尘。常用方法是使含尘气流冲击在挡板上，气流方向发生急剧改变，气流中的尘粒惯性较大。不能随气流急剧转弯。便从气流中分离出来。一般情况下，惯性气流中的气流速度较高。气流方向转变角度愈大，气流转换方向次数愈多，则对粉尘的净化效率愈高，但压力损失也会愈大。

惯性除尘器适于非黏性、非纤维性粉尘的去除，设备结构简单，阻力较小。但其分离效率较低，约为 50% ~ 70%，只能捕集 10 ~ 20 以上的粗尘粒，故只能用于多级除尘中的第一级除尘。

（3）离心式除尘器

使含尘气流沿一定方向做连续的旋转运动，粒子在随气流旋转中获得离心力，使粒子从气流中分离出来的装置为离心式除尘器，也称为旋风除尘器。

普通旋风除尘器是由进气管、排气管、圆筒体、圆锥体和灰斗组成。在机械式除尘器中，离心式除尘器是效率最高的一种。它适用于非黏性及非纤维性粉尘的去除，对大于50μm的颗粒具有较高的去除效率，属于中效除尘器，且可用于高温烟气的净化。因此是应用广泛的一种除尘器。多应用于锅炉烟气除尘、多级除尘及预除尘。主要缺点是对细小尘粒（<5μm）的去除效率较低。

2.过滤式除尘器

过滤式除尘是使含尘气体通过多孔滤料，把气体中的尘粒截留下来，使气体得到净化的方法。按滤尘方式有内部过滤与外部过滤之分。内部过滤是把松散多孔的滤料填充在框架内作为过滤层，尘粒是在滤层内部被捕集（如颗粒层过滤器）。外部过滤是用纤维织物、滤布等作为滤料，通过滤料的表面捕集尘粒，故称为外部过滤。这种除尘方式最典型的装置是袋式除尘器。

用棉、毛、有机纤维、无机纤维等材料做成滤袋。滤袋是袋式除尘器中最主要的滤尘部件，滤袋的形状有圆形和扁圆形两种，应用最多的为圆形滤袋。袋式除尘器广泛用于各种工业废气除尘中，属于高效除尘器，除尘效率大于99%，对细粉有很强的捕集能力，对颗粒性质及气量适应性强，同时便于回收干料。

袋式除尘器不适于处理含油、含水及黏结性粉尘，同时也不适于处理高温含尘气体。一般情况下被处理气体温度应低于100℃，在处理高温烟气时需预先对烟气进行冷却降温。

3.湿式除尘器

湿式除尘也称为洗涤除尘。该方法是用液体（一般为水）洗涤含尘气体，使尘粒与液膜、液滴或气泡碰撞而被吸附，凝集变大，尘粒随液体排出，气体得到净化。由于洗涤液对多种气态污染物具有吸收作用，因此它既能净化气体中的固体颗粒物，又能同时脱除气体中的气态有害物质，这是其他类型除尘器所无法做到的。某些洗涤器也可以单独充当吸收器使用。

湿式除尘器种类很多，主要有各种形式的喷淋塔、离心喷淋洗涤除尘器和文丘里式洗涤器等。

湿式除尘器结构简单、造价低、除尘效率高；在处理高温、易燃、易爆气体时安全性好；在除尘的同时还可去除气体中的有害物。

湿式除尘器的缺点是用水量大，易产生腐蚀性液体，产生的废液或泥浆需进行适当处理，否则会造成二次污染，且在寒冷地区和冬季易结冰。

4.静电除尘器

静电除尘是利用高压电场产生的静电力（库仑力）的作用实现固体粒子或液体粒子与气流分离的方法。

二、气态污染物的治理技术

工农业生产、交通运输和人类生活活动中所排放的气态有害物质种类繁多。依据这些物质不同的化学性质和物理性质，可以采用吸收法、吸附法、催化法、燃烧法、冷凝法等不同的技术方法进行处理。

（一）主要治理方法

1.吸收法

吸收法是采用适当的液体作为吸收剂，使含有有害物质的废气与吸收剂接触，废气中的有害物质被吸收于吸收剂中，使气体得到净化的方法。在吸收过程中，用来吸收气体中有害组分的液体叫作吸收剂，被吸收的气体组分称为吸收质，而吸收了吸收质后的液体叫作吸收液。

吸收过程中，依据吸收质与吸收剂是否发生化学反应，可将吸收分为物理吸收与化学吸收。在处理气量大、有害组分浓度低为特点的各种废气时，化学吸收的效果要比单纯物理吸收好得多。因此在用吸收法治理气态污染物时，多采用化学吸收法。

吸收法具有设备简单、捕集效率高、应用范围广、一次性投资低等特点。但由于吸收是将气体中的有害物质转移到了液体中，因此对吸收液必须进行妥善处理，否则容易引起二次污染。此外，由于吸收温度越低效果越好，因此在处理高温烟气时，必须对排气进行降温预处理。

2.吸附法

吸附法治理废气就是使废气与比表面积大的多孔性固体物质相接触，将废气中的有害组分吸附在固体表面上，使其与气体混合物分离，达到净化目的。具有吸附作用的固体物质称为吸附剂，被吸附的气体组分称为吸附质。

当吸附进行到一定程度时，为了回收吸附质以及恢复吸附剂的吸附能力，需采用一定的方法使吸附质从吸附剂上解脱下来，称为吸附剂的再生。吸附法治理气态污染物应包括吸附及吸附剂再生的全部过程。

吸附法的净化效率高，特别是对低浓度气体具有很强的净化能力。若单纯就净化程度说，只要吸附剂用量足够，就可以达到任何要求的净化程度。因此，吸附法特别适用于排放标准要求严格，或有害物浓度低、用其他方法达不到净化要求的气体净化，常作为深度净化手段或联合应用净化方法时的最终控制手段。吸附效率高的吸附剂，如活性炭、活性氧化铝、分子筛等，价格一般都比较昂贵，因此必须对失效吸附剂进行再生。重复使用吸附剂，以降低吸附的费用，常用的再生方法有升温脱附、减压脱附、吹扫脱附等。再生的操作比较麻烦，且必须专门供应蒸汽或热空气等满足吸附剂再生的需要，使设备费用和操作费用增加，这一点限制了吸附方法的应用。另外，由于一般吸附剂的容量有限，因此对高浓度废气的净化，不宜采用吸附法。

3.催化法

催化法净化气态污染物是利用催化剂的催化作用，使废气中的有害组分发生化学反应后转化为无害物质或易于去除物质的一种方法。

催化方法净化效率较高，净化效率受废气中污染物浓度影响较小。而且在治理过程中，无需将污染物与主气流分离，可直接将主气流中的有害物转化为无害物，避免了二次污染。但所用催化剂价格较贵，操作上要求较高，废气中的有害物质很难作为有用物质进行回收等是该法存在的缺点。

4.燃烧法

燃烧净化法是对含有可燃有害组分的混合气体进行氧化燃烧或高温分解，从而使这些有害组分转化为无害物质的方法。燃烧法主要应用于碳氢化合物、一氧化碳、恶臭、沥青烟、黑烟等有害物质的净化治理。实际应用的燃烧净化方法有三种，即直接燃烧、热力燃烧与催化燃烧。

燃烧法工艺比较简单，操作方便，可回收燃烧后的热量，但不能回收有用物质，需对燃烧后的废气进行处理，否则容易造成二次污染。

5.冷凝法

冷凝法是采用降低废气温度或提高废气压力的方法，使一些易于凝结的有害气体或蒸汽态的污染物冷凝成液体并从废气中分离出来。

冷凝法只适用于处理高浓度的有机废气，常用做吸附、燃烧等净化高浓度废气的前处理，以减轻后续处理装置的负荷。冷凝法的设备简单、操作方便，并可回收到纯度较高的产物，因此也成为气态污染物治理的主要方法之一。

（二）低浓度 SO_2 废气治理

对低浓度 SO_2 废气的治理，目前常用的方法有抛弃法和回收法两种。抛弃法是将脱硫的生成物作为固体废物抛掉，方法简单、费用低廉；回收法是将 SO_2 转变成有用的物质加以回收，成本高，所得副产品存在着应用及销路问题，但有利于保护环境。可根据实际情况进行选择。

目前，在工业上应用的处理 SO_2 废气的方法主要为湿法，即用液体吸收剂洗涤烟气，吸收烟气所含的 SO_2；其次为干法，即用吸附剂或催化剂脱除废气中的 SO_2。

1.湿法

（1）氨法

用氨水作为吸收剂处理废气中的 SO_2。由于氨易挥发，实际上此法是用氨水与 SO_2 反应后生成的亚硫酸铵水溶液作为吸收 SO_2 的吸收剂，主要反应如下：

$$(NH_4)_2 SO_3 + SO_2 + H_2O \rightarrow 2NH_4HSO_3$$

通入氨后的再生反应为：

$$NH_4HSO_3 + NH_3 \rightarrow (NH_4)_2 SO_3$$

对吸收后的混合液用不同的方法处理可得到不同的副产物。若用浓硫酸或浓硝酸等对吸收液进行酸解，所得到的副产物为高浓度 SO_2（NH_4）$2SO_3$ 或 NH_4NO_3，该法称为氨一酸法。若用 NH_3、NH_4、HSO_3 等将吸收液中的 NH_4、HSO_3 中和为（NH_4）$2SO_3$ 后，经分离可得到副产物（NH_4）$2SO_3$，此法不消耗酸，称为氨一亚氨法。若将吸收液用 NH_3 中和，使吸收液中的 NH_4HSO_3 全部变为（NH_4）$2SO_3$，再用空气对（NH_4）$2SO_3$ 进行氧化，则可得到副产物（NH_4）$_2SO_4$，该法称为氨一硫胺法。

氨法工艺成熟，流程、设备简单，操作方便。副产的 SO_2 可生产液态 SO_2 或制硫酸；硫铵可做化肥；亚铵可用于治浆造纸代替烧碱。该法适用于处理硫酸生产过程的尾气，但由于氨易挥发，吸收剂消耗量大，因此缺乏氨源的地方不宜采用此法。

（2）钠碱法

本法是用氢氧化钠或碳酸钠的水溶液作为开始吸收剂，与 SO_2 反应生成 Na_2SO_3 继续吸收 SO_2，主要吸收反应为：

$$NaOH + SO_2 \rightarrow NaHSO_3$$

$$2NaOH + SO_2 \rightarrow Na_2SO_3 + H_2O$$

$$Na_2SO_3 + SO_2 + H_2O \rightarrow 2NaHSO_3$$

生成的吸收液为 Na_2SO_3 和 $NaHSO_3$ 的混合液。用不同的方法处理吸收液，可得不同的副产物。将吸收液中的 $NaHSO_3$ 用 $NaOH$ 中和，得到 Na_2SO_3。由于 Na_2SO_3 的溶解度较 $NaHSO_2$ 低，它可从溶液中结晶出来，经分离可得副产物 Na_2SO_3，析出结晶后的母液作为吸收剂循环使用，该法称为亚硫酸钠法。若将吸收液中的 $NaHSO_3$ 加热再生，可得到高浓度 SO_2 作为副产物，而得到的 Na_2SO_3 经结晶分离溶解后返回吸收系统循环使用，此法称为亚硫酸钠循环法或威尔曼洛德钠法。

钠碱吸收剂吸收能力大，不易挥发，对吸收系统不存在结垢、堵塞等问题。亚硫酸钠法工艺成熟、简单，吸收效率高，所得副产品纯度高，但耗碱量大，成本高，因此只适于中小气量烟气的治理。而吸收液循环法可处理大气量烟气，吸收效率可达 90% 以上，是应用最多的方法之一。

（3）钙碱法

此法是用石灰石、生石灰或消石灰的乳浊液为吸收剂吸收烟气中 SO_2 的方法。对吸收液进行氧化可得到副产物石膏，通过控制吸收液的 pH 值，可以副产半水亚硫酸钙。

钙碱法所用吸收剂价廉易得，吸收效率高，回收的产物石膏可用做建筑材料而半水亚硫酸钙是一种钙塑材料，用途广泛，因此成为目前吸收脱硫应用最多的方法。该法存在的最主要问题是吸收系统容易结垢、堵塞。另外，由于石灰乳循环量大，使设备体积增大，操作费用增高。

（4）双碱法

双碱法烟气脱硫工艺是为了克服石灰石—石灰法容易结垢的缺点而发展起来的。它先用碱金属盐类 SO_2 的水溶液吸收 SO_2，然后在另一石灰反应器中用石灰或石灰石将吸收 SO_2 后的溶液再生，再生后的吸收液再循环使用，最终产物以亚硫酸钙和石膏形式析出。

钠—钙双碱法 $\left[Na_2CO_3 - Ca(OH)_2 \right]$ 采用纯碱吸收 SO_2，石灰还原再生，再生后吸收剂循环使用，无废水排放。主要反应如下：

吸收反应：

$$Na_2CO_3 + SO_2 = Na_2SO_3 + CO_2$$
$$2Na_2SO_3 + O_2 = 2Na_2SO_4$$

再生反应：

$$Ca(OH)_2 + Na_2SO_3 + \frac{1}{2}H_2O = 2NaOH + CaSO_3 \cdot \frac{1}{2}H_2O \downarrow$$

氧化反应：

$$2CaSO_3 \cdot H_2O + O_2 + 3H_2O = 2\left(CaSO_4 \cdot 2H_2O \right)$$

锅炉烟气经风机加压之后，经预脱硫塔进行一级脱硫除尘，烟气被增湿降温后进入主脱硫塔内。烟气与脱硫液中的碱性脱硫剂在雾化区内充分接触反应，完成烟气的进一步脱硫吸收和除尘。经脱硫后的烟气通过塔顶除雾装置除去水雾后的烟气可直接进入烟道并由烟囱排放。

反应后的脱硫液进入再生罐。在再生罐内，脱硫液与 Ca（OH）$_2$ 溶液充分混合再生，再生好的浆液经除渣分离，除渣分离后的清液流入脱硫液储罐，循环利用。

2.干法

（1）活性炭吸附法

在有氧及水蒸气存在的条件下，用活性炭吸附 SO_2。由于活性炭表面具有催化作用，使吸附的 SO_2 被烟气中的 O_2 氧化为 SO_3，SO_3 再和水蒸气反应生成硫酸。生成的硫酸可用水洗涤下来，或用加热的方法使其分解，生成浓度高的 SO_2，此 SO_2 可用来制酸。

由于活性炭吸附容量有限，因此对吸附剂要不断再生，操作复杂。另外为保证吸附效率，烟气通过吸附装置的速度不宜过大，不适于大量烟气的处理。而所得副产物硫酸浓度较低，需进行浓缩才能应用。

（2）催化氧化法

在催化剂的作用下可将 SO_2 氧化为 SO_3 后进行净化。

干式催化氧化法可用来处理硫酸尾气，此技术成熟，已成为制酸工业的一部分。但用此法处理电厂锅炉烟气及炼油尾气，在技术上、经济上还存在一些问题需要解决。

（三）含 NOx 废气的治理

对含 N（X 的废气可采用多种方法进行净化治理（主要是治理生产工艺尾气），主要有吸收法、吸附法、催化法等。

1.吸收法

目前常用的吸收剂有碱液、稀硝酸溶液和浓硫酸等。

常用的碱液有氢氧化钠、碳酸钠、氨水等。碱液吸收设备简单，操作容易，投资少。但吸收效率较低，特别是对 NO 吸收效果差，只能消除 NO_2 所形成的黄烟，达不到去除所有 NOx 的目的。用稀硝酸吸收硝酸尾气中的 NOx，不仅可以净化排气，而且可回收 NOx 用于制硝酸。但此法只能应用于硝酸的生产过程中，应用范围有限。

2.吸附法

用吸附法吸附 NOx 已有工业规模的生产装置，可以采用的吸附剂为活性炭、沸石分子筛等。

活性炭对低浓度 NOx 具有很高的吸附能力，并且经解吸后可回收浓度高的 NOx。但由于温度高时活性炭容易燃烧，给吸附和再生造成困难，限制了该法的使用。

丝光沸石分子筛是一种极性很强的吸附剂。当含 NOx 废气通过时，废气中极性较强的 H_2O 分子和 NO_2 分子被选择性吸附在表面上，并进行反应生成硝酸放出 NO。新生成的 NO 和废气中原有的 NO 一起，与被吸附的 O_2 进行反应生成 NO_2，生成的 NO_2 再与 H_2O 反应，重复上一个反应步骤，使废气中的 NOx 被除去。对被吸附的硝酸和 NOx 可用蒸汽置换的方法将其脱附下来，脱附后的吸附剂经干燥、冷却后，即可重新用于吸附操作。

分子筛吸附法适于净化硝酸尾气，可将浓度为（1.5～3.0）$\times 10^{-3}$ 的 NOx，降低到 5×10^{-5} 以下。而回收的 NOx 可生产 HNO_3，因此是一个很有前途的方法。该法的主要缺点是吸收剂吸附容量较小，因而需要频繁再生。

3.催化还原法

在催化剂的作用下，用还原剂将废气中的 NOx 还原为 N_2 和 H_2O 的方法称为催化还原法。根据还原剂与废气中的 O_2 发生作用与否，可将催化还原法分为两类。

（1）非选择性催化还原

在催化剂的作用下，还原剂不加选择地与废气中的 NC_x 和 O_2 同时发生反应，可用 H_2 和 CH_4 等作为还原剂气体。该法由于存在着与 O_2 的反应过程，放热量大，因此在反应中必须使还原剂过量并严格控制废气中的含氧量。

（2）选择性催化还原

在催化剂的作用下，还原剂只选择性地与废气中的 NOx 发生反应，而不与废气中的 O_2 发生反应。常用的还原剂气体为 NH_3 和 H_2S 等。

催化还原法适用于硝酸尾气与燃烧烟气的治理，并可处理大气量的废气，技术成熟、净化效率高，是治理 NOx 废气的较好方法。由于反应中使用了催化剂，对气体中杂质含量要求严格，因此对气体需作预处理。该法进行废气治理时，不能回收有用物质，但可回收热量。应用效果好的催化剂一般均含有钳、铝等贵金属组分，价格比较昂贵。

此外还有催化分解和热炭层法等。

（四）有机废气及恶臭治理

有机废气是指含各种碳氢化合物的气体。这些碳氢化合物中很多具有毒性，同时又是造成环境恶臭的主要根源。只不过由于一些引起恶臭的物质阈值较低，因此在以消除恶臭为主要目的的净化中，要求得更为严格。对有机废气的净化治理，常用的方法是吸收法、吸附法和燃烧法。

1.吸收法

吸收法采用水溶液或有机溶剂进行吸收，适用于高浓度有机废气的治理，具有操作简单、投资少等优点。因而针对不同的有机污染物，选择吸收效率高、经济实用的吸收剂，将是解决吸收法应用的关键。

2.吸附法

吸附法是目前净化有机废气应用最普遍的方法。常用的吸附剂有活性炭、离子交换树脂等，其中应用最多的是活性炭。当用活性炭做吸附剂吸附到一定程度时，吸附达到饱和，这时要对活性炭进行再生。再生一般是采用通入蒸汽使吸附质脱附的方法，脱附气体经冷凝后回收。

吸附过程方法简单，对低浓度废气净化效率高，并且对大多数有机物组分均具有较强的净化能力，因此应用广泛。但再生的吸附流程复杂、操作费用高、操作复杂。

3.燃烧法

碳氢化合物大多是可燃的物质，因此可用燃烧的方法或加热分解的方法将其转化为 CO_2 和或 H_2O 而加以净化，并回收热量。

（1）直接燃烧

将废气中的碳氢化合物作为燃料烧掉，而使废气净化，这种方法只适于高浓度有机废气的治理。

（2）热力燃烧

通过燃烧辅助材料，将有机废气升温到有机物分解所需的温度，使碳氢化合物受热分解。这种方法可净化有机物含量较低的废气，因此是治理有机废气的主要方法之一。

（3）催化燃烧

催化燃烧时要求的反应温度低，又属于无焰燃烧，因此安全性好。在进行催化燃烧时，首先要把被处理的废气预热到催化剂的起燃温度，预热方法可以采用电加热或烟道气加热。预热到起燃温度的气体进入催化床层进行反应，反应后的高温气体可引出用来加热进口冷气体，以节约预热能量。

三、洁净燃烧技术（煤炭洁净燃烧技术）

洁净煤技术是指从煤炭开发到利用的全过程中旨在减少污染排放与提高利用效率的加工、燃烧、转化及污染控制等新技术。

传统意义上的洁净煤技术主要是指煤炭的净化技术及一些加工转换技术，即煤炭的洗选、配煤、型煤以及粉煤灰的综合利用技术。目前洁净煤技术是指高技术含量的洁净煤技术，发展的主要方向是煤炭的气化、液化、煤炭高效燃烧与发电技术等，是当前世界各国解决环境问题的主导技术之一，也是高新技术国际竞争的一个重要领域。根据我国国情，洁净技术包括：选煤、型煤、水煤浆、超临界火力发电、先进的燃烧器、流化床燃烧、煤气化联合循环发电、烟道气净化、煤炭气化、煤炭液化、燃料电池。上述技术可归纳为直接燃烧煤洁净技术和煤转化为洁净燃料技术。

（一）直接燃烧煤洁净技术

直接燃烧煤洁净技术是在直接烧煤的情况下需要采用的技术措施。

1.燃烧前的净化加工技术

主要包括煤炭分选、型煤加工和水煤浆技术。原煤分选采用筛分、物理选煤、化学选煤和细菌脱硫方法，可以除去或减少灰分、矸石、硫等杂质；型煤加工是把散煤加工成型煤，由于成型时加入石灰固硫剂，可减少二氧化硫排放，减少烟尘，还可节煤；水煤浆是选用优质低灰原煤制成，可以代替石油。

2.燃烧中的净化燃烧技术

主要是流化床燃烧技术和先进燃烧器技术。流化床又叫沸腾床，有泡床和循环床两种。由于燃烧温度低，可减少氮氧化物排放量，煤中添加石灰可减少二氧化硫排放量，炉渣可以综合利用，而且能烧劣质煤。先进燃烧器技术是指改进锅炉、窑炉结构与燃烧技术，减少二氧化硫和氮氧化物的排放技术。

3.燃烧后的净化处理技术

主要是消烟除尘和脱硫脱氮技术。消烟除尘技术很多，静电除尘器、袋式除尘器效率最高可达99%以上，电厂一般多采用此技术。脱硫有干法和湿法两种，干法是用浆状石灰喷雾与烟气中二氧化硫反应，生成干燥颗粒硫酸钙，用集尘器收集；湿法是用石灰水淋洗烟尘，生成浆状亚硫酸排放。脱硫效率可达90%以上。

（二）煤转化为洁净燃料技术

煤转化为洁净燃料的技术主要有四种方法。

1.煤的气化技术

煤的气化有常压气化和加压气化两种方法，在常压或加压条件下，保持一定温度，通过气化剂（空气、氧气和蒸汽）与煤炭反应生成煤气，煤气的主要成分是一氧化碳、氢气、甲烷等可燃气体。用空气和蒸汽做气化剂，煤气热值低；用氧气做气化剂，煤气热值高。煤在气化中可脱硫除氮，排去灰渣，因此，煤气就变成了洁净燃料。

2.煤的液化技术

煤的液化有间接液化和直接液化两种方法。间接液化是先将煤气化，然后再把煤气液化，如煤制甲醇，可替代汽油，我国已有应用。直接液化是把煤直接转化成液体燃料，比如直接加氢将煤转化成液体燃料，或煤炭与渣油混合成油煤浆反应生成液体燃料。

3.煤气化联合循环发电技术

这种技术先把煤制成煤气，再用燃气轮机发电，排出高温废气烧锅炉，再用蒸汽轮机发电，整个发电效率可达45%。我国正在开发研究中。

4.燃煤磁流体发电技术

当燃煤得到的高温等离子气体高速切割强磁场，就直接产生直流电，然后把直流电转换成交流电。发电效率可达50% ~ 60%。我国正在开发研究这种技术。

四、低碳的发展趋势

（一）低碳经济

所谓低碳经济，是指在可持续发展理念指导下，通过技术创新、制度创新、产业转型、新能源开发等多种手段，尽可能地减少煤炭、石油等高碳能源消耗，减少温室气体排放，达到经济社会发展与生态环境保护双赢的一种经济发展形态。

"低碳经济"是以低能耗低污染为基础的经济。在全球气候变化的背景下，"低碳经济""低碳技术"日益受到世界各国的关注。

（二）低碳经济提出的背景

随着全球人口数量的增加和经济规模的不断增长，化石能源、生物能源等常规能源的使用造成的环境问题及其后果不断地为人们所认识。近年来，废气污染、光化学烟雾、水污染和酸雨等的危害，以及大气中二氧化碳浓度升高带来的全球气候变化，已被确认为人类破坏自然环境、不健康的生产生活方式所致。在此背景下，"碳足迹""低碳经济""低碳技术""低碳发展""低碳生活方式""低碳社会""低碳城市""低碳世界"等一系列新概念、新政策应运而生。

（三）低碳技术

低碳技术是指涉及电力、交通、建筑、冶金、化工、石化等部门以及在可再生能源及新能源、煤的清洁高效利用、油气资源和煤层气的勘探开发、二氧化碳捕获与埋存等领域开发的有效控制温室气体排放的新技术。低碳技术分为三个类型。

1.减碳技术

减碳技术是指高能耗、高排放领域的节能减排技术，煤的清洁高效利用、油气资源和煤层气的勘探开发技术等。

2.无碳技术

无碳技术是指核能、太阳能、风能、生物质能等可再生能源技术。在过去 10 年里，世界太阳能电池产量年均增长 38%，超过 IT 产业。全球风电装机容量 2008 年在金融危机中逆势增长 28.8%。

3.去碳技术

典型的去碳技术是二氧化碳捕获与埋存（CCS）。

（四）低碳的发展趋势

世界主要发达国家近年来都在致力于新能源技术和清洁能源技术的开发利用，以期抢占低碳经济发展的制高点。2013 年，欧盟计划投资 1050 亿欧元用于绿色经济；美国能源部最近投资 31 亿美元用于碳捕获及封存技术研发；英国 2009 年 7 月公布了《低碳产业战略》；我国科技部、教育部、基金委、中科院和许多省市已经部署了发展低碳技术的计划，2007 年 4 月低碳经济和中国能源与环境政策研讨会在北京举行，2009 年中科院启动了《太阳能行动计划》。

第四节　全球大气环境问题及其防治对策

随着世界人口的增长、经济的发展，资源和能源的消耗也在不断地增加。人类生活和生产过程排放出的各种化学物质,给自然净化作用造成了巨大负担。这不仅使区域性环境问题的范围明显地扩大,而且由于氟利昂、二氧化碳、酸性物质等大量排放到大气中,导致了气温变暖、臭氧层破坏及酸沉降等全球性大气环境问题。这些问题由于其影响面大,已被提到国际议事日程上,引起了全世界的关注。

一、温室效应及防治对策

为应对全球气温变暖,联合国于 2009 年 12 月 7 日至 18 日在丹麦首都哥本哈根召开了哥本哈根世界气候大会,全称是《联合国气候变化框架公约》第 15 次缔约方会议暨《京都议定书》第 5 次缔约方会议,这次会议也被称为哥本哈根联合国气候变化大会。192 个国家的环境部长和其他官员们在哥本哈根召开联合国气候会议,商讨《京都议定书》一期承诺到期的后续方案,就未来应对气候变化的全球行动签署新的协议。这是继《京都议定书》之后又一具有划时代意义的全球气候协议书。

根据 2007 年在印尼巴厘岛举行的第 13 次缔约方会议通过的《巴厘岛路线图》的规定,2009 年末在哥本哈根召开的第 15 次会议将努力通过一份新的《哥本哈根议定书》,以代替 2012 年即将到期的《京都议定书》,目的是通过一个共同文件来约束温室气体的排放。因此,此次会议被视为全人类联合遏制全球变暖行动的一次很重要的努力。

气候科学家们表示全球必须停止增加温室气体排放,并且在 2015 ~ 2020 年间开始减少排放。科学家们预计若要防止全球平均气温再上升 2℃,到 2050 年,全球的温室气体减排量需达到 1990 年水平的 80%。这是一项十分艰巨的任务,需要全球所有国家共同努力。

(一)近百年来的全球气候

100 多年来全球平均地表温度经历了冷—暖—冷—暖两次波动,总的趋势是波动上升的。19 世纪末到 20 世纪初的 20 年中,全球气候偏冷。到 20 世纪 20 年代,全球气温迅速上升,形成 100 多年来的第一个增暖期。20 世纪 30 ~ 40 年代全球气温比 19 世纪下半叶平均高约 0.3 ~ 0.4℃,40 年代后期全球气温开始下降,50 年代后期全球平均气温比 40 年代下降了 0.2℃左右。进入 80 年代后,全球气温再次明显上升。总体上看,21 世纪初全球平均气温比 19 世纪下半叶升高了约 0.8℃。

通常所谓的"全球变暖"指的是全球平均地表气温的升高。首先,地面是人类的主要活动空间,地面气温与人类关系最为密切;其次,个别地区的冷暖常常受天气形势(如冷暖气流等)的影响。例如在同一季节,有的地区异常偏冷,有的地区又异常偏暖。只有采取全球平均气温资料,才能更好地反映全球气候变化的总体趋势。100 多年来全球气温变化的特点如下所述:

第一,全球气温上升趋势明显,平均大约上升 0.8℃;

第二，全球气温的变化不呈直进式，而是呈现冷暖交替的波动。

（二）温室效应与温室气体

1.温室效应

温室效应，又称"花房效应"，是大气保温效应的俗称。大气能使太阳短波辐射到达地面，但地表向外放出的长波热辐射却被大气吸收，这样就使地表与低层大气温度增高，因其作用类似于栽培农作物的温室，故名温室效应。地球大气有类似玻璃温室的温室效应，其作用的加剧是当今全球变暖的主导因素。自工业革命以来，人类向大气中排放的二氧化碳等吸热性强的温室气体逐年增加，大气的温室效应也随之增强。

2.温室气体浓度变化与地球变暖趋势

引起气温变化的因素是多方面的，可分为自然因素和人为因素。自然因素包括太阳活动、陆地形态变化（如火山爆发）、地表反照率变化（如冰雪层、沙漠地、植被覆盖区和水面等）；人为因素指人类社会活动对气候的影响，如城市化、森林砍伐、过度放牧、土地不合理利用，以及由于工业化引起的大气中 CO_2 和其他微量气体浓度的变化等。气体变化本身又可分为长期气候变化和短期气候变化。自然因素在短期内的变化是不显著的，而人为因素如 CO_2 和其他微量气体浓度的持续增加，会对短期气候尤其是区域性气候变化带来较显著的影响。

在工业化以前，1750 年大气中 CO_2 浓度为 280×10^{-6}，而到 2009 年已上升到 386.8×10^{-6}，200 多年增长了 30% 多。大气中 CO_2 浓度急剧增加的原因主要有两个：首先，随着工业化发展和人口剧增，人类消耗的化石燃料迅速增加，燃烧产生的 CO_2 释放进入大气层，使大气中 CO_2 浓度增加；其次，全球大片森林的毁坏。一方面使森林吸收的 CO_2 大量减少。另一方面烧毁森林时又释放大量的 CO_2，使大气中 CO_2 含量增多。

目前，化石能源消耗量在不断增加，占全部能源消耗的 87%。据世界环保组织统计，19 世纪 60 年代每年排放到大气中的 CO_2 只有 0.9 亿 t 左右，1990 年世界 CO_2 的排放量约为 215.6 亿 t，2001 年达到 239.0 亿 t，2010 年达到了 277.2 亿 t，年均增长 1.85%。排放到大气中的 CO_2 主要是燃烧化石燃料产生的，约占排放总量的 70%。其余为森林毁坏造成的，主要发生在发展中国家，尤其是热带雨林地区，如巴西、印度尼西亚等。热带森林以平均每年 900～2 450 公顷的速度从地球上消失。

其他温室气体如甲烷（CH_4）的温室效应比 CO_2 大 20 倍，因此它的浓度持续增长也是不容忽视的。根据对南极冰芯成分的分析，工业化以前大气中甲烷浓度仅为 0.7×10^{-6} 左右，目前则为 1.854×10^{-6}，近 200 年增长了 1 倍多，而且每年以 1.1% 的速率增加。据研究，大气中甲烷的含量与世界人口密切相关，在过去 600 年中，大气中甲烷浓度的增长与世界人口的增长趋势是一致的。

氢氟氯碳化物类（氟利昂是典型的代表）是人类的工业产品，其中起温室作用的主要是 CFC^{11} 和 CFC^{12}，在大气中寿命可达 70～120 年。美国国家海洋和大气管理局地球系统研究实验室的科学家们所进行的研究表明，氢氟碳化物对气候的影响可能远比人们所预想的要大。氢氟碳化物虽然不含有破坏地球臭氧层的氯或溴原子，但却是一种极强的温室气体，其对气候变暖的作用远比等量的二氧化碳要强，有的氢氟碳化物的致暖效应要比二氧化碳高几千倍。

另一种温室气体是 N_2O，大气中 N_2O 的排放源包括自然源和人为源。自然源包括海洋、森林、草地等；人为源包括生物质燃烧及工业排放。土壤 N_2O 的排放约占全球 N_2O 排放的 60% 左右。由于施用化肥的影响，N_2O 在大气中的浓度也在缓慢增长，年增长率为 0.2%～0.3%。

总之，温室气体浓度在不断增加，与此同时全球气候逐渐变暖。许多科学家认为，温室气体的增多可能是近百年来全球变暖的原因之一。用最先进的气候全循环模型进行的试验证明，大气中 CO^2 浓度或其当量增加 1 倍，地球表面平均气温将升高 1.5～4.5℃。

（三）温室效应对人类的影响

全球气温变暖势必对人类生活产生影响，这种影响究竟有多大还有待进一步研究，但初步的研究成果是值得注意的。

1.沿海地区的海岸线变化

有两种过程会导致海平面升高。第一种是海水受热膨胀引起水平面上升。第二种是冰川和格陵兰及南极洲上的冰块融化使海洋水分增加。

全球气温变暖使海水平面上升的原因在于，随着气温升高，海水温度也随之升高，海水将会由于升温而膨胀，促使海水平面升高。据估计，在综合考虑海水膨胀，南极、北极和高山冰雪融化等因素的前提下，当全球增温 1.5～4.5℃时，海水平面可能上升 20～165 cm。据统计，100 多年来全球气候增暖为 0.8℃，全球海水平面大约上升了 10～15 cm。

海平面上升主要使沿海地区受到威胁。全球第一个被海水淹没的有人居住的岛屿是位于南太平洋国家——巴布亚新几内亚的岛屿卡特瑞岛。沿海低地也有被淹没的危险，如"水城"威尼斯、"低地之国"荷兰等。海拔稍高的沿海地区的海滩和海岸也会遭受侵蚀，需耗费巨资修建海岸维护工程。另外，海平面上升还会引起海水倒灌、洪水排泄不畅、土地盐渍化等后果。

2.气候带移动

气候带移动包括温度带的移动和降水带的移动。

全球变暖会引起温度带的北移。一般说来，在北纬 20°～80° 之间，每隔 10 个纬度温度相差 7℃。因此，按照全球平均增暖 3.5℃计算，温度带平均北移 5 个纬度。但不同纬度地区增暖幅度是不一样的，低纬地区增暖幅度小，温度带移动幅度也小，中纬度地区增暖幅度大，温度带北移也较大。

温度带移动会使大气运动发生相应的变化，全球降水也将改变。一般说来，低纬度地区现有雨带的降水量会增加，高纬度地区冬季降雪量也会增多，而中纬度地区夏季降水将会减少。

气候带的移动会引起一系列的环境变化。对于大多数干旱、半干旱地区，降水的增多可以获得更多的水资源。但是，对于低纬度热带多雨地区，则面临着洪涝威胁。而对于降水减少的地区，如北美洲中部、中国西北内陆地区等，则会因为夏季雨量的减少，变得更加干旱，造成供水紧张，严重威胁这些地区的工农业生产和人们的日常生活。

3.地球上史前病毒发作

温室效应可使史前致命病毒威胁人类。美国科学家发出警告，由于全球气温上升引起北极冰层融化，被冰封十几万年的史前致命病毒可能会重见天日，导致全球陷入疫症恐慌，人类生命受到严重威胁。

纽约锡拉丘兹大学的科学家在《科学家杂志》中指出，早前他们发现一种植物病毒TOMV，由于该病毒在大气中广泛扩散，推断在北极冰层也有其踪迹。于是研究员从格陵兰抽取4块年龄由500~14万年的冰块，结果在冰层中发现TOMV病毒。研究员指出该病毒表层被坚固的蛋白质包围，因此可在逆境中生存。

这项新发现令研究人员相信，一系列的流行性感冒、小儿麻痹症和天花等疫症病毒可能藏在冰块深处，目前人类对这些原始病毒缺乏抵抗能力。当全球气温上升令冰层融化时，这些埋藏在冰层几千年或更长时间的病毒便可能会复活，形成疫症。科学家表示，虽然他们不知道这些病毒的生存希望，及其再次适应地面环境的能力，但肯定不能抹杀病毒卷土重来的可能性。

（四）控制温室效应的对策

全球气温变暖问题在两个方面有别于其他全球环境问题：①全球变暖问题主要是由CO_2引起的，而CO_2是由消费能源产生的，与人们的生产和生活有着密切的关系，人类不易加以防止；②全球变暖问题具有很大的不确定性。对于温室效应气体的排放源、吸收源、物质循环机制等尚未彻底搞清楚的问题，比其他全球环境问题更多，因而其解决方法也与其他环境问题有所不同。

控制气温变暖、减少温室气体排放的基本对策如下。

1.调整能源战略

当今世界各国一次能源消费结构均以化石燃料为主，全球化石燃料消费量占一次能源消费总量的87%左右，燃烧化石燃料每年排入大气中的CO_2多达50亿t。调整能源战略可以从提高现有能源利用率，以及向清洁能源转化等方面着手。提高现有能源利用率，减少 CO_2 排放可以采取以下几方面措施：

第一，采用高效能转化设备；

第二，采用低耗能工艺；

第三，改进运输，降低油耗，改善汽车燃料状况，减少机动车尾气排放；

第四，研发新型节能家用电器；

第五，改进建筑保温；

第六，利用废热、余热集中供暖；

第七，加强废旧物资回收利用；

第八，鼓励使用太阳能，开发替代能源。

能源消耗转化是指从使用含碳量高的燃料（如煤炭）转向含碳量低的燃料（如天然气），或转向不含碳的能源（如太阳能、风能、核能、地热能、水能、海洋能等）。这些选择将使我们由减少 CO_2 排放向着低碳经济、低碳生活的方向迈进。

2. 保护森林对策

据统计，全世界每年约有 1 200 万公顷的森林消失（其中大多数是对全球生态平衡至关重要的热带雨林），造成每年从空气中少吸收 4 亿 t CO_2。林地可以净化大气，调节气候，吸收 CO_2。为抑制 CO_2 增长，应在保护现有森林的基础上大面积植树造林。

3. 全面禁用氟氯碳化物

目前，全球各国正在朝此方向努力，倘若努力能够实现，根据估计到 2050 年可以对温室效应发挥 3% 左右的抑制效果。

4. 提高环境意识，促进全球合作

缺乏环境意识是环境灾害发生的重要原因。为此，应通过各种渠道和宣传工具，进行危机感、紧迫感和责任感的教育，使越来越多的人认识到温室灾害已经开始，人类应为自身和全球负责，建立长远规划，防止气候恶化。

上述环境问题是没有国界的，必须把地球环境作为整体统一考虑、合作治理，认真对待地球变暖问题，否则各国的长远发展都是无法实现的。

二、酸雨及防治对策

（一）酸雨现象及其发展

酸雨一词最早是由英国化学家史密斯（R.A.Smith）使用的。他在 1852 年分析曼彻斯特地区的雨水时，发现地区雨水成分中含有硫酸或酸性硫酸盐，并在 1872 年所著《空气和降雨：化学气候学的开端》一书中，首次使用"酸雨"这个词。从 19 世纪 80 年代到 20

世纪中期，北欧地区先后发现降水化学成分的变化。斯堪的纳维亚半岛的科学家们认为，降水的硫酸和硝酸是其周围大的空气污染源排放的 SO 和 NC 所造成的，并且发现酸化的水体中鱼类种群减少。在 20 世纪 50 年代后期，酸雨在比利时、荷兰和卢森堡被发现，10年后，酸雨在德国、法国、英国等地区相继出现。在 1972 年斯德哥尔摩召开的第一次人类环境会议上，瑞典人 Bert Bolin 等向大会做了题为"跨越国境的空气污染，空气和降水中硫对环境的影响"的报告，提出了湖泊受到酸雨污染，严重威胁生态，如不采取措施，将会对环境造成灾难性影响的论断。

进入 20 世纪 80 年代后，酸雨的危害更加严重，并且扩展到了世界范围。原先多发生在北欧国家的酸雨已扩展到中欧和东欧，而且程度也更严重。欧洲大气化学检测网近 20年连续检测结果表明，欧洲雨水的酸度每年增加 10%，斯堪的纳维亚半岛南部、瑞典、丹麦、波兰、德国等酸雨的 pH 值多为 4.0～4.5。在北美地区，酸雨也成为棘手问题，pH 值为 3～4 的酸雨已司空见惯，美国已有 15 个州的酸雨 pH 值在 4.8 以下。加拿大酸雨受害面积已达 120 万～150 万 km^2。酸雨的危害已扩大到发展中国家，其中一些地区的土壤酸化程度已经能够使森林遭到破坏。

我国对酸雨的检测与研究起步较晚。1979 年开始在北京、上海、南京、重庆、贵阳等地开展对降水化学成分的测定。

根据国家生态环境部公布的《2010 年全国环境质量状况报告》。2010 年，全国酸雨面积约 120 万 km^2，约占国土面积的 12.6%，与 2009 年基本持平，较 2005 年下降 1.3%，总体略有减小。较重酸雨区（pH 年均值低于 5.0）和重酸雨区（pH 年均值低于 4.5）的面积基本稳定。酸雨集中分布于长江沿线及以南、青藏高原以东地区。全国酸雨分布区域、酸雨类型未出现明显变化，降水中主要致酸物质为硫酸盐。我国长江以南的四川、贵州、广东、广西、江西、江苏、浙江已经成为世界三大酸雨区之一。

（二）酸雨的形成

降水的酸度是由降水中酸性和碱性化学物质间的化学平衡决定的。大气中可能形成酸的物质是：含硫化合物——SO_2、SO_3、H_2S、$(CH_3)_2S$、$(CH_3)_2S_2$、COS、CS_2、CH_3SH、硫酸盐和 H_2SO_4；含氮化合物——NO、NO_2、N_2O、硝酸盐、HNO_3 以及氯化物和 HCl 等。这些物质有可能在降水过程中进入降水，使其呈酸性。普遍认为主要的成酸基质是 SO_2 和 NOx，其形成的酸占酸雨中的总酸量因地而异。国外酸雨中硫酸与硝酸之比为 2∶1，我国酸雨以硫酸为主，硝酸含量不足 10%。

1.天然排放的含硫化合物与含氮化合物

含硫化合物与含氮化合物的天然排放源可分为非生物源和生物源。非生物源排放包括海浪溅沫、地热排放气体与颗粒物、火山喷发等。海浪溅沫的微滴以气溶胶形式悬浮在大气中，海洋中硫的气态化合物，如 H_2S、SO_2、$(CH_3)_2S$ 在大气中氧化，形成硫酸。火山活动也是主要的天然硫排放源，据估计，内陆火山爆发排放到大气中的硫约为 3 000 kt/a。生物源排放主要来自有机物腐败、细菌分解有机物的过程，以排放 H_2S、DMS（二甲基硫）、COS（蝶基硫）为主，它们可以氧化为 SO_2 而进入大气。全球天然源硫排放量估计为 5 000 kt/a，全球天然源氮排放量，主要由于闪电造成的 NOx，较难准确估算。

2.人为排放的硫化合物与氮化合物

大气中大部分硫和氮的化合物是由人为活动产生的，化石燃料燃烧造成的 SO_2 与 NOx 排放，是产生酸雨的根本原因。这已从欧洲、北美历年排放 SO_2 与 NO 的递增量与出现酸雨的频率及降水酸度上升趋势得到证明。

由于燃烧化石燃料及施用农田化肥，全球每年约有 0.7 亿～0.8 亿 t 氮进入自然界，同时向大气排放约 1 亿 t 硫。这些污染物主要来自占全球面积不到 5% 的工业化地区——欧洲、北美东部、日本及中国部分区域。上述区域人为排放硫量超过天然排放量的 5～12 倍。

进入 21 世纪以来 SO_2 排放的上升趋势有所减缓，主要是因为减少了对化石燃料的依赖，更广泛地采用了低硫燃料以及安装污染控制装置（如烟气脱硫装置）。

我国的能源消耗以燃煤为主，在能源中约占 70%。我国酸沉降主要来自 SO_2，2005 年二氧化硫排放总量高达 2 549 万 t，2009 年有所减少，SO_2 排放总量 2 214.4 万 t。

3.酸雨形成过程

人为源和天然源排放的硫化合物和氮化合物进入大气后，经历扩散、转化、运移以及被雨水吸收、冲刷、清除等过程。气态的 SO_2、NO_2 在大气中可以氧化成不易挥发的硝酸和硫酸，并溶于云滴或雨滴而成为降水成分。它们的转化速率受气温、辐射、相对湿度以及大气成分等因素的影响。

（1）SO_2 氧化途径

在清洁干燥的大气中，SO_2 氧化为 SO_3 的速度是很慢的。由于 SO_2 往往与尘埃、烟雾同时排放，而且接触氧化作用是 SO_2 转化的主要途径。SO_2 在尘埃上以 Mn、Fe 等金属作为催化剂，经放热氧化为 SO_3 后，又与水结合生成 H_2SO_4，其反应式如下：

$$SO_2 + O_2 \xrightarrow{\text{催化剂}} SO_3$$
$$SO_3 + H_2O \rightarrow H_2SO_1$$

总反应方程式如下：

SO_2 在大气中也会通过光化学氧化而转变为 SO_3，继而生成 H_2SO_4。如果含有 SO_2 的大气还含有氮氧化物和碳氢化合物，在阳光照射下，SO_2 的光氧化速率会明显加快。

（2）NO 工氧化途径

造成大气污染的氮化合物通常指 NO 和 NO_2，NO 的氧化可以有以下两条途径，其中以

第一条途径为主。反应式为：

$$NO + O_3 \rightarrow NO_2 + O_2$$

这个反应进行得很迅速，当 NO 和 O_3 浓度均为 0.1×10^{-6} 时，全部氧化仅需约 20 s。NO 也可被大气中的自由基氧化成 NO_2。

第二条途径是 NO 氧化成 HONO（亚硝酸）和 HNO_3。

反应式为：

$$NO + OH \cdot \rightleftharpoons HONO$$
$$NO + HO_2 \cdot \rightarrow HNO_3$$

NO_2 的氧化也有两条途径：第一条途径是 NO_2 转化成 HNO_3。大气中的 NO_2 与氢氧自由基作用，可转化为 $HONO_2$：

$$NO_2 + OH \cdot + M \rightarrow HONO_2 + M$$

此外，也可通过以下途径生成 HNO_3：

$$NO_2 + O_3 \rightarrow NO_3 + O_2$$
$$NO_3 + NO_2 + M \rightarrow N_2O_5 + M$$
$$N_2O_5 + H_2O \rightarrow 2HONO_2$$

第二条途径是 NO_2 转化为过氧化乙酰基硝酸酯和过氧硝酸（HO_2NO_2），转化过程比较复杂。其中过氧化乙酰基硝酸酯（PAN）为重要的二次污染物，是光化学烟雾的主要成分，它在大气中比 HO_2NO_2 稳定一些，在 NO_2 的转化过程中起重要作用。

氮化合物在大气中经过一系列化学变化，最终产生硝酸或硝酸盐，成为干沉降或随降水降落。

（三）酸雨的危害

酸雨在国外被称为"空中死神"，其危害主要表现在以下四个方面。

1.酸雨对水生生态系统的危害

酸雨会使湖泊水体变成酸性，导致水生生物死亡。在瑞典有 9 万个湖泊，其中 2 万个已遭到不同程度的酸雨损害（损害程度达 20% 以上），4 000 个生态系统已被完全破坏。挪威南部 5 000 个湖泊中有 1 750 个已经鱼虾绝迹。加拿大安大略省已有 2 000–4 000 个湖泊变成酸性，鳟鱼和鲂鱼已不能生存。美国对纽约东北部的阿基隆达克山区进行的调查表明，该地区 214 个湖泊中，pH 值在 5 以下的已达半数之多，82 个湖泊已无鱼类生存。

研究表明，酸雨危害水生生态系统，一方面是通过湖水 pH 值降低导致鱼类死亡；另一方面是由于酸雨浸渍了土壤，侵蚀了矿物，使铝元素和其他重金属元素沿着基岩裂缝流入附近水体，影响水生生物生长或致其死亡。当水中铝含量达到 0.2 mg/L 时，就会杀死鱼类。同时对浮游植物和其他水生植物起营养作用的磷酸盐，由于附着在铝上，难于被生物吸收，其营养价值就会降低，并使赖以生存的水生生物的初级生产力降低。瑞典、加拿大和美国的一些研究揭示，在酸性水域，鱼体内汞浓度增高。若这些含有高水平汞的水生生物进入人体，势必会对人类健康带来潜在的有害影响。

2.酸雨对陆地生态系统的影响

近年来，人们将大面积的森林死亡归因于酸雨的危害。在德国，横贯巴伐利亚州山区的 12 000 公顷森林已有 1/4 坏死；波兰已观察到针叶林大面积枯萎，面积达 24 万公顷；捷克的受害森林占森林总面积的 1/5。

酸雨对森林的危害可分为四个阶段。第一阶段，酸雨增加硫和氮，使树木生长呈现受益倾向。第二阶段，长年酸雨使土壤中和能力下降，以及 K、Ca、Mg、Al 等元素淋溶，使土壤贫瘠。第三阶段，土壤中的铝和重金属元素被活化，对树木生长产生毒害。当根部的 Ca/Al 比率小于 0.15 时，所溶出的铝具有毒性，抑制树木生长。而且酸性条件有利于病虫害的扩散，危害树木，这时生态系统已失去恢复力。第四阶段，如树木遇到持续干旱等诱发因素，土壤酸化程度加剧，就会引起根系严重枯萎，致使树木死亡。

3.酸雨对各种材料的影响

酸雨加速了许多用于建筑结构、桥梁、水坝、工业装备、供水管网、地下储罐、水轮发电机、动力和通信电缆等材料的腐蚀。

酸雨能严重损害古迹。我国故宫的汉白玉雕刻、雅典巴特农神殿和罗马的图拉真凯旋柱，正在受到酸性沉积物的侵蚀。其主要反应式是：

$$CaCO_3 + H_2O \xrightarrow{SO_2} CaSO_3 \cdot H_2O + CO_2 \uparrow + H_2O \xrightarrow{\frac{1}{2}O_2} CaSO_4 \cdot 2H_2O$$

$$CaCO_3 + SO_4^{2-} + 2H^+ + H_2O \rightarrow CaSO_4 \cdot 2H_2O + CO_2 \uparrow$$

$$CaCO_3 + 2NO_3^- + 2H^+ \rightarrow Ca(NO_3)_2 + CO_2 \uparrow + H_2O$$

溶解下来的 CaS_4 部分侵入颗粒间的缝隙，大部分被雨水带走或以结壳形式沉积于大理石表面并逐渐脱落，从而使建筑物受到破坏。

酸雨腐蚀金属材料的过程。对于活泼金属（如铁）是置换反应，对于不活泼金属（如铜、钢），则是电化学过程：

$$O + H_2O + 2e \rightarrow 2OH^- \text{（阴极反应）}$$

$$M \rightarrow M^{2+} + 2e \text{（阳极反应）}$$

被腐蚀的金属生成难溶的氧化物或生成离子被雨水带走。

4.酸雨对人体健康的影响

酸雨对人体健康产生间接的影响。酸雨使地面水变成酸性，水中金属含量增高，饮用这种水或食用酸性河水中的鱼类会对人体健康产生危害：一是通过食物链使汞、铅等重金属进入人体，诱发癌症和老年痴呆；二是酸雾侵入肺部，诱发肺水肿或导致死亡；三是长期生活在含酸沉降物的环境中，诱使产生过多的氧化脂，导致动脉硬化、心肌梗死等疾病的概率增加。

（四）酸雨的防治对策

减少酸雨主要是减少燃煤排放的二氧化硫和汽车排放的氮氧化物。防治酸雨的一般措施如下。

1.对原煤进行分选加工，减少煤炭中的硫含量

减少 SO_2 污染主要的方法是使用含硫低的燃料。煤炭中硫含量一般为其质量的 0.2%～5.5%。我国规定，新建硫分大于 1.5% 的煤矿，应配套建设煤炭分选设施。对现有硫分大于 2% 的煤矿，应补建配套煤炭分选设施。原煤经过分选之后，SO_2 排放量可减少 30%～50%，灰分去除约 20%。

2.改进燃烧技术，减少燃烧过程中 SO_2 和 NOx 的产生量

改进燃烧方式也可以达到控制 SO_2 和 NOx 排放的目的。使用低 NO 的燃烧器改进锅炉，可以减少氮氧化物排放。流化床燃烧技术已得到应用，新型的流化床锅炉有极高的燃烧效率，几乎达到 99%，而且能去除 80%～95% 的 SO_2 和 NOx，还能去除相当数量的重金属。这种技术是通过向燃烧床喷射石灰或石灰石完成脱硫脱氮的。

3.烟道气脱硫、脱氮

在烟道气排出烟囱前，喷以石灰或石灰石，其中的碳酸钙与 SO_2 反应，生成 $CaSO_3$，然后由空气氧化为 $CaSO_4$，大大降低了烟气中的 SO_2。

4.改进汽车发动机技术，安装尾气净化装置，减少氮氧化物的排放

目前汽油机采用的排放控制技术主要是三元催化器，不仅能控制氮氧化物，同时也能减少碳氢化合物和一氧化碳的排放。柴油机由于过量空气系数较大，一般采用废气再循环和选择还原技术控制氮氧化物排放。

5.优先开发和使用各种低硫燃料

低硫燃料包括天然气、液化石油气、煤气、酒精、二甲醚、燃料乙醇、生物柴油、核燃料等。这些清洁燃料的使用可大大减少 SO_2 和 NOx 的排放。

各国根据自己的具体情况，都制定了一些适合本国国情的酸雨控制措施。我国针对出现的酸雨问题，采取了以下对策：一是降低煤炭中的含硫量，二是减少 NO_2 的排放。我国选煤优先安排分选高硫煤，回收精硫矿。对于无法分选的有机硫，可在煤炭燃烧过程中采用回收技术，制取硫酸。在生产和生活用煤中，采用热电联产，集中供热，实行燃煤气化。厂矿企业燃煤设施，应装有消除烟尘和脱硫设备。

三、臭氧层破坏及防治对策

臭氧层损耗是当前人们普遍关注的全球性大气环境问题，因为它同样直接关系到生物圈的安危与人类的生存，需要全世界共同采取行动。

（一）臭氧层与臭氧空洞

1.臭氧层

臭氧（O_3）是氧的同素异形体，在大气中含量很少。但其浓度变化会对人类健康和生物圈以及气候带来很大的影响。

臭氧存在于地面以上至少 10 km 高度的地球大气层中，其浓度随海拔高度而异。在平流层（离地面 20～25 km）最高，但一般不超过 5×10^{13} 分子/cm³。平流层中的臭氧吸收掉太阳放射出的大量对人类、动物及植物有害的紫外线辐射（240～329 nm，称为 UV-B 波长），为地球提供了一个防止紫外线辐射的屏障。但另一方面，臭氧遍布整个对流层，具有不利作用，约有 50 多个化学反应参与臭氧平衡。大气臭氧是由氧原子和氧分子结合产生的。

$$O \cdot + O_2 + M \rightarrow O_3 + M$$

式中，M 是用来带走在化合反应中释放出的能量的第三种物质。在大约 20 km 的高度上氧原子几乎都是由于短波紫外线辐射，使 2 分子光解而产生的（<243 nm）。

$$O_2 + h_\nu \rightarrow O \cdot + O \cdot$$

在较低的高度，特别是在大气对流层内，氧原子主要是由于长波紫外线辐射，使 NO2 光解而产生。

$$NO_2 + h_\nu \rightarrow NO \cdot + O$$

而臭氧自身通过紫外线和可见光照射后，也会发生光解。

$$O_3 + h_\nu \rightarrow O_2 + O$$

平流层中的臭氧损耗，主要是通过动态迁移转到对流层，在那里得到大部分具有活性催化作用的基质和载体分子，从而发生化学反应而被消耗掉。臭氧主要是与 HOx、NOx、ClOx 和 BrOx 中含有的活泼自由基发生同族气相反应。反应如下：

$$X + O_3 \rightarrow XO + O_2$$
$$X + O \cdot \rightarrow X + O_2$$
$$O \cdot + O_3 \rightarrow O_2 + O_2$$

净反应式中，催化剂又为 H·、OH·、NO·、Cl·或 Br·。

从上式可以看出，如果含氟氯烃或其他卤代化合物在空气中含量增多。由于其在太阳辐射下可分解成活性卤原子，从而会影响到臭氧在大气层中的分布。已经观察到，在平流层中臭氧含量减少，而在对流层中其含量有所增加。由于约有 90% 的臭氧在平流层，所以其总量是在下降。

2. 臭氧空洞

1984 年，英国科学家首次发现南极上空出现了臭氧空洞。1985 年，美国的"雨云—7"号气象卫星测到了这个"洞"，其面积与美国领土相等，深度相当于珠穆朗玛峰的高度。

南极臭氧层减少的现象被发现以来，南极臭氧空洞有加剧的趋势：1994 年南极臭氧空洞中，浓度仅有 88 Dobson（1994 年 9 月 28 日）；1995 年臭氧空洞持续 77 天，最大面积相当于美国面积；1996 年空洞持续 80 天；1998 年空洞面积空前扩大，大于北美洲的面积，持续时间超过 100 天；2008 年臭氧空洞出现时间相对较晚，几周内迅速扩大并已超过 2007 年的水平。气象组织的臭氧专家推测 2008 年 9 月 13 日臭氧空洞面积达到了 2 700 万 km^2，而 2007 年最大时为 2 500 万 km^2。

不仅在南极，北半球也出现了臭氧层减少的现象。NASA 的测定表明，1989 年北极臭氧层与 1970 年测试结果相比，已经被吞掉 19～24 km 深，而北半球其他地区的臭氧层也比 1969 年减少了 3%。欧洲臭氧层联合调查小组自 1991 年 11 月起，对欧洲、格陵兰和北极圈臭氧量及破坏臭氧层物质氟氯烃等的浓度进行了调查，结果表明，欧洲上空的臭氧层比往年减少了 10%～20%，是历年来最低的。在德国部分地区上空，1991 年 12 月臭氧减少了 10%，而在 1992 年 1 月，比利时上空的臭氧减少了 18%。

2011 年 10 月 2 日国际研究人员称，北极上空当年春天臭氧减少状况超出先前观测记录，首次像南极上空那样出现臭氧空洞，面积最大时相当于 5 个德国。这个臭氧空洞主要因北极地区罕见的长时间寒冬而形成，一度于 4 月移至东部欧洲、俄罗斯和蒙古国上空。研究人员认为，北极首次出现臭氧空洞是由极地涡旋引发，但不是因为今年更冷，而是因为冷的时间更长，致使能够破坏臭氧的含氯化合物更活跃，以至于观测到比往年冬天厉害得多的臭氧减少。

上述一系列检测结果表明，大气层中的臭氧正在日益减少，人们需要积极行动起来，研究如何拯救臭氧层。

（二）臭氧层破坏的原因

对于臭氧层破坏的原因，科学家们有多种见解。但大多数科学家认为，人类过多使用氟氯烃（CFCs）类物质是臭氧层破坏的一个主要原因。

由碳、氟、氯组成的氟氯烃是美国人托马斯–米德奇雷（Thomhs Midgley）于 1925 年发明的一种人造化学物质，1930 年由美国杜邦公司投入生产。在第二次世界大战以后，尤其是 1960 年以后开始大量使用。

CFCs 的形式决定了它们对臭氧层的危害程度。含 H 的 CFCs 比不含 H 的降解得快，对平流层臭氧威胁较小。而像 $C_2H_4F_2$（CFC_{152a}）类不含氯溴的 CFCs 则对平流层臭氧威胁更小，甚至不构成威胁。

如前所述，在平流层内存在着 O、O_2 和 O_3 的平衡。而 O_3 与氮氧化物、氯、溴及其他各种活性基团的作用会破坏这种化学平衡。

其他某些人造化学物质也会对臭氧层构成大的威胁，如哈龙（halons）是一种灭火器里的化学物质，虽然其产量相对较少，但它含有溴，因而可能是更能影响臭氧耗竭的物质。而且，哈龙在大气中的寿命也很长。

（三）臭氧层破坏对人类以及生物的影响

由于臭氧层被破坏，照射到地面的紫外线 B 段辐射（UV-B）将增强，预计 UV-B 辐照水平的增加不仅会影响人类，而且对植物、野生生物和水生生物也会产生影响。

1.对人类健康的影响

臭氧层被破坏后，人们直接暴露于 UV-B 辐射中的机会增加了，危及人类的健康：①UV-B 辐射会损坏人的免疫系统，使患呼吸道系统等传染病的人增多；②受过多的 UV-B 辐射，还会增加皮肤癌和白内障的发病率；③紫外线照射还会使皮肤过早老化等。

2.对植物的影响

科研人员曾对 200 多个品种的植物进行了增加紫外线照射的实验。其中 2/3 的植物显示出敏感性。试验中约有 90% 的植物是农作物品种，其中豌豆等豆类、南瓜等瓜类以及白菜科等农作物对紫外线特别敏感。紫外辐射使植物叶片变小，因而减少捕获阳光进行光合作用的有效面积。有时植物的种子质量也受到影响。各种植物对紫外辐射的反应不同，对研究表明，紫外辐射会使大豆更易受杂草和病虫害的损害。受紫外线照射后有些花卉在几天之内就枯萎。例如茶花受紫外线照射 2 天后，叶脉呈紫红色，叶片微卷，4 天后继续卷缩，停止开花，花冠易脱落，出现萎靡现象；6 天后，萎靡严重，显枯萎状态，8 天后枯萎。

3.对水生系统的影响

UV-B 的增加，对水生系统也有潜在的危险。水生植物大多数贴近水面生长，这些处于水生食物链最底部的小型浮游植物最易受到平流层臭氧损耗的影响，而危及其整个生态系统。研究表明，UV-B 辐射的增加会直接导致浮游植物、浮游动物、幼体鱼类、幼体虾、幼体螃蟹以及其他水生食物链中重要生物受到破坏。

4.对其他方面的影响

许多研究表明：UV-B 的增加会使一些市区的烟雾加剧；臭氧耗竭会使塑料老化、油漆褪色、玻璃变黄、车顶脆裂。

（四）保护臭氧层对策

研究表明氯氟烃类物质对臭氧层的破坏最大。因此，应尽快停止使用 CFCs。CFCs 主要用于气溶胶喷雾剂、制冷剂、发泡剂和溶剂等。当今世界上，从冷冻机、冰箱、汽车到硬质薄膜、软垫家具，以及从计算机芯片到灭火器，都离不开 CFCs。CFCs 的排放可通过以下三种方法加以控制。

1.提高利用效率，降低操作损失

降低 CFCs 排放量最简单的方法是改进设备以减少其损失。例如，重新设计设备以减少接头的数目，加强密封与阀门，以及采取类似的措施。

2.回收与再循环

这是降低 CFCs 排放量的最主要的方法，尤其是在大型集中化操作场合中使用更为经济。用于制造柔性泡沫的 CFC_{11}，大部分是在生产过程中挥发而损失掉的，通过碳过滤器可以将它回收 50%。对用于制造固体泡沫的 CFC_{12}，采用类似技术也可减少一半排放量。

3.改进 CFCs 产品，寻找 CFCs 的替代品

以前冰箱和冷藏箱外壳所用的泡沫塑料隔热层是用 CFC_{11} 制成的，目前已有几类高级隔热材料可作为替代品。如环戊烷（cpentane）；含有细粉末的抽空板条组成的隔热材料；用二氧化硅凝胶做成的真空板材。对于非隔热性泡沫塑料的生产，通过回收利用发泡剂，用二氯甲烷和甲基氯仿作为发泡剂，或改变配方而加入新的多元醇和软化剂等，都可以减少或完全去除 CFC_{11} 的需用量。改进配方还可用甲酸和甲酸胺的混合物配水而作为鼓泡剂，以减少原来鼓泡剂 CFC_{11} 的用量。R600a 制冷剂已经成为 CFC_{12} 的主流替代品。广泛用作溶剂的 CFC_{113} 可用 MC-310B 替代，且价格便宜。

保护臭氧层的国际合作也取得了令人瞩目的进展。2005 年 3 月 16 日，加入《蒙特利尔议定书》的国家有 189 个。《蒙特利尔议定书》要求逐步淘汰对臭氧层耗损的物质，这是一项国际性的必须执行的规定。对此，发达国家和发展中国家都制定了具体的 CFC 和 HCFC 物质的淘汰进程表。发达国家已完全停止 CFC 的生产和消费，在 2030 年完全停止 HCFC 的生产和消费。在发展中国家，CFC 在 2010 年被完全淘汰，对 HCFC 的冻结控制将在 2016 年开始，最终在 2040 年完全淘汰。欧盟制定了更快的淘汰进程，此外还有多项法则限制 HCFC 在空调和制冷设备中的应用。《美国清洁空气条约》对维修过程制冷剂的回收利用、减少泄漏、维修技术人员的认证等制定了严格的规范。

第三章　水环境保护

第一节　水资源与水循环

一、水资源的含义与特征

（一）水资源的概念

水是生命的摇篮，是人类文明的源泉。水既是自然界的重要组成部分，是一切生物生长、繁衍、进化的源泉，又是人类从事工农业生产、经济发展和环境改善不可替代的极为宝贵的自然资源。

水资源（water resources）一词出现较早，随着时代进步，其内涵也在不断丰富和发展。水资源的概念既简单又复杂，其复杂的内涵通常表现在：水类型繁多，具有运动性，各种水体具有相互转化的特性；水的用途广泛，不同用途对其量和质均有不同的要求；水资源所包含的"量"和"质"在一定条件下可以改变；更为重要的是，水资源的开发利用受经济、技术、社会和环境条件的制约。因此，地球上水很多，但可以利用的水资源很少。人们从不同角度的认识和体会，造成对水资源一词理解的不一致和认识的差异。联合国教科文组织和世界气象组织把水资源定义为"水资源为可利用或有可能利用的水源，具有足够的数量和可用的质量，并能在某一地点为满足某种用途而可被利用"；我国则把水资源定义为"在当前经济技术条件下可为人类利用的那一部分水，如浅层地下水、湖泊水、土壤水、大气水及河川水等淡水。

一般认为，水资源概念具有广义和狭义之分。广义上的水资源是指能够直接或间接使用的各种水和水中物质，对人类活动具有使用价值和经济价值的水均可称为水资源。狭义上的水资源是指在一定经济技术条件下，人类可以直接利用的淡水，主要包括河水、淡水湖泊水和浅层地下水。这一部分水是相当有限的，只占到地球总水量的十万分之七。本书中所论述的水资源限于狭义的范畴，即与人类生活和生产活动以及社会进步息息相关的淡水资源，其中包括水质和水量两个部分。

（二）水资源的特征

1.水资源是一种不可代替的自然资源

水资源是一种自然资源，它是人类生存和社会发展不可代替、不可缺少的资源。随着科学的发展、社会的进步、人口的增加，水资源在我国已是稀缺的自然资源。水资源与石油资源一样具有重要的地位。从长远而言，水资源的重要性可能超过石油资源。石油资源固然重要，但它可以进口，也可以寻求其他代替品。而水资源虽然可以更新、可以再生，却不能进口、不可以代替。故人类生存与社会发展对水资源的依赖程度远远大于其他资源，是一种具有重要作用的不可代替的自然资源。

2.水资源的双重性

水资源与其他矿产资源相比，最大区别之一是其双重性：既有造福于人类的一面，也有造成洪涝灾害使人类生命财产受到严重损失的方面。人类对江河采用水利工程进行人工调控后，可以用于发电、灌溉、水运、养殖等。但如果遇丰水年和枯水年份，若没有采用水利工程加以调控，就会造成局部洪涝与旱灾；若水利工程设计不当、管理不善，可造成垮坝事故，也可引起土壤次生盐碱化。水量过多或过少的季节和地区，往往又产生各种各样的自然灾害。水量过多容易造成洪水泛滥、内涝渍水；水量过少容易形成干旱、盐渍化等自然灾害。适量开采地下水，可为国民经济各部门和居民生活提供水源，满足生产、生活的需求。无节制、不合理地抽取地下水，往往引起水位持续下降、水质恶化、水量减少、地面沉降，不仅影响生产发展，而且严重威胁人类生存。正是由于水资源利害的双重性质，在水资源的开发利用过程中尤其强调合理利用、有序开发，以达到兴利除害的目的。

3.水资源的利用多样性

水资源是被人类在生产和生活活动中广泛利用的资源。不仅广泛应用于农业、工业和生活，还用于发电、水运、水产、旅游和环境改造等。在各种不同的用途中，有的是消耗用水，有的则是非消耗性或消耗很小的用水，而且对水质的要求各不相同。这是使水资源一水多用、充分发展其综合效益的有利条件。

4.水资源的循环性

水是自然界的重要组成物质，是环境中最活跃的要素。它不停地运动且积极参与自然环境中一系列物理的、化学的和生物的过程。水资源与其他固体资源的本质区别在于其具有流动性，是一种动态资源，具有循环性。水循环系统是一个庞大的自然水资源系统，水资源在开采利用后，能够得到大气降水的补给，处在不断地开采、补给和消耗、恢复的循环之中，可以不断地供给人类利用和满足生态平衡的需要。在不断地消耗和补充过程中，从某种意义上讲，水资源具有"取之不尽"的特点，恢复性强。可实际上全球淡水资源的蓄存量是十分有限的。从水量动态平衡的观点来看，某一期间的水量消耗量接近于该期的水量补给量，否则将会破坏水平衡，造成一系列不良的环境问题。可见，水循环过程是无限的，水资源的蓄存量是有限的，并非取之不尽，用之不竭。在对地下水的开采利用时，尤应注意。如闻名遐迩的大雁塔始建于公元652年，是古城西安的标志性建筑和著名的旅游景点。受古代建筑技术的制约以及地下水被过度抽取的影响，具有1 300多年历史的大雁塔发生塔身倾斜。到1996年，大雁塔倾斜达到最大程度，经国家测绘单位实地测量，倾斜已达1 010.5 mm。水资源的循环过程是无限的，但开采利用量应是有限的，只有充分认识这一点，才能有效地、合理地利用水资源。

5.水资源的变化复杂性

水资源在地区上分布是极不均匀的，年内年际变化较大。为了解决这些问题，修建了大量引蓄水工程，进行时空再分配，如南水北调工程。但蓄水、跨流域调水等传统措施，只能实现水资源的时空位移，解决部分地区缺水问题，而不能增加水资源总量，难以全面解决缺水的根本问题。同时，修建各种水利工程受到自然、地理、地质、技术、经济等多方面的条件限制，所以水资源永远不可能全部利用。由于大气水、地表水、地下水的相互转化关系，所以对水资源的综合管理与合理开发利用是一项非常复杂的工作。

（三）我国水资源状况及面临的问题

第一，我国是一个干旱缺水严重的国家。我国年平均降水量约6万亿 m^3，水资源总量为2.8万亿，相当于全球年径流总量的6%，居世界第6位，仅次于巴西、俄罗斯、加拿大、美国和印尼。但按人口计算，人均水资源占有量约2 300 m^3，相当于世界人均水资源量的四分之一，居世界第121位，是全球13个人均水资源最贫乏的国家之一。因此，我国人均水资源量并不丰富。

第二，我国的水资源地区分布极不平衡，许多地区出现水资源短缺现象。东部地区（大兴安岭、阴山、贺兰山、乌鞘岭一线以东、以南，青藏高原以东地区）水资源比较丰富，而西北地区水资源严重不足。水资源南北分布差异很大，长江流域及其以南地区，水资源占全国的82%以上，耕地占36%，水多地少；长江以北地区，耕地占64%，水资源不足18%，地多水少，其中粮食增产潜力最大的黄淮海流域的耕地占全国的41.8%，而水资源不到5.7%。水资源短缺已成为当地制约经济发展的重要因素。

第三，近年来我国水体水质总体上呈恶化趋势。根据《中国环境质量状况报告2010》，2010年我国地表水总体为中度污染，重点湖库未发生大面积水华，近岸海域海水水质为轻度污染。全国地表水国控检测断面中，I～Ⅲ类水质比例为51.9%，劣Ⅴ类水质断面比例为20.8%。根据《全国地下水污染防治规划（2011～2020年）》，全国657个城市中，有400多个以地下水为饮用水源。目前我国地下水开采总量已占总供水量的18%，北方地区65%的生活用水、50%的工业用水和33%的农业灌溉用水来自地下水。随着我国城市化、工业化进程加快，部分地区地下水超采严重，水位持续下降；一些地区城市污水、生活垃圾和工业废弃物污液以及化肥农药等渗漏渗透，造成地下水环境质量恶化、污染问题日益突出。根据《2010 年中国环境状况报告》，全国地下水质量状况不容乐观，水质为优良、良好、较好级的检测点占全部检测点的 42.8%，水质为较差、极差级检测点占 57.2%。

第四，我国用水效率总体水平较低。我国工业用水效率不断提升，但总体水平较发达国家仍有较大差距。2009 年，我国万元工业增加值用水量为 116 m3，远高于发达国家平均水平；工业废水排放量占全国总量 40% 以上，仍有 8% 左右的废水未达标排放，既影响重复利用水平，也在一定程度上污染环境。

第五，我国水资源分布与主要矿产资源的开发利用不协调。我国的冶金、石油、化工、火电等高耗水行业多分布在我国水资源欠缺的北方地区，加剧了当地水资源短缺的局面。

二、水循环

地球上的水分布在海洋、湖泊、沼泽、河流、冰川、雪山以及大气、生物体、土壤和地层中。水的总量约为 1.4×10^{13} m^3，其中 96.5% 在海洋中，约覆盖地球总面积的 70%。

（一）水的自然循环

自然界中的水并不是静止不动的，在太阳辐射及地球引力的作用下，水的形态不断发生由液态—气态—液态的循环变化，并在海洋、大气和陆地之间不停息地运动，从而形成了水的自然循环（water cycle，water circulation）。例如，海水蒸发为云，随气流迁移到内陆，与冷气流相遇，凝为雨雪而降落，称为降水。一部分降水沿地表流动，汇于江河湖泊；另一部分渗于地下，形成地下水流。在流动过程中，两种水流不时地相互转化或补给，最后又复归大海。这种发生在海洋与陆地之间全球范围的水分运动，称为大循环或海陆循环，它是陆地水资源形成和赋存的基本条件，是海洋向陆地输送水分的主要作用。那些仅发生在海洋或陆地范围内的水分运动，称为小循环。不论何种循环，使水蒸发的基本动力是太阳热能，使云气运动的动力是密度差。自然界水分的循环和运动是陆地淡水资源形成、存在和永续利用的基本条件。地球上的水循环通过三条主要途径完成，即降水、蒸发和水蒸气输送。

海洋和陆地之间的水交换是这个循环的主线，意义最重大。在太阳能的作用下，海洋表面的水蒸发到大气中形成水汽，水汽随大气环流运动，一部分进入陆地上空，在一定条件下形成雨雪等降水；大气降水到达地面后转化为地下水、土壤水和地表径流，地下径流和地表径流最终又回到海洋，由此形成淡水的动态循环。这部分水容易被人类社会所利用，具有经济价值，正是我们所说的水资源。

水循环的主要作用表现在以下三个方面：

第一，水是所有营养物质的介质，营养物质的循环和水循环不可分割地联系在一起；

第二，水对物质是很好的溶剂，在生态系统中起着能量传递和利用的作用；

第三，水是地质变化的动因之一，一个地方矿质元素的流失，另一个地方矿质元素的沉积往往要通过水循环来完成。

由于水循环的存在，使地球上的水不断地得到补充和更新，成为一种可再生资源。不同水体在循环过程中的更替周期不同。河流、湖泊的更替周期较短，海洋的更替周期较长，而极地冰川的更替周期则更为缓慢，其更新一次需要上万年时间。水体的更替周期是反映水循环强度的重要指标，也是水体水资源可利用率的基本参数。因为从水资源持续利用角度来看，水体的储水量并不是都能利用的。只有其中积极参与水循环的那部分，在利用后能恢复才能算作可利用的水资源量，而这部分水量的多少，主要取决于水体的循环更新速度和周期长短，循环速度越快、周期越短，可开发利用的水量就越大。

（二）水的社会循环

除了上述水的自然循环外，水还由于人类的活动而不断地迁移转化，形成了水的社会循环。水的社会循环是指人类为了满足生活和生产的需求，不断取用天然水体中的水。经过使用，一部分天然水被消耗，但绝大部分却变成生活污水和生产废水排放，重新进入天然水体。

与水的自然循环不同。在水的社会循环中，水的性质在不断地发生变化。例如，在人类的生活用水中，只有很少一部分是作为饮用或食物加工以满足生命对水的需求的，其余大部分水是用于卫生目的，如洗涤、冲厕等。显然，这部分水经过使用会挟入大量污染物质。工业生产用水量很大，除了用一部分水作为工业原料外，大部分是用于冷却、洗涤或其他目的，使用后水质也发生显著变化，其污染程度随工业性质、用水性质及方式等因素而变。在农业生产中，化肥、农药使用量的日益增加使得降雨后的农田径流会挟带大量化学物质流入地面或地下水体，从而形成所谓"面污染"。

水的社会循环可以分成给水系统和排水系统两大部分，这两部分是不可分割的统一有机体。给水系统是自然水的提取、加工、供应和使用过程，它好比是社会循环的动脉；用后污水的收集、处理与排放这一排水系统则是水社会循环的静脉，二者不可偏废任何一方。在这之中，人类使用后的污水若不经深度处理使污水得以再生就直接排入水体，超出了水体自净的能力，则自然健康的水体将被破坏，水质遭受污染，进而也将进一步影响人类对水资源的利用。

在水的社会循环中，生活污水和工农业生产废水的排放，是形成自然界水污染的主要根源，也是水污染防治的主要对象。

第二节 水体污染及危害

一、水体污染

（一）水体污染

在环境污染研究中，"水"和"水体"是两个不同的概念。纯净的水是由 H2O 分子组成。而水体是江河湖海、地下水、冰川等的总称，是被水覆盖地段的自然综合体，它不仅包括水，还包括水中溶解物质、悬浮物、底泥、水生生物等的完整生态系统。例如，重金属污染物易于从水中转移到底泥里，水中的重金属含量一般都不高。若着眼于水，似乎水污染并不严重，但是从整个水体看，污染就可能很严重。可见，水体污染不仅仅是水污染，还包括底泥污染和水生生物污染。

水体按类型还可划分为海洋水体和陆地水体，陆地水体又分为地表水体和地下水体。地表水（surface water）是指河流、河口、湖泊（水库、池塘）、海洋和湿地等各种水体的统称，是地球水资源的重要组成部分。地下水（groundwater/subsurface water）是指以各种形式埋藏在地壳空隙中的水，包括包气带和饱水带中的水。

人类活动和自然过程的影响可使水的感官性状（色、嗅、味、透明度等）、物理化学性质（温度、氧化还原电位、电导率、放射性、有机和无机物质组分等）、水生物组成（种类、数量、形态和品质等），以及底部沉积物的数量和组分发生恶化，破坏水体原有的功能，这种现象称为水体污染（water body pollution）。通俗地讲，水体污染是指排入水体的污染物在数量上超过了该物质在水体中的本底含量和自净能力即水体的环境容量。从而导致水体的物理特征、化学特征发生不良变化，破坏了水中固有的生态系统，破坏了水体的功能及其在人类生活和生产中的作用。

（二）水体污染类型

造成水体污染的因素是多方面的，通常水体污染有两类：一类是自然污染，另一类是人为污染。自然污染主要是自然因素所造成的，如特殊地质条件使某些地区有某些或某种化学元素的大量富集，天然植物在腐烂过程中产生某种毒物，以及降雨淋洗大气和地面后挟带各种物质流入水体，都会影响地区的水质。人为污染是人类生活和生产活动中产生的废污水对水体的污染，包括生活房水、工业废水、农田排水和矿山排水等。此外，废渣和垃圾倾倒在水中或岸边，或堆积在土地上，经降雨淋洗流入水体，都能造成污染。总体来说，与自然过程相比较，人类活动是造成水体污染的主要原因。

另外，水体污染还可以分为：化学型污染、物理型污染和生物型污染。化学型污染：

指排入水体的碱、酸、无机和有机污染物造成的水体污染。物理型污染：指引起水体的色度、浊度、悬浮性固体、水温和放射性等检测指标明显变化的物理因素造成的污染。例如：热污染源将高于常温的废水排入水体；水土流失等因素造成水体的悬浮性固体指标的增加；植物的叶、根及其腐殖质进入水体会造成水体的色度和浊度急剧增加增大。生物型污染：未经处理的生活污水、医院污水等排入水体，引入某些病原菌造成污染。

二、水体污染物

凡使水体的水质、生物质、底泥质量恶化的各种物质均称为水体污染物（water body pollutant）。根据性质，水体污染物有以下几种。

（一）固体污染物和感官污染物

固体污染物的存在不但使水质浑浊，而且使管道及设备堵塞、磨损，干扰废水处理及回收设备的工作。固体污染物在水中以三种状态存在：溶解态（直径小于 1 nm）、胶体态（直径介于 1~100 nm）和悬浮物（直径大于 100 nm）。由于大多数废水中都有悬浮物，因此去除悬浮物是废水处理的一项基本任务。固体污染物常用悬浮物和浊度两个指标表示。

感官污染物是指废水中能引起异色、浑浊、泡沫、恶臭等现象的物质，虽无严重危害，但能引起人们感官上的极度不快。对于供游览和文体活动的水体而言，感官性污染的危害则较大。

（二）耗氧污染物

在生活污水、食品加工和造纸等工业废水中，含有碳水化合物、蛋白质、油脂、木质素等有机物质，这些物质以悬浮或溶解状态存在于污水中，可通过微生物的生物化学作用而分解，在其分解过程中需要消耗氧气，因而被称为耗氧污染物。这种污染物可造成水中溶解氧（DO）减少，影响鱼类和其他水生生物的生长。当 DO 浓度过低的时候，鱼类死亡和正常的水生生态系统受到破坏；水中溶解氧耗尽后，有机物进行厌氧分解，产生硫化氢、氨和硫醇等难闻气味，使水质进一步恶化。水体中耗氧有机物浓度常以单位体积中耗氧物质的化学或生物化学分解过程所需消耗的氧量表示。常用的参数有：化学需氧量（COD）和生化需氧量（BOD）。

所谓化学需氧量（chemical oxygen demand，COD）是在一定的条件下，采用一定的强氧化剂处理水样时，所消耗的氧化剂量。它是表示水中还原性物质多少的一个指标。水中的还原性物质有各种有机物、亚硝酸盐、硫化物、亚铁盐等，但主要的是有机物。因此，化学需氧量（COD）又往往作为衡量水中有机物质含量多少的指标。化学需氧量越大，说明水体受有机物的污染越严重。

生化需氧量（biochemical oxygen demand，BOD）是用一种用微生物代谢作用所消耗的溶解氧量来间接表示水体被有机物污染程度的一个重要指标。其定义是：在有氧条件下，好氧微生物氧化分解单位体积水中有机物所消耗的游离氧的数量，表示单位为氧的毫克/升（O_2，mg/L）。一般用20℃时，五天生化需氧量（BCD_5）表示。

（三）营养性污染物

植物营养物主要指氮、磷等能刺激藻类及水草生长、干扰水质净化，使bod5升高的物质。水体中营养物质过量造成的"富营养化"（eutrophication）。所谓的富营养化是指在人类活动的影响下，生物所需的氮、磷等营养物质大量进入湖泊、河口、海湾等缓流水体，引起藻类及其他浮游生物迅速繁殖，水体溶解氧量下降，水质恶化，鱼类及其他生物大量死亡的现象。

自然界湖泊存在着富营养化现象，转化过程为贫营养→富营养→沼泽→干地，但速率很慢；人为污染所致的富营养化，速率很快。特别是在海湾地区，在温度、盐度、日照、降雨、地形、地貌、地质等合适的条件下，细胞中含有红色色素的甲藻或其他浮游生物大量繁殖，并在上升流的影响下聚积而出现，海洋学家称为"赤潮"；如在地下水中积累，则可称为"肥水"。

（四）有毒污染物

有毒物质指标是指水中重金属（如汞、镉、铅、铬、铜、锌、镍等）、农药（如六六六、DDT等）和其他有毒、有害物质（如砷、氰化物、氟化物、挥发性酚）等。

重金属，特别是生物毒性显著的汞、镉、铅、铬等。它们在水体中不能被微生物降解，只能发生各种形态相互转化和分散、富集过程。氧化物具有剧毒，水体中氰化物（包括无机氰化物、有机氰化物和络合状氰化物）主要来源于冶金、化工、电镀、焦化、石油炼制、石油化工、染料、药品生产以及化纤等工业废水。

（五）酸碱污染物

酸碱污染物指酸性或碱性废水排入水体，使水的pH值超出正常的6.5—8.5范围，从而影响水生物的正常生长和妨碍水体自净作用。酸主要来自矿坑废水、工厂酸洗水、硫酸厂、黏胶纤维、酸法造纸等，酸雨也是某些地区水体酸化的主要来源。碱主要来自造纸、化纤、炼油等工业。酸碱污染不仅可腐蚀船舶和水上构筑物，改变水生生物的生活条件，还可大大增加水的硬度（生成无机盐类），影响水的用途，增加工业用水处理费用等。

（六）病原微生物

生活污水、畜禽饲养场污水以及制革、洗毛、屠宰业和医院等排出的废水，常含有各种病原体，如病毒、病菌、寄生虫等。水体受到病原体的污染会传播疾病，如血吸虫病、霍乱、伤寒、痢疾、病毒性肝炎等。历史上流行的瘟疫，有的就是水媒型传染病。受病原体污染后的水体，微生物激增，其中许多是致病菌、病虫卵和病毒。它们往往与其他细菌和大肠杆菌共存，所以通常规定用细菌总数和大肠杆菌指数及菌值数为病原体污染的直接指标。

（七）石油类污染物

石油污染物主要来自工业排放，清洗石油运输船只的船舱、机件及发生意外事故、海上采油等均可造成石油污染。油船事故属于爆炸性的集中污染源，危害是毁灭性的。

石油是烷烃、烯烃和芳香烃的混合物，进入水体后的危害是多方面的。如在水上形成油膜，能阻碍水体复氧作用，油类粘附在鱼鳃上，可使鱼窒息；黏附在藻类、浮游生物上，可使它们死亡。油类会抑制水鸟产卵和孵化，严重时使鸟类大量死亡。石油污染还能使水产品质量降低。

（八）热污染

热污染是一种能量污染，是工矿企业向水体排放高温废水造成的。一些热电厂及各种工业过程中的冷却水，若不采取措施，直接排放到水体中，均可使水温升高导致水中化学反应、生化反应的速度随之加快。使某些有毒物质（如氰化物、重金属离子等）的毒性提高，溶解氧减少，影响鱼类的生存和繁殖，加速某些细菌的繁殖，助长水草丛生，厌气发酵。

鱼类生长都有一个最佳的水温区间。水温过高或过低都不适合鱼类生长，甚至会导致死亡。不同鱼类对水温的适应性也是不同的。如热带鱼适于 $15 \sim 32℃$，温带鱼适于 $10 \sim 22℃$，寒带鱼适于 $2 \sim 10℃$ 的范围。又如鳟鱼虽在 $24℃$ 的水中生活，但其繁殖温度则要低于 $14℃$。一般水生生物能够生活的水温上限是 $33 \sim 35℃$。

（九）放射性污染物

放射性污染物主要来源于核动力工厂排出的冷却水。向海洋投弃的放射性废物，核爆炸降落到水体的散落物，核动力船舶事故泄漏的核燃料；开采、提炼和使用放射性物质时，如果处理不当，也会造成放射性污染。水体中的放射性污染物可以附着在生物体表面，也可以进入生物体蓄积起来，还可通过食物链对人产生内照射。

水中主要的天然放射性元素有 ^{40}K、^{238}U、^{286}Ra、^{210}po、^{14}C、氚等。目前，在世界任何

海区几乎都能测出 ^{90}Sr、^{137}Cs。

三、水质标准

人们通常用水质指标来衡量水质的好坏或水体被污染的程度。水质指标项目繁多，可以分为以下三大类。

第一，物理性水质指标——包括温度、色度、嗅味、浑浊度、悬浮固体等。

第二，化学性水质指标——如 pH、溶解氧（DO）、化学需氧量（COD）、生物化学需氧量（BOD）、氨氮、总磷、重金属、氰化物、多环芳烃、各种农药等。

第三，生物学水质指标——包括细菌总数、总大肠菌群数等。

水环境保护和水体污染控制要从两方面着手：一方面制定水体的环境质量标准，保证水体质量和水域使用目的；另一方面要制定污水排放标准，对必须排放的工业废水和生活污水进行必要而适当的处理。

水环境质量标准是环境保护的目标值，也是制定污染物排放标准的依据。水环境质量主要包括《地表水环境质量标准》《地下水质量标准》《海水水质标准》《农田灌溉水质标准》《渔业水质标准》《景观娱乐用水水质标准》等。其中，最重要、最基本的质量标准是《地表水环境质量标准》。

此外，为了控制水污染，保护江河、湖泊等地面水以及地下水水质的良好状态，保障人体健康，维护生态平衡，依据各种质量标准又制定了相对应的污染物排放标准。例如，《污水综合排放标准》《铝工业污染物排放标准》《酵母工业水污染物排放标准》《中药类制药工业水污染物排放标准》《汽车维修业水污染物排放标准》等。其中，《污水综合排放标准》是最常用的污水排放标准。

（一）地表水环境质量标准

本标准适用于中华人民共和国领域内江河、湖泊、运河、渠道、水库等具有使用功能的地表水水域。具有特定功能的水域，应执行相应的专业用水水质标准。

我国将地表水按功能高低划分为五类：

Ⅰ类：主要适用于源头水、国家自然保护区；

Ⅱ类：主要适用于集中式生活饮用水地表水源地一级保护区、珍稀水生生物栖息地、鱼虾类产卵场、仔稚幼鱼的索饵场等；

Ⅲ类：主要适用于集中式生活饮用水地表水源地二级保护区、鱼虾类越冬场、洄游通道、水产养殖区等渔业水域及游泳区；

Ⅳ类：主要适用于一般工业用水区及人体非直接接触的娱乐用水区；

Ⅴ类：主要适用于农业用水区及一般景观要求水域。

对应地表水上述五类水域功能，将地表水环境质量标准基本项目标准值分为五类，不同功能类别分别执行相应类别的标准值。水域功能类别高的标准值严于水域功能类别低的标准值。同一水域兼有多类使用功能的，执行最高功能类别对应的标准值。

（二）《污水综合排放标准》

该标准按照污染物的毒性及其对人体、动植物体和水环境的影响，将工矿企业和事业单位排放的污染物分为两类。

第一类污染物是指在环境或动植物体内蓄积，对人体健康产生长远不良影响。此类污染物，不分其排放的方式和方向，也不分受纳水体的功能级别，一律执行严格的标准值，并规定含此类污染物的废水一律在车间或车间处理设施的排放口取样检测。

第二类污染物是指其长远影响小于第一类的污染物质。在排污单位排出口取样，其最高容许排放浓度必须符合该标准中列出的"第二类污染物最高允许排放浓度"的规定。该标准按地面水域使用功能要求和废水排放去向，对向地面水域和城市下水道排放的污水，规定分别执行一、二、三级标准。

四、废水的来源及特征

凡对环境质量可以造成影响的物质和能量输入，统称为污染源。输入的物质和能量称为污染物或污染因子。按照影响地面水环境质量的污染物按排放方式可分为点源和面源。

点源是指有固定排放点的污染源，指工业废水及城市生活污水，由排放口集中汇入江河湖泊。非点源（面源）是相对于点源而言的，指没有固定污染排放点，如没有排污管网的生活污水的排放。这主要包括城镇排水、农田排水和农村生活废水、矿山废水、分散的小型禽畜饲养场废水，以及大气污染物通过重力沉降和降水过程进入水体等所造成的污染废水。面源污染情况比较复杂，其污染影响较难定量，但又不能忽视，特别是对点源已进行有效控制后，面源污染会日益突出。

水体中的污染物主要随各种废水的排放和自然降水等途径进入水体。按照废水来源，主要包括工业废水、农业废水、生活废水、城市垃圾和工业废渣渗滤液以及降水。

（一）工业废水

门类繁多的工矿企业，生产过程中或多或少会产生和排放各种废水，包括工矿企业事故性排放的废水。工业废水污染物种类多、数量大、毒性各异，污染物不易净化或降解，对水环境危害最大，也是造成目前世界性水污染的主要原因。

（二）农业废水

种植施用的化肥、农药和除草剂等随农田排水、地表径流注入水体，养殖畜、鱼类投放的饲料和畜禽的排泄物等，可直接或间接地进入水体。农业废水产生面广，不易控制和治理。

（三）生活废水

主要来自城镇和乡村居民的生活，也包括学校、医院、商店排放的生活废水。生活废水虽然成分复杂，含耗氧有机物、氮和磷等，但易于处理。

（四）城市垃圾和工业废渣渗滤液

垃圾和废渣倾入水中，或堆积、填埋、经降水的淋溶或地下水的浸渍作用，使垃圾和废渣中的有毒、有害成分进入水中。

（五）降水

降水包括降雨和降雪。降水时，雨雪大面积冲刷地面，将地面上的各种污染物淋洗后进入水道或水体，造成河流、湖泊等水源的污染。降水对收纳水体的污染很多，其中固体悬浮物、有机物、重金属和污泥直接污染地面水源。

五、水体污染的危害

（一）对人体健康的危害

人类是地球生态系统中最高级的消费种群。环境污染对大气环境、水环境、土壤环境及生态环境的损伤和破坏最终都将以不同途径危及人类的生存环境和人体健康。各种污染物质通过饮用水、植物和动物性食物、各种工业性食品、医药用品及各种不洁的工业品使人体产生病变或损伤。

人喝了被污染的水体或吃了被水体污染的食物，就会对健康带来危害。如20世纪50年代发生在日本的水俣病事件，就是工厂将含汞的废水排入水俣湾的海水中，汞进入鱼体内并产生甲基化作用形成甲基汞，使污染物毒性增加并在鱼体中积累形成很高的毒物含量，人类食用这种污染鱼类就会引起甲基汞中毒而致病。因此，汞被视为危害最大的毒性重金属污染物。

饮用水中氟含量过高，会引起牙齿珐斑及色素沉淀，严重时会引起牙齿脱落。相反含氟量过低时，会发生龋齿病等。人畜粪便等生物性污染物管理不当也会污染水体，严重时会引起细菌性肠道传染病，如伤寒、霍乱、痢疾等，也会引起某些寄生虫病。如1882年德国汉堡市由于饮水不洁，导致霍乱流行，死亡7 500多人。水体中还含有一些可致癌的物质，农民常常施用一些除草剂或杀虫剂，如苯胺、苯并芘和其他多环芳烃等，它们都可进入水体。这些污染物可以在悬浮物、底泥和水生生物体内积累，若长期饮用这样的水，就可能诱发癌症。

（二）对工业生产的影响

水质受到污染会影响工业产品的产量和质量，造成严重的经济损失。此外，水质污染还会使工业用水的处理费用增加，并可能对设备厂房、下水道等产生腐蚀，也影响到正常的工业生产。

（三）对农业、渔业生产的影响

近年来，广东、广西、江苏、辽宁等地都曾经先后出现过农作物被超标污水灌溉污染的事件，其中最为严重的就是水质当中含有的重金属成分超标。目前我国受镉、砷、铬、铅等重金属污染的耕地面积近 2 000 万公顷，约占耕地总面积的 1/5。

2010 年 7 月，福建省紫金矿业集团有限公司，因连续降雨造成厂区溶液池区底部黏土层掏空，污水池防渗膜多处开裂，渗漏事故由此发生。9 100 m^3 的污水顺着排洪涵洞流入汀江，导致汀江部分河段污染及大量网箱养鱼死亡。污水含铜量超标是汀江鱼大量死亡的主要原因。鱼对水中铜含量的要求比较高，当达到 0.1 mg/L 时，鱼就会出现中毒甚至死亡的现象。

第三节 水体自净与水环境容量

一、水体的自净作用

（一）水体自净作用

水体在一定程度下具有自我调节和降低污染的能力，通常称为水的自净能力。进入水体的污染物，经过物理、化学和生物等方面的作用，使污染物浓度逐渐降低，经过一段时间水体恢复到受污染前的状态，这一现象称为水体的自净作用（self-purification of water body）。

影响水体净化过程的因素很多，主要有河流、湖泊、海洋等水体的地形和水文条件，水中微生物的种类和数量，水温和复氧状况，污染物的性质和浓度等。水体自净机理包括沉淀、稀释、混合等物理过程，氧化还原、分解化合、吸附凝聚等化学和物理化学过程以及生物化学过程，如微生物对有机物的分解代谢。这几种过程互相交织在一起，可以使进入水体的污染物质迁移、转化，使水体水质得到改善。

水体自净作用可分为三类：

第一，物理自净——污染物进入水体后，不溶性固体逐渐沉至水底形成污泥。悬浮物、胶体和溶解性污染物则因混合稀释而逐渐降低浓度。

第二，化学自净——污染物进入水体后，经络合、氧化还原、沉淀反应等而得到净化。如在一定条件下水中难溶性硫化物可以氧化为易溶性的硫酸盐。

第三，生物自净——在生物的作用下，污染物的数量减少，浓度下降，毒性减轻、直至消失。例如，悬浮和溶解在水体中的有机污染物，在需氧微生物作用下，氧化分解为简单的、稳定的无机物。如二氧化碳、水、硝酸盐和磷酸盐等，使水体得到净化。

一般说来，物理和生物化学过程在水体自净中占主要地位。对有机物来说，生物自净作用是最重要的。水体自净作用可以在同一介质中进行，也可在不同介质之间进行。例如，河水自净过程大致如下：当污水进入河流之后。首先是混合稀释、扩散，以及反应生成的沉淀物质和吸附有污染物的固体沉入水底，使水中污染物浓度下降。水的最终净化主要靠微生物的作用。微生物把污染物质作为营养源，通过生物化学过程，把复杂化合物变成简单化合物，最终产物是二氧化碳、水等无机物。此外，各类水生生物摄取较大的固体食物或其他生物，包括细菌、植物，这在河水自净中也起着重要作用。藻类和其他绿色植物的光合作用，也有助于水的净化。

河流自净作用包含着十分广泛的内容，而实际上这些作用又常是相互交织在一起的。因此在具体情况下，研究工作必然有所侧重。

（二）水体的稀释作用

废水排入水体后，逐渐与数十倍、数百倍的天然水相混合，废水中的污染物质浓度随之降低；水质逐步获得改善，这种现象称为水体的稀释。

废水排入河流后，不能立即与全部河水流量混合，需流经一段距离和时间后，才能达到完全的混合。影响混合的因素很多，其中主要因素如下。

1.废水流量与河水流量的比值

比值越大，达到完全混合需要的时间愈长。再者，河水流量是变化的，枯水期与汛期水量变幅很大以及一年里污染物的浓度差很大。为安全起见，一般都以河流的枯水流量作为计量标准。

2.废水排放口的布置和排入流速

如采用分散排放口在河心排放废水时，达到完全混合的时间较短；采用岸边集中排放时，混合效果较差，完全混合所需时间较长。

3.水体的水文条件

如河流的深度、河床的形式，水流速度及是否有急流等。急流情况混合较快，缓慢时混合时间较长。

当废水与河水完全混合时，在河流的完全混合断面处（即完全混合点）混合水的污染物质平均浓度，可用物质平衡法计量，公式为：

$$C_1 \cdot q + C_2 \cdot Q = (q + Q) \cdot C$$

$$C = \frac{C_1 + (Q/q)C_2}{1 + Q/q} = \frac{C_1 + nC_2}{1 + n}$$

式中 C——在完全混合点处污染物质的平均浓度；

C1——废水中污染物质的浓度；

C2——水体中同一污染物质的浓度；

Q——河水全部流量（采用 P=95%保证率的平均浓度，相当于近 20 年最早年最早月的平均流量）；

Q——废水流量（平均小时流量）；

n——稀释比。

$$n = \frac{Q}{q}$$

在完全混合点处，废水的稀释比值是全部河水流量（Q）与废水流量（g）的比值。

从废水排放到没有达到完全混合点的一段距离内，实际上只有部分河水参与了对废水的稀释。此种情况下，废水的稀释比（n）值为：

$$n = \frac{Q'}{q} = \alpha \frac{Q}{q}$$

式中 Q'——参与混合的河水量。

Q、q 意义同前；

$$Q' = \alpha \cdot Q$$

式中 a——混合系数。

在一般情况下，宜只考虑部分流量（即采用 a<1）。例如：根据经验，对于流速在 0.2~0.3 m/s 的河流，α=0.7~0.8；河水流速较大时，α=0.9 左右；河水流速较低时，α=0.3~0.6。如果在排放口的设计中，采用分散式的排放口或将排放口伸入水体或把废水运到水流湍急的河段，这时，可考虑采用河水的全部流量，即 α=1 进行计量。

（三）水体的生化自净

在河流受到大量有机物污染时。由于有机物的氧化分解作用，水体溶解氧发生变化，随着污染源到河流下游一定距离内，溶解氧由高到低，再到原来溶解氧水平，可绘制成一条溶解氧下降曲线，称之为氧垂曲线。

氧垂曲线是以离排入口的距离为横坐标，以溶解氧含量为纵坐标的曲线。如果河流受有机物污染的量低于它的自净能力，最缺氧点的溶解氧含量大于零，河水始终呈现有氧状态；反之，靠近最缺氧点的一段河流将出现无氧状态。溶解氧的变化状况反映了水体中有机污染物净化的过程，因而可把溶解氧作为水体自净的标志。

（四）水体中细菌的衰亡

水体中细菌的衰亡也是一种重要的自净作用。当水体受到有机物的污染时，水中细菌数量会大量增加，但如果污染负荷没有超过水体的自净能力，就可以观察到细菌数量逐渐减少的现象。促使水中细菌数量减少的主要作用有：水体的生物净化作用使水中有机物含量日渐减少，细菌将因缺少食物及能源而逐渐衰亡；水体中生长的纤毛类原生动物、浮游动物等不断吞食细菌，使细菌数量减少；其他如日光的杀菌作用，对细菌生长不利的温度、pH 值等，均可使细菌数量减少。

二、水环境容量

水体自净作用是有限的，当人类直接或间接排放的污染物大量进入水体超过它的自净作用时，就会造成水体污染。水体所具有的自净能力就是水环境接纳一定量污染物的能力。一定水体所能容纳污染物的最大负荷被称为水环境容量。正确认识和利用水环境容量对水污染控制有重要的意义。

水环境容量与水体的用途和功能有十分密切的关系。如前所述，我国地面水环境质量标准中按照水体的用途和功能将水体分为五类，每类水体规定有不同的水质目标。显然，水体的功能愈强，对其要求的水质目标也愈高，其水环境容量必将减小。反之，当水体的水质目标不甚严格时，水环境容量可能会大一些。

当然，水体本身的特性，如河宽、河深、流量、流速以及其天然水质、水文特征等，对水环境容量的影响很大。污染物的特性，包括扩散性、降解性等，也都影响水环境容量。一般来说，污染物的物理化学性质越稳定，其环境容量越小；耗氧性有机物的水环境容量比难降解有机物的水环境容量大得多；而重金属污染物的水环境容量则甚微。

第四节　水污染治理技术

一、水污染控制目标

水污染是当今许多国家面临的一大环境问题。它严重威胁着人类生命健康，阻碍了经济建设的发展，是可持续发展的制约因素。因此，必须积极进行水污染防治，保护水资源和水环境。

水污染防治的根本原则是将"防""治""管"三者结合起来。"防"就是通过有效控制使污染物排放"减量化"和"最小化"。如工业企业通过实行清洁生产，城市通过节约生活用水，农业通过加强面源污染控制和管理，都可以达到"污染预防"的目的。"治"指对污水进行有效治理，使其水质达到排放或回用标准。"管"指污染源、水体及处理设施的管理，以管促治。

水污染控制的目标是确保地面水和地下水饮用水源地的水质，恢复各类水体的使用功能，还原地面水体的水质。

二、水污染防治的主要内容

为达到成品水（生活或生产的用水和作为最后处置的废水）的水质要求而对原料水（原水）的加工过程，称为给水处理；加工废水时，称为废水处理。废水处理的目的，就是利用各种方法将污水中所含的污染物质分离出来，或将其转化为无害的物质，从而使污水得到净化。按废水净化程度可将处理分为三级。

一级处理：又名初级处理，主要去除废水中的悬浮固体和漂浮物质，同时还通过中和或均衡等预处理对废水进行调节以便排入受纳水体或二级处理装置。处理流程常采用格栅—沉砂池—沉淀池以及废水物理处理法中各种处理单元。经一级处理后，悬浮固体的去除率一般达 70%～80%，BOD 去除率只有 20%～40%，废水中的胶体或溶解污染物去除作用不大，故其废水处理程度不高，达不到排放标准，仍需进行二级处理。

二级处理：又称生物处理，主要去除废水中呈胶体态和溶解态的有机污染物质，主要采用各种生物处理方法，常用方法是活性污泥法和生物滤池法等。经二级处理后，废水中 80%～90%有机物可被去除，出水的 BCD 和悬浮物都较低，通常能达排放要求。

三级处理：又称深度处理，是在一级、二级处理的基础上，去除二级处理未能去除的污染物，其中包括微生物、未被降解的有机物、磷、氮和可溶性无机物。常用方法有化学凝聚、砂滤、活性炭吸附、臭氧氧化、离子交换、电渗析和反渗透等方法。经三级处理后，通常可达到工业用水、农业用水和饮用水的标准。但废水三级处理基建费和运行费用都很高，约为相同规模二级处理的 2～3 倍，因此只能用于严重缺水的地区或城市。

废水中的污染物组成相当复杂，往往需要采用几种方法的组合流程才能达到处理要求。对于某种废水，采用哪几种处理方法组合，要根据废水的水质、水量，回收其中有用物质的可能性，经过技术和经济的比较后才能决定，必要时还需进行实验。

三、水污染防治的主要方法

废水处理技术可归纳为物理法、化学法和生物法三大类。

（一）物理法

污水物理处理法就是利用物理作用，分离污水中主要呈悬浮状态的污染物，在处理过程中不改变水的化学性质。主要包括以下几种方法。

1.废水重力分离处理法

利用重力作用原理使废水中的悬浮物与水分离，去除悬浮物质而使废水净化的方法。此法可分为沉降法和上浮法。悬浮物比重大于废水者沉降，小于废水者上浮。影响沉降或上浮速度的主要因素有：颗粒密度、粒径大小、液体温度、液体密度和绝对黏滞度等。此种物理处理法是最常用、最基本的废水处理法，应用历史较久。

2.废水筛滤截留法

利用留有孔眼的装置或由某种介质组成的滤层截留废水中的悬浮固体的方法。使用设备有：格栅，用以截阻大块固体污染物；筛网，用以截阻、去除废水中的纤维、纸浆等较细小的悬浮物；布滤设备，用以截阻、去除废水中的细小悬浮物；砂滤设备，用以过滤截留更为微细的悬浮物。

3.废水气液交换处理法

系采用向废水中打入或溶入氧气或其他能起氧化作用的气体，以氧化水中的某些化学污染物。特别是有机物，或者使溶解于废水中的挥发性污染物转移到气体中逸出，使废水净化的方法。影响气液交换的因素有：气液接触面积和方式、气液交换设备、废水性质、水温、pH 值、气液比等。

4.废水离心分离处理法

利用装有废水的容器高速旋转形成的离心力去除废水中悬浮颗粒的方法。按离心力产生的方式，可分为水旋分离器和离心机两种类型。分离过程中，悬浮颗粒质量大，受到较大离心力的作用被甩向外侧，废水则留在内侧，各自通过不同的出口排出，使悬浮颗粒从废水中分离出来。

5.废水高梯度磁分离处理法

利用磁场中磁化基质的感应磁场和高梯度磁场所产生的磁力从废水中分离出颗粒状污染物或提取有用物质的方法。磁分离器可分为永磁分离器和电磁分离器两类，每类又有间歇式和连续式之分。高梯度磁分离技术用于处理废水中磁性物质，具有工艺简便、设备紧凑、效率高、速度快、成本低等优点。

物理处理法的优点：设备大多较简单、操作方便、分离效果良好，故使用极为广泛。

（二）化学法

污水的化学处理法就是向污水中投加化学物质，利用化学反应来分离回收污水中的污染物或使其转化为无害的物质。属于化学处理法的有以下几种。

1.混凝法

混凝法是向污水中投加一定量的药剂，经过脱稳、架桥等反应过程，使水中的污染物凝聚并沉降。水中呈胶体状态的污染物质通常带有负电荷，胶体颗粒之间互相排斥形成稳定的混合液，若水中带有相反电荷的电介质（即混凝剂）可使污水中的胶体颗粒改变为呈电中性，并在分子引力作用下凝聚成大颗粒下沉。这种方法用于处理含油废水、染色废水、洗毛废水等。该法可以独立使用，也可以和其他方法配合使用，一般作为预处理、中间处理和深度处理等。常用的混凝剂则有硫酸铝、碱式氯化铝、硫酸亚铁、三氯化铁等。

2.中和法

用化学方法消除污水中过量的酸和碱，使其 pH 值达到中性左右的过程称为中和法。处理含酸污水以碱为中和剂，处理含碱污水以酸为中和剂，也可以吹入含 CO_2 的烟道气进行中和。酸或碱均指无机酸和无机碱，一般应依照"以废治废"的原则，亦可采用药剂中和处理，可以连续进行，也可间歇进行。

3.氧化还原法

污水中呈溶解状态的有机和无机污染物，在投加氧化剂和还原剂后，由于电子的迁移而发生氧化和还原作用形成无害的物质。常用的氧化剂有空气中的氧、漂白粉、臭氧、二氧化氯、氯气等，氧化法多用于处理含酚、含割废水。常用的还原剂则有铁屑、硫酸亚铁、亚硫酸氢钠等，还原法多用于处理含铬、含汞废水。

4.电解法

在废水中插入电极并通过电流，在阴极板上接受电子，在阳极板上放出电子。在水的电解过程中，阳极产生氧气，阴极产生氢气。上述综合过程使阳极发生氧化作用，在阴极上发生还原作用。目前电解法主要用于处理含铬及含氰废水。

5.吸附法

污水吸附处理主要是利用固体物质表面对污水中污染物质的吸附，吸附可分为物理吸附、化学吸附和生物吸附等。物理吸附是吸附剂和吸附质之间在分子力作用下产生的，不产生化学变化；化学吸附则是吸附剂和吸附质在化学键力作用下起吸附作用的，因此化学吸附选择性较强。在污水处理中常用的吸附剂有活性炭、磺化煤、焦炭等。

（三）生物法

污水的生物处理法就是利用微生物的新陈代谢功能，使污水中呈溶解和胶体状态的有机污染物被降解并转化为无害物质，使污水得以净化。生物处理法可分为好氧处理法和厌氧处理法两类。前者处理效率高、效果好、使用广泛，是生物处理的主要方法。属于生物处理法的工艺有以下几种。

1.活性污泥法

活性污泥法是当前应用最为广泛的一种生物处理技术。将空气连续鼓入大量溶解有机污染物的污水中，一段时间后，水中形成大量好氧性微生物的絮凝体——活性污泥。活性污泥能够吸附水中的有机物，生活在活性污泥上的微生物以有机物为食料，获得能量，并不断生长增殖，有机物被分解、去除，使污水得以净化。

2.生物膜法

使污水连续流经固体填料，在填料上就能够形成污泥垢状的生物膜。生物膜上繁殖大量的微生物，吸附和降解水中的有机污染物，能起到与活性污泥同样的净化污水作用。从填料上脱落下来死亡的生物膜随污水流入沉淀池，经沉淀池被澄清净化。

生物膜法有多种处理构筑物，如生物滤池、生物转盘、生物接触氧化池和生物流化床等。

3.厌氧生物处理法

利用兼性厌氧菌在无氧条件下降解有机污染物，主要用于处理高浓度难降解的有机工业废水及有机污泥。主要构筑物是消化池，近年来在这个领域有很大的发展，开创了一系列的新型高效厌氧处理构筑物，如厌氧滤池、厌氧转盘、上流式厌氧污泥床（UASB）、厌氧流化床等高效反应装置。该法能耗低且能产生能量，污泥产量少。

第四章　固体废物的处理处置及资源化利用

第一节　概述

一、固体废物的概念、来源及分类

（一）固体废物的概念

固体废物是指人类在生产、生活过程中产生的对所有者不再具有使用价值而被废弃的固态、半固态物质。一般认为，人类在生产活动中产生的固体废物俗称废渣；在生活活动中产生的固体废物则称为垃圾。"固体废物"实际只是针对原所有者而言。在任何生产或生活过程中，所有者对原料、商品或消费品，往往仅利用了其中某些有效成分；而对于原所有者不再具有使用价值的大多数固体废物中仍含有其他生产行业中需要的成分，经过一定的技术处理，可以转变为有关部门行业中的生产原料，甚至可以直接使用。可见，固体废物的概念随时空的变迁而具有相对性，因此固体废物又有"放错地方的原料"之称。提倡固体废物资源化，发展循环经济，目的是充分利用资源，提高资源利用效率，减少废物处置的数量，有利于我国经济的可持续发展。

（二）固体废物的来源及分类

无论是在生产还是在生活过程中，所产生的废物种类多种多样，且组成复杂。为了管理和利用的方便，通常从不同的角度对固体废物进行不同的分类。按其组成，可分为有机废物和无机废物；按其危害性，分为危险废物和一般废物；按其来源可分为工业固体废物、农业固体废物、矿业固体废物、城市生活垃圾等。

根据《中华人民共和国固体废物污染环境防治法》，固体废物分为城市生活垃圾、工业固体废物和危险废物三大类。

1.城市生活垃圾

城市是产生生活垃圾最为集中的地方，城市生活垃圾已成为世界各国面临的共同问题。城市生活垃圾的产生途径很多，见表4-1。

表4-1 城市生活垃圾的产生与分类

来源	产生过程	城市垃圾种类
居民	产生于城镇居民生活过程	食品废物、生活垃圾炉灰及某些特殊废物
商业	仓库、餐馆、商场、办公楼、旅馆、饭店及各类商业与维修业活动	食品废物垃圾、炉灰.某些特殊废物偶尔产生危险的废物
公共地区	街道、小巷、公路、公园、游乐场、海滩及娱乐场所	垃圾及特殊废物
城市建设	居民楼、公用事业、工厂企业、建筑、旧建筑物拆迁修缮等	建筑渣土、废木料、碎砖瓦及其他建筑材料
水处理厂	给水与污水、废水处理厂	水处理厂污泥

一般来说，城市每人每天的垃圾量为12 kg。垃圾的数量及成分与居民物质生活水平、习惯、废旧物资回收利用程度、市政建设情况等有关。

2.工业固体废物

主要工业固体废物的来源与分类见表4-2，不同工业类型所产生的固体废物种类存在显著差异。因此，所产生的固体废物组分、含量、性质也不同。

表4-2 主要工业固体废物的来源与分类

来源	产生过程	分 类
矿业	矿石开采和加工	废石、尾矿
冶金	金属冶炼和加工	高炉渣、钢渣、铁合金渣、赤泥、铜渣、铅锌渣、镍钴渣、汞渣等
能源	煤炭开采和使用	煤矸石、粉煤灰、炉渣等
石化	石油开采与加工	油泥、焦油页岩渣、废催化剂、硫酸渣、酸渣碱渣、盐泥、釜底泥等
轻工	食品、造纸等加工	废果壳、废烟草、动物残骸、污泥、废纸、废织物等
其他		金属碎屑、电镀污泥、建筑废料等

全世界每天新增固体废物419.49万t，年产量平均增长率达8.24%，高出世界经济增长速度2.53倍。工业固体废物主要发生在采掘、冶金、煤炭、火力发电四大部门，其次是化工、石油、原子能等工业部门。

3.危险废物

危险废物，又称有害废物。主要是指其有害成分能通过环境媒介，使人引起严重的、难以治愈的疾病和死亡率增高的固体废物。一般地，具有毒性、腐蚀性、易燃性、反应性、放射性和传染性等特性之一的固体废物都属于危险固体废物。

划分危险固体废物需要有一定的依据和标准，通常应经过试验鉴别，但这项工作十分复杂，在不少厂、点难于实现。因而不少国家根据其积累的经验，将危险废物列成名目表，并以立法的形式公布，使生产单位、操作人员、环境管理者以及各有关单位便于掌握。如美国已列表确定 96 种加工工业废物和近 400 种化学品；德国确定 570 种；丹麦确定 51 种，并根据科学技术的发展，不断加以修正补充。

近年来，一些发达国家由于处置危险固体废物在征地、投资、技术等方面的困难，有的不法厂商设法将自己的危险废物出口到不发达国家，使进口国深受其害。为了控制危险废物的污染转嫁，联合国环境署于 1989 年 3 月 22 日通过了《控制危险废物越境转移及其处置巴塞尔公约》。我国政府于 1991 年 9 月批准了该公约。

二、固体废物的特点

固体废物有如下几种主要特点。

（一）资源性

固体废物品种繁多、成分复杂。特别是工业废渣，不仅数量大，具备某些天然原料、能源所具有的物理、化学特性，而且比废水、废气易于收集、运输、加工和再利用；城市垃圾也含有多种可再利用的物质和一定热值的可燃物质。因此，许多国家已把固体废物视为"二次资源"或"再生资源"。我国提倡发展循环经济，将利用废物替代天然资源作为可持续发展战略中的一个重要组成部分。

（二）污染的"特殊性"

固体废物露天存放或置于处置厂，其中的有害成分可以通过环境介质大气、土壤、地表或地下水体直接或间接传至人体，对人体健康造成极大的危害。

可见，固体废物是水、气、土壤环境污染的"源头"，对生态系统具有潜在的、长期的危害。被污染的水体、大气经治理后往往生成含有污染物的污泥、粉尘等固体废物，这些固体废物如不再进行彻底治理，则又会成为水、气、土壤环境的污染源。如此循环污染，形成固体废物污染的"特殊性"。

（三）严重的危害性

工业固体废物的堆积，会占用大量土地，造成环境污染，严重影响着生态环境。城市生活垃圾是细菌和蛹虫等的滋生地和繁殖场，能传播多种疾病、危害人畜健康。危险废物对环境污染和人体健康的危害更加严重。固体废物的危害性主要表现在以下几个方面。

1.占用土地

固体废物任意露天堆放，必将占用大量的土地，破坏地貌与植被。据估算，每堆积 1 万 t 渣约需占地 1 亩。土地是人类赖以生存的宝贵资源，尤其是耕地。如果不对固体废物实施资源化利用，大量露天堆放，占用大量土地，势必导致我国本来紧缺的土地更加紧缺。

2.污染土壤

固体废物露天堆存，长期受风吹、日晒、雨淋，其中的有害组分不断渗出，进入地下并向周围扩散，污染土壤。如果直接利用来自医院、肉联厂、生物制品厂的废渣作为肥料施于农田，其中的病菌、寄生虫等，就会使土壤污染。人与污染的土壤直接接触，或生吃此类土壤上种植的蔬菜、瓜果，就会致病。当污染土壤中的病原微生物与其他有害物质随天然降水、径流或渗流进入水体后就可能进一步危害人的健康。

工业固体废物还会破坏土壤内的生态平衡。土壤是许多细菌、真菌等微生物聚居的场所。工业固体废物，特别是有害固体废物，能杀灭土壤中的微生物，使土壤丧失腐解能力，导致草木不生。例如，中国内蒙古包头市的某尾矿堆积量已达 15 万 t，使下游一个乡的大片土地被污染，居民被迫搬迁。

固体废物中的有害物质进入土壤后，还可能在土壤中发生积累。中国西南菜市郊农田长期施用垃圾，土壤中的金属浓度已大大超过标准，对农作物的生长带来危害。

20 世纪 70 年代，美国密苏里州为了控制道路粉尘，曾把混有四氯二苯—对二恶英（TCDD）的淤泥废渣当作沥青铺洒路面，造成多处污染。土壤中 TCDD 浓度高达 300 mg/L，污染深度达 60 cm，致使牲畜大批死亡，人们备受疾病折磨。在居民的强烈要求下，美国环保局同意全市居民搬迁，并耗费 3 300 万美元买下该城镇的全部地产，还赔偿了市民的一切损失。

3.污染水体

堆积的固体废物经过雨水的浸渍和废物本身的分解，其渗滤液和有害化学物质的转化和迁移，将对附近地区的河流及地下水系和资源造成污染；废渣直接排入河流、湖泊或海洋，会产生更大的水体污染，严重危害水生生物的生存条件，并影响水资源的充分利用。

美国的 Love Canal 事件是典型的固体废物污染地下水事件。1930～1953 年，美国胡克化学工业公司在纽约州尼亚加拉瀑布附近的 Love Canal 废河谷填埋了 2 800 多吨桶装有害废物，1953 年填平覆土，在上面兴建了学校和住宅。1978 年大雨和融化的雪水导致有害废物外迁。一段时间后就陆续发现该地区井水变臭，婴儿畸形，居民身患怪异疾病，大气中有害物质浓度超标 500 多倍，测出有毒物质 82 种，致癌物质 11 种，其中包括剧毒的二聰英。1978 年，美国总统颁布法令，封闭住宅，关闭学校，710 多户居民迁出避难，并拨出 2 700 万美元进行补救治理。

我国某铁合金厂的铁渣堆厂，由于缺乏防渗措施，Cr^{3+}污染了 20 多平方公里的地下水，致使 7 个自然村的 1 800 多眼水井无法饮用；某锡矿山含砷废渣长期堆放，随雨水渗入地下水，污染水井，曾一次造成 308 人中毒，6 人死亡。

生活垃圾未经无害化处理任意堆放，也会造成许多城市地下水污染。哈尔滨市韩家洼子垃圾填埋场的地下水指标大大超标，Mn 含量超标超过 3 倍，Hg 超过 20 倍，细菌总数超过 4.3 倍，大肠杆菌超过 11 倍。贵阳市两个垃圾堆场使其附近的饮用水源大肠菌值超过国家标准 70 倍。为此，市政府拨款 20 万元治理，并关闭了这两个堆放场。

4.污染大气

以细粒状存在的废渣和垃圾，在大风吹动下会随风飘逸而进入大气，造成大气污染。如粉煤灰遇 4 级以上风力，一次可被剥离掉厚度 11.5 cm，飞扬高度可达 20 ~ 50 m。

有些有机固体废物在适宜的温度和湿度下被微生物分解，能释放出有害气体，其危害更大。由于向大气中散发的颗粒物常是病原微生物的载体，所以，它是疾病传播的媒介。

某些固体废物，如煤矸石，因其含硫而能在空气中自燃（含硫量大于 1.5%时），散发大量 SO 和烟尘，毒化大气环境。20 世纪 80 年代，辽宁、山东、江苏的 100 余座矸石山，有 40 多座发生自燃。

三、固体废物污染防治的原则

1995 年 10 月 30 日通过的《中华人民共和国固体废物污染环境防治法》，其中首先确定了固体废物污染环境防治实行"减量化""资源化""无害化"的"三化"原则；同时确立了对固体废物进行全过程管理的原则，并根据这些原则确立了我国固体废物管理体系的基本框架。进入 21 世纪以来，面对中国经济建设的巨大需求与资源供应严重不足的紧张局面。中国把发展循环经济，实现固体废物资源化利用作为重要的发展战略，对我国经济的可持续发展有重要意义。固体废物污染防治基本原则如下。

（一）减量化

减量化是指通过适宜的手段减少固体废物的数量、体积，并尽可能地减少固体废物的种类、降低危险废物的有害成分浓度、减轻或清除其危害性等。从"源头"上直接减少或减轻固体废物对环境和人体健康的危害，最大限度地开发和利用资源与能源。因此，减量化是防治固体废物污染环境的最优先措施。它可通过以下四个途径实现。

1.选用合适的生产原料

原料品位低、质量差，是导致固体废物大量产生的主要原因之一。例如高炉炼铁时，如果入炉铁精矿品位越高，产生的高炉渣量越少。一些发达国家采用精料炼铁，高炉渣的产生量可减少一半。利用二次资源也是固体废物减量化的重要手段。

2.采用清洁生产工艺

生产工艺落后是产生固体废物的主要原因之一。首先应当结合技术改造，从工艺入手，采用无废或少废的清洁工艺，从发生源减少废物的产生。例如，传统的苯胺生产工艺是采用铁粉还原法，该法生产过程会产生大量含硝基苯、苯胺的铁泥和废水，造成环境污染和巨大的资源浪费。南京化工厂开发的流化床气相加氢制苯胺工艺，便不再产生铁泥废渣，固体废物产生量由原来的每吨产品 2 500 kg 降到 5 kg，还大大降低了能耗。

3.提高产品质量和使用寿命

任何产品都有其使用寿命，寿命的长短取决于产品的质量。质量越高的产品，使用的寿命越长，废弃的废物量越少。还可通过物品重复利用次数来降低固体废物的数量，如商品包装物的重复使用。

4.废物综合利用

有些固体废物含有很大一部分未起变化的原料或副产物，可以回收利用。如硫铁矿废渣可用来制砖和水泥，或采用适当的物理、化学熔炼加工方法，就可以将其中有价值的物质回收利用。

（二）资源化

资源化是指采用适当的技术从固体废物中回收物质和能源，加速物质和能源的循环，再创经济价值的方法。其目的是减少资源消耗、加速资源循环、保护环境。综合利用固体废物，可以收到良好经济效益和环境效益。据统计，1991～1995 年，我国综合利用固体废物为国家增产 12 亿吨原材料，"三废"综合利用产值达 721 亿元，利润达 185 亿元。综合利用固体废物除增产原材料、节约资源外，环境效益也是十分明显的。例如：美国对某些废金属、废纸等的再利用，对降低污染有明显的效果。

我国是一个发展中国家，面对经济建设的巨大需求与资源、能源供应严重不足的严峻局面。推行固体废物资源化，不但可为国家节约投资、降低能耗和生产成本；并可减少自然资源的开采，治理环境，维持生态系统良性循环，是一项强国富民的有效措施。

（三）无害化

固体废物一旦产生，就要设法使用，使之资源化，发挥其经济效益。但由于技术水平或其他限制，目前有些固体废物无法或不可能利用。对这样的固体废物，特别是其中的有害废物，必须无害化，以避免造成环境问题和公害。

无害化是指对已产生又无法或暂时不能资源化利用的固体废物，通过工程处理，达到不损害人体健康，不污染周围自然环境的目的。对不同的固体废物，可按不同的条件，采用不同的无害化处理方法。其中包括使用无害化最终处置技术，如卫生土地填埋、安全土地填筑以及土地深埋等现代化土地处置技术。

第二节 固体废物资源化方法与处理

固体废物资源化是处理固体废物的最优选择。固体废物资源化的方法和途径很多，主要取决于固体废物的组成和性质。固体废物因种类多、产量大，对其处理过程应有系统的整体观念，也就是对固体废物应进行综合处理，降低处理费用，实现资源利用效率最大化。

一、固体废物资源化方法

固体废物的资源化方法主要有物理处理、化学处理、热处理、生物处理等方法，各种方法往往联合使用才能最大限度地实现固体废物资源化利用。

（一）物理处理方法

物理处理是通过浓缩或相变化改变固体废物结构，但不破坏固体废物组成的一种处理方法。主要作为固体废物资源化的预处理技术，使固体废物的形状、大小、结构和性质符合资源化技术的要求。固体废物的物理处理方法主要有压实、破碎、筛分、粉磨、分选、脱水等。

1.压实

通过外力加压于固体废物，以缩小其体积，使固体废物变得密实的操作称为压实，又称压缩。其目的有二：一是增大容重，减小固体废物体积以便于装卸和运输，确保运输安全和卫生，降低运输成本；二是制取高密度惰性块料，便于储存、填埋或作为建筑材料使用。

压缩已成为一些国家处理城市垃圾的一种现代化方法。近年来日本创造一种高压压缩技术，对垃圾进行三次压缩，最后一次的压力为 25 284 kPa。制成的垃圾块密度达 1 125.4 ~ 1380 kg/m³ 较一般压缩法高一倍。压缩后的垃圾或装袋，或打捆。对于报纸、罐头壳等，打捆比袋装经济。对于大型压缩块，往往是先将铁丝网置于压缩腔内，再装入废物，因而一次压缩后即已牢固捆好。

2.破碎和粉磨

固体废物破碎就是利用外力克服固体废物质点间的内聚力而使大块固体废物分裂成小块的过程。固体废物经破碎后，不仅粒度变得小而均匀，利于分选有用或有害的物质，还可降低其孔隙率，增大其容重，使固体废物有利于后续处理和资源化利用。

固体废物的破碎方式有机械破碎和物理破碎两种。机械破碎是借助于各种破碎机械对固体废物进行破碎。主要的破碎机械有颚式破碎机、辊式破碎机、冲击破碎机和剪切破碎机等。不能用破碎机械破碎的固体废物，可用物理法破碎。物理法破碎有低温冷冻破碎、超声波破碎等。目前低温冷冻破碎已用于废塑料及其制品、废橡胶及其制品、废电线（塑料或橡胶被覆）等的破碎。超声波破碎还处于实验室阶段。

为了获得粒度更细的固体废物颗粒，以利于后续资源化过程加快反应速度、均匀物料或为了获得物料大的比表面积，必须进行粉磨。粉磨在固体废物处理和利用中占有重要的地位。粉磨机的种类很多，常用的有球磨机、棒磨机、砾磨机、自磨机（无介质磨）等。

3.筛分

利用筛子将粒度范围较宽的混合物料按粒度大小分成若干不同级别的过程。它主要与物料的粒度或体积有关，相对密度和形状的影响很小。筛分时，通过筛孔的物料称为筛下产品，留在筛上的物料称为筛上产品。筛分一般适用于粗粒物料的分选。常用的筛分设备有棒条筛、振动筛、圆筒筛等。

根据筛分作业所完成的任务不同，筛分可分为独立筛分、准备筛分、辅助筛分、选择筛分、脱水筛分等。在固体废物破碎车间，筛分主要作为辅助手段，其中在破碎前进行的筛分称为预先筛分，对破碎作业后所得产物进行的筛分称为检查筛分。

4.分选

利用固体废物的物理和物理化学性质的差异，从中分选或分离有用或有害物质的过程。通常依据固体废物的密度、磁性、电性、光电性、弹性、摩擦性、粒度、表面润湿性等特性，可分别采用重力分选、磁力分选、电力分选、光电分选、弹道分选、摩擦分选、风选和浮选等分选方法。

5.脱水

凡含水率较高的固体废物如污泥等，必须先进行脱水减容，才便于包装、运输和资源化利用。固体废物常用脱水方法有浓缩脱水、机械过滤脱水和干燥脱水，视后续固体废物的资源化目的不同而选用。

（二）化学处理方法

采用化学方法使固体废物发生化学转换从而回收物质和能源的一种资源化方法。化学处理方法包括煅烧、焙烧、烧结、溶剂浸出、热解、焚烧等。由于化学反应条件复杂，影响因素较多，故化学处理方法通常只用在所含成分单一或所含几种化学成分特性相似的废物资源化方面。对于混合废物，化学处理可能达不到预期目的。

1.煅烧

燃烧是在适宜的高温条件下，脱除固体废物中二氧化碳、结合水的过程。燃烧过程中发生脱水、分解和化合等物理化学变化。如碳酸钙渣经燃烧再生石灰，其反应如下：

$$CaCO_3 = CaO + CO_2 \uparrow$$

2.焙烧

焙烧是在适宜气氛条件下将物料加热到一定的温度（低于其熔点），使其发生物理化学变化，以便于后续的资源化利用的过程。根据焙烧过程中的主要化学反应和焙烧后的物理状态，可分为烧结焙烧、磁化焙烧、氧化焙烧、中温氯化焙烧、高温氯化焙烧等。这些方法在各种工业废渣的资源化过程中都有较成熟的生产实践。

3.烧结

烧结是将粉末或粒状物质加热到低于主成分熔点的某一温度，使颗粒黏结成块或球团，提高致密度和机械强度的过程。为了更好地烧结，一般需在物料中配入一定量的熔剂，如石灰石、纯碱等。物料在烧结过程中发生物理化学变化，化学性质改变，并有局部熔化，生成液相。烧结产物既可以是可熔性化合物，也可以是不熔性化合物，应根据下一工序要求制定烧结条件。烧结往往是焙烧的目的，如烧结焙烧，但焙烧不一定都要烧结。

4.溶剂浸出

将固体物料置于液体溶剂内，让固体物料中的一种或几种有用金属溶解于液体溶剂中，以便下一步从溶液中提取有用金属，这种化学过程称为溶剂浸出法。溶剂浸出法在固体废物回收利用有用元素中应用很广泛，如可用盐酸浸出物料中的铬、铜、镍、锰等金属。从煤矸石中浸出结晶三氯化铝、二氧化钛等。

在生产中，应根据物料组成、化学组成及结构等因素，选用浸出剂。浸出过程一般是在常温常压下进行的，但为了使浸出过程得到强化，也常常使用高温高压浸出。

5.热解

也称热裂解，是一种利用热能使大分子有机物（碳氢化合物）转变为低分子物质的过程。热解在炼油工业早已用来裂解烃类制取低级烯烃。在固体有机废物处理中应用热分解是热分解技术的新领域。通过热分解，可从有机废物中直接回收燃料油、气等。但并非所有有机废物都适用热解，适于热解的有机废物主要有废塑料（含氯者除外）、废橡胶、废轮胎、废油及油泥、废有机污泥等。

固体废物热分解一般采用竖炉、回转炉、高温熔化炉和流化床炉等。

6.焚烧

焚烧是对固体废物进行有控制的燃烧从而获得能源的一种资源化方法，目的是使有机物和其他可燃物质转变为二氧化碳和水逸入环境，以减少废物体积，便于填埋。焚烧过程还可把许多病原体以及各种有毒、有害物质转化为无害物质。因此，它也是一种有效的除害灭菌的废物处理方法。

焚烧和燃烧不完全相同，焚烧侧重于固体废物的减量化和残灰的安全稳定化，燃烧主要是为了使燃料燃烧获得热能。但是，焚烧应以良好的燃烧为基础，否则将产生大量黑烟。同时，未燃物进入残灰，达不到减量与安全、稳定化的目的。固体废物的焚烧，尽管其目的和燃烧条件不同于燃料的燃烧，但毕竟是一种燃烧过程。不论固体废物的种类和成分如何复杂，其燃烧机理和一般固体燃料是相似的。

固体废物焚烧在焚烧炉内进行。焚烧炉种类很多，大体上有炉排式焚烧炉、流化床焚烧炉、回转窑焚烧炉等。

（三）生物处理方法

生物处理是利用微生物分解固体废物中可降解的有机物，从而达到无害化或综合利用。固体废物经过生物处理，在容积、形态、组成等方面均发生重大变化，因而便于运输、贮存、利用和处置。

生物处理包括好氧处理、厌氧处理和兼性厌氧处理。与化学处理方法相比，生物处理在经济上一般比较便宜，应用也相当普遍，但处理过程所需时间较长，处理效率有时不够稳定。沼气发酵、堆肥和细菌冶金等都属于生物处理法。

1.沼气发酵

沼气发酵是有机物质在隔绝空气和保持一定的水分、温度、酸和碱度等条件下，微生物分解有机物的过程。经过微生物的分解作用可产生沼气，沼气可作为燃料。城市有机垃圾、污水处理厂的污泥、农村的人畜粪便、作物秸秆等可作为产生沼气的原料。为了使沼气发酵持续进行，必须提供和保持沼气发酵中各种微生物所需的条件。由于甲烷细菌是一种厌氧细菌，因此，沼气发酵需要在一个能隔绝氧的密闭消化池内进行。

2.堆肥

堆肥是垃圾、粪便处理方法之一。堆肥是将人畜粪便、垃圾、青草、农作物的秸秆等堆积起来，利用微生物的作用，将堆料中的有机物分解，产生高热，以达到杀灭寄生虫卵和病原菌的目的，形成稳定的腐殖质。堆肥分为普通堆肥和高温堆肥，前者主要是厌氧分解过程，后者则主要是好氧分解过程。堆肥的全程一般约需一个月。

3.细菌冶金

细菌冶金是利用某些微生物的生物催化作用，使固体废物中的金属溶解出来，从而较容易地从溶液中提取所需金属的过程。它与普通的"采矿—选矿—火法冶炼"相比具有以下优点：①设备简单，操作方便；②特别适宜处理废矿、尾矿和炉渣；③可综合浸出，分别回收多种金属等。

二、固体废物的处理

固体废物复杂多样，其形状、大小、结构及性质千变万化。为了使它适合于运输、资源化处理或最终处置的形式，往往需要对它进行预先加工，采用物理的、化学的以及生物的方法对它进行系统处理。

固体废物处理系统可包括固体废物收集运输、压实、破碎、分选等预处理技术，焚烧、热解和微生物分解等资源化转换技术和"三废"处理等后处理技术。预处理过程中，固体废物的性质不发生改变，主要利用物理处理方法，对其有用组分进行分离提取回收。如对空瓶、金属、玻璃、废纸等有用原材料提取回收。

转化技术是把预处理回收后的残余废物用化学或生物学的方法，使废物的物理性质发生改变而加以回收利用。这一过程显然比预处理过程复杂，成本也较高。焚烧和热解以回收能源为目的，焚烧主要回收水蒸气、热水或电力等不能贮存或随即使用型能源。热解主要回收燃料气、油、微粒状燃料等可贮存或迁移型的能源。微生物分解主要使废物原料化、产品化而再生使用。

预处理过程和转化过程产生的废渣可用于制备建筑材料、道路材料或进行填埋等

三、固体废物的固化

固体废物的固化是用物理—化学方法将有害废物固定或包封在惰性固体基材中使其稳定化的一种过程。其中，稳定化是指将废物的有害成分，通过化学转变，引入到某种稳定固体物质的晶格中去；固化是指对废物中的有害成分，用惰性材料加以束缚的过程。在目前所应用的稳定化和固化技术中，大多两者兼有。有害废物经过固化处理，终端产物的渗透性和溶出性可以大大降低，能安全地运输，并能方便地进行最终处置。稳定性和强度适宜的产品，还可以作为筑路的基材使用。

固化作为有害废物的一种预处理方法，已在国内外得到利用。20多年前，日本开始采用固化法处理含有放射性核素的污泥。有关放射性物质的溶出性以及固化产品的强度的研究也已经做了一些工作；美国一直重视固化技术的开发，已对多种基材的固化进行了研究；我国关于放射性废物的固化研究，也已达到实用规模。

固化处理方法可按原理分为包胶固化、自胶结固化、玻璃固化和水玻璃固化。包胶固化又可以根据包胶材料的不同，分为水泥固化、石灰基固化、热塑性材料固化和有机聚合物固化等。包胶固化适用于多种类型的废物。自胶结固化只适于含有大量能成为胶结剂的废物。玻璃和水玻璃固化一般只适用于极少量特毒废物的处理，如高放射废物的处理方面。

目前，固体废物的固化应用最多的还是属于包胶固化的水泥固化。

第三节　固体废物的处置

固体废物经过减量化和资源化处理后，剩余的无再利用价值的残渣，往往富集了大量的不同种类的污染物质，对生态环境和人体健康具有即时性和长期性的影响，必须妥善加以处置。安全、可靠地处置这些固体废物残渣，是固体废物全过程管理中的最重要环节。

一、概述

（一）固体废物处置的概念

固体废物处置是指对在当前技术条件下无法继续利用的固体污染物终态。由于其自行降解能力很微弱，可能长期停留在环境之中，为了防止这些固体污染物质对环境的影响，必须把它们放置在某些安全可靠的场所。这就是固体废物处置。实际上这是对固体废物进行后处理，固化后的构件或块体和焚烧后的余烬如何归宿就属于处置工程的范畴。

（二）固体废物处置的基本要求

对固体废物进行处置的目的，是为了使固体废物最大限度地与生物圈隔离，防止其对环境的扩散污染，确保现在和将来都不会对人类和生态环境造成危害或影响甚微。因此，处置固体废物要满足以下基本要求：①处置场所要安全可靠，对人民的生产和生活不会产生直接的影响。对附近生态环境不造成影响和危害。②处置场所要设置必要的环境检测设备，便于处置场所的环境检测、管理和维护。③被处置的固体废物的体积和有害组分含量要尽量小，以方便安全处理，减少处置成本。④处置方法尽量简便、经济，既要符合现有的经济水准和环保要求，也要考虑长远的环境效益。

（三）固体废物处置原则

①区别对待、分类处置、严格管制危险废物，特别是放射性废物。

②最大限度地将危险废物与生物圈相隔离的原则。

③集中处置原则。

《中华人民共和国固体废物污染环境防治法》把推行危险废物的集中处置作为防治危险废物污染的重要措施和原则。对危险废物实行集中处置，不仅可以节约人力、物力、财力，利于监督管理，也是有效控制乃至消除危险废物污染危害的重要形式和主要的技术手段。

（四）固体废物处置方法

按照处置固体废物场所的不同，可分为陆地处置和海洋处置。海洋处置包括深海投弃和海上焚烧。陆地处置包括土地耕作、土地填埋等方法。具有方法简单、操作方便、投入成本低等优点，其中应用最多的是土地填埋处置。海洋处置现已被国际公约禁止，但陆地处置至今仍是世界各国最常采用的一种废物处置方法。

二、土地填埋处置

土地填埋处置是从传统的堆放和土地处置发展起来的一项最终处置技术，不是单纯的堆、填、埋，而是一种按照工程理论和土工标准，对固体废物进行有效管理的一种综合性科学工程方法。在填埋操作处置方式上，它已从堆、填、覆盖向包容、屏蔽隔离的工程贮存方向发展。目前，国内外习惯采用的填埋方法主要有：卫生土地填埋、安全土地填埋及浅地层埋藏处置。

（一）卫生土地填埋

1.方法概述

卫生土地填埋是指被处置的固体废物如城市生活垃圾、煤矸石、炉渣等进行土地填埋的方法，包括厌氧、好氧和准好氧三种类型。其中，厌氧填埋是国内采用最多的一种形式，它具有填埋结构简单、施工费用低、操作方便、可回收甲烷气体等优点。

卫生填埋方法历史悠久，以往填埋垃圾的渗出液主要依靠下层土地来净化，但随时间的变迁或地质构造环境变化的影响，渗出液难免会对地下水或周围环境造成污染。为此，卫生填埋已发展成底部密封型结构，或底部和四周都密封的结构，从而防止了渗出液的流出和地下水的流入，渗出液又经收集处理，有效地保证了环境的安全。

2.场址的选择

卫生填埋场址的选择是处置设计的关键。既要能满足环境保护的要求，又要经济可行。因此，场地选择通常要经过预选、初选和定点三个步骤来完成。在评价一个用于长期处置固体废物的填埋场场址的适宜性时，必须加以考虑的因素主要有：运输距离、场址限制条件、可以使用土地面积、入场道路、地形和土壤条件、气候、地表水文条件、水文地质条件、当地环境条件以及填埋场封场后场地是否可被利用。

（二）安全土地填埋

安全土地填埋与卫生土地填埋的主要区别就在于：安全土地填埋场必须设置人造或天然衬里，下层土壤与衬里相结合处的渗透率应小于 10^{-8} cm/s；最下层的土地填埋场要位于该处地下水位之上；必须配备浸出液收集、处理及检测系统。安全土地填埋场显著的特点是有效地保护了地下水体免受污染，因此称之为安全土地填埋，实际上就是改进的卫生土地填埋。安全土地填埋主要是针对处理有害有毒废物而发展起来的方法。

安全土地填埋从理论上讲可以处置一切有害和无害的废物，但是，实际中对有毒废物进行填埋处置时还是要首先进行稳定化处理。对于易燃性废物、化学性强的废物、挥发性废物和大多数液体、半固体以及污泥，一般不要采用土地填埋方法。

安全土地填埋场设计时应特别注意的问题是：衬里、浸出液回收及检测设施能否满足地下水保护系统的基本要求；地表水的控制工程是否符合要求等。

（三）浅地层埋藏处置

在人类活动中，除了产生大量生活垃圾和有毒有害废物外，还会产生一类放射性固体废物。这类废物不仅含有对人体有害的辐射体，放射出穿透力很强的射线，而且半衰期很长，对环境造成长期的污染。

放射性固体废物不能采用卫生填埋和安全填埋的方法处置。为了防止其对生物系统的污染，必须有特殊而更加安全的填埋方法，这就是浅地层埋藏处置。

所谓浅地层埋藏处置，是指在浅地表或地下具有防护覆盖层的、有工程屏障或没有工程屏障的浅埋处置，埋深在地面以下 50 m 范围内。浅地层埋藏处置方法借助上覆较厚的土壤覆盖层，既可屏蔽来自填埋废物的射线，又可防止天然降水的渗入。当废物的容器发生泄漏时，还可通过缓冲区的土壤吸附加以截留。

浅地层埋藏处置主要适用于处置用容器盛装的中低放射性固体废物，对包装体要求有足够的机械强度，密封性能好，能满足运输与处置操作的要求。

三、土地耕作处置

（一）概述

土地耕作处置是指利用现有的耕作土地，将固体废物分散在其中。在耕作过程中由生物降解、植物吸收及风化作用等使固体废物污染指数逐渐达到背景程度值的方法。

土地耕作处置的废物有早已有之，人畜粪便、城市生活垃圾、冶炼渣、石油废物等可生物降解的东西，被人们广泛地采用土地耕作处置的方法来进行处理。

土地耕作处置固体废物具有工艺简单、操作方便、投资少、对环境影响小等优点，而且确实能够起到改善某些土壤的结构和提高肥效的作用。但是，如果垃圾中含有害重金属和不可生物降解的其他有害组分，采用土地耕作处置应慎之又慎，特别是重金属既可以积累在土壤中，又可以进入生物体循环，其危害性相当大。千万不可盲目采用此法。

（二）影响土地耕作处置的主要因素

1.废物成分

废物的组成特点直接影响土地耕作处置的环境效果，有机成分在天然土地中较易降解且能提高肥效；一些无机组分则可改良土壤的结构；而过高的盐量和过多的重金属离子则难于得到有效的处置，因此设定处置废物的重金属最高含量限定值是非常必要的。而且，废物中还不能含有足以引起空气、底土及地下水污染的有害成分。

2.土地耕作深度

由于光照、水分和氧量的影响，微生物种群在不同深度土壤中的分布是有规律的。一些上层土壤中微生物的种群和数量最多，往深处将逐渐减少。因此，土地耕作处置在土壤的表层最好。

3.废物的破碎程度

废物的表面积越大，废物与微生物的接触就越充分，其降解速度就越快、越彻底。为此，采取对固体废物进行破碎预处理或采用多次连续耕作的方法，能起到增加废物和微生物接触的作用。加快微生物降解。

4.气温条件

微生物生存繁殖的最佳气温条件一般在 20～30℃之间。在低温条件下，微生物的活动明显减弱，甚至停止活动。因此，土地耕作处置要避开寒冷的冬季，春夏季节最适宜。

影响土地耕作处置的因素还有土壤 pH 值、土壤的孔隙率、土壤的水分含量等。总之，最合适的条件就是有利于土壤中的微生物活动，以加快分解废物中的有机物。若是处置用以改良土壤结构的无机废渣.则基本不受上述因素的影响。

（三）场地选择

1.选择原则

选择场地的基本原则是安全、经济、合理。所谓安全，就是要求选作耕作处置的土地不会受到污染，农作物、地下水、空气等都不会受污染，对人类只有益而无害；经济合理则要求运输距离近，抛撒废物方便；对土壤具有提高肥效、改良土壤结构的作用。

2.场地应具有的基本条件

一个好的土地耕作处置场地，应具有以下基本条件：

第一，应避开断层、塌陷区，防止下渗水直接污染地下水和地表水源。

第二，处置场地要远离饮用水源 150 m 以上.耕作处置层距地下水位应在 1.5 m 以上。

第三，耕作处置土层应为细粒土壤，即土壤自然颗粒大多应小于 73 mm。

第四，贫瘠土壤适于处置有机物成分含量高的废物，结构密实的黏土适于处置孔隙率高的、结构疏松的无机废物和废渣等。

第四节　城市生活垃圾的资源化利用

随着我国经济的发展，城镇化进程的加快；城市规模不断扩大，人口高度集中；人们生活水平不断提高，城市生活垃圾产生量日益增加；城市生活垃圾造成的环境污染也越来越严重。如何处理生活垃圾，实现城市生活垃圾的资源化利用已成为困扰城市发展的热点和难点。

针对城市垃圾处理问题，世界各国努力探索其处理技术和资源化的方法。目前，生活垃圾处理技术主要有分选、堆肥、焚烧、热解、填埋等。采用上述垃圾处理技术，建立垃圾综合利用处理系统，实现垃圾资源化利用是垃圾处理的重要发展方向。日本、美国、德国、法国等发达国家较早就提出了在实现垃圾分类收集的基础上通过综合处理，实现垃圾减量化、无害化、资源化的思路，并建立起相当完备的垃圾分类收集处理技术体系。

随着国际垃圾处理技术的发展，中国城市生活垃圾处理技术也取得可喜的成就。生活垃圾收集、中转、运输技术与设备已日益成熟，逐步向产业化方向发展；堆肥处理技术与设备也基本成熟，具备了产业化条件；焚烧处理起步较晚，但发展较快，已在一些城市建立了垃圾发电厂，自有技术与设备的国产化水平不断提高；卫生填埋处理技术推广应用较快，但适合中国国情的（渗滤液）处理技术尚需探索。总体上看，我国城市生活垃圾资源化技术水平还较低，缺乏新工艺、新技术的综合开发和工程化经验。

本节主要介绍城市生活垃圾的分选、堆肥、热解、焚烧等城市垃圾的资源化利用方法。

一、城市生活垃圾的组成、收集与运输

（一）城市生活垃圾的组成

城市生活垃圾主要是指城市居民的生活垃圾、商业垃圾、建筑垃圾、粪便、污水处理厂的污泥等。

城市垃圾的组分大致可分为有机物、无机物和可回收废品几类。其中，富含有机物的垃圾主要为动植物性废弃物；富含无机物的垃圾主要为炉灰、庭院灰土、碎砖瓦等；可回收废品主要为金属、橡胶、塑料、废纸、玻璃等。近年来，由于能源结构和消费结构的变化，城市垃圾成分也有了根本的变化，垃圾中曾占很大比重的炉渣大为减少，而各类纸张或塑料包装物、金属、塑料、玻璃器以及废旧家用电器产品等大大增加。中国垃圾成分与工业发达国家的显著差别是：无机物多，有机物少，可回收的废品也少。随着经济的发展和居民生活方式的改善，在经济发展快、城市化水平高的地区（如北京、上海、广州、深

圳等），垃圾中的有机物、无机物的成分构成已呈现向国际大都市过渡的趋势。

（二）城市垃圾的收集与运输

由于产生垃圾的地点分散于每个街道、每幢住宅和每个家庭，而且垃圾的产生不仅有固定源；也有移动源。因此给垃圾收集工作带来许多困难。

城市垃圾的收集是一个复杂的系统工程。我国的做法是，商业垃圾及建筑垃圾原则上由单位自行清除；居民粪便的收集一般进入化粪池处理后进入污水处理厂；公厕粪便由环卫工人负责收集和运输。

生活垃圾的收集一般采用传统的方法，由垃圾发生源送到垃圾桶，统一由环卫工人将垃圾装车运到中转站，最后由中转站再运输到处理厂或填埋场进行处理。菜场、饮食业及大型团体产生的大宗生活垃圾则由各单位自设容器收集并送至中转站或处理场。为了改善环境卫生，有些城市或部分地区实行垃圾袋装化，然后投入垃圾箱由垃圾车运走。目前.个别城市正进行垃圾分装和上门收集的试验。医院垃圾则由医院自行焚烧处理，再送至处置场所。

随着废物处理场所日益远离市区，运输费用大幅度提高。为了减少长距离运输费用，应当对某些大块垃圾进行破碎与压实，以减少所占体积，减少运输车次，降低运输费用。垃圾破碎后，还有利于焚烧处理和生物分解等资源化利用。

国外正在采用建立垃圾转运站的办法。这种办法是将垃圾用清洁车运到转运站，经机械破碎、压实后，再换装大型卡车或拖车送到垃圾处理场。

部分国家，垃圾收集加工处理系统已经成为拥有现代化技术装备的重要工业部门。美国、英国、法国和瑞士等国，进行了垃圾分类收集的尝试，由居民从垃圾中分出玻璃、黑色金属、织物、废纸、纸板等。为此，曾使用专用箱，内盛装有不同垃圾的箱子，也用过不同色别的垃圾袋等。不同成分的垃圾装入容器后，分别直接运往垃圾处理厂。

目前比较先进的收集和运输垃圾的方法是采用管道输送。在瑞典、日本和美国，有的城市就是采用管道输送垃圾的，并已取消了部分垃圾车，这是最有前途的垃圾输送方法。预计今后集中的垃圾气流管道输送系统将取代住宅楼的普通垃圾管道。利用气流系统，可将垃圾从多层住宅楼运出 20 km 之外。

收集和输送垃圾的费用很大，发达国家目前已达到垃圾处理总费用的 80% 左右。运输费用与填埋、销毁或处理厂的距离成正比，由于处理场必须与居民区保持足够的距离，就必然会增加运费。但应看到，今后若采取垃圾分选的方法，需焚烧或运往处理厂的垃圾数量必将大为减少，故运输费用有降低的趋势。

二、城市垃圾的分选

城市垃圾中含多种可直接回收利用的有价组分，主要包括废纸、废橡胶、塑料、玻璃、纺织品、废钢铁与非铁金属等，可用适当的分选技术加以回收利用。但由于不同城市的垃圾，可回收利用组分的种类与数量不同，是否建立垃圾回收系统应事先通过技术经济评价决策。

我国南北地区气候、人们生活习惯、生活水平有一定的差异，导致生活垃圾的组分也有不同。尤其是垃圾的含水率，因此针对南北不同地区的垃圾，在同济大学与山东莱芜煤矿机械厂的共同合作下，设计了两套不同的垃圾分选处理系统。

用破包机将袋装化垃圾破包，然后进入振动筛筛分以使结团垃圾松散。垃圾松散后，通过皮带输送机输送进入人工分选工序，将纸张、塑料、玻璃、橡胶等成分挑选出来，以减轻后续工序的压力。在输送胶带的末端上方安装磁选设备以分离回收垃圾中的金属。

南方垃圾含水率高，垃圾在进入滚筒筛筛分前先要进行烘干处理，烘干设备的热源可使用热烟气，经过热交换以后的烟气必须进行处理才能排放。滚筒筛的孔径大小、数量以及筛分段数可根据具体需要确定。烘干垃圾经过滚筒筛一般分成三级，粒径最小的一级一般直接做水泥固化处理，中间粒级进行风选处理，粒径最大的一级则先进行人工手选，将厨余物、建筑垃圾与废纸、塑料等可回收废品分离，再进入风选。从风选出来的废纸、塑料、橡胶等成分可进行强力破碎，作为后续工艺的原料。

生活垃圾采用板式给料机给料，可使垃圾在胶带上输送时厚度基本均匀，便于人工分选。经过破包与人工分选后的垃圾磁选后直接进入滚筒筛，这是因为北方垃圾干燥，除了夏季以外，含水率都很低，没有必要进行烘干而直接可以用滚筒筛分选。分选后的粉煤灰与建筑垃圾可直接固化或用来制砖，厨余物可进行堆肥处理，纸张、塑料、橡胶等成分可进行强力破碎，提供后续工艺所需。

北方系统与南方系统相比，流程要简单得多，烘干装置与振动筛都可不用，其他设备相同。遇到夏季垃圾含水率高时，可将垃圾稍加处理，如可把大块的建筑垃圾挑选出来后直接堆肥，堆制完了以后，再对堆肥成品进行分选处理。

三、城市垃圾的堆肥化

堆肥化是依靠自然界广泛分布的细菌、放线菌、真菌等微生物，有控制地促进可被生物降解的有机物向稳定的腐殖质转换的生物化学过程。

废物经过堆肥化处理的产物称为堆肥。它是一类腐殖质含量很高的疏松物质，也称为"腐殖土"。废物经过堆肥处理，体积一般只有原体积的 50% ~ 70%。通常把城市垃圾的堆肥化简称为堆肥。

堆肥是城市生活垃圾处理的四大技术之一。城市生活垃圾进行堆肥处理，其中的有机可腐物转化为土壤需要的有机营养土或腐殖质。这样不仅能有效地解决城市生活垃圾的出路，同时也为农业生产提供了适用的腐殖土，维持了自然界的良性物质循环。因此，利用堆肥技术处理城市生活垃圾受到了世界各国的重视。

目前，堆肥处理的主要对象是城市生活垃圾、污水处理厂污泥、人畜粪便、农业废弃物、食品加工业废弃物等。

堆肥按过程的需氧程度可分为好氧堆肥和厌氧堆肥。现代化堆肥工艺特别是城市垃圾堆肥工艺，大多是好氧堆肥。好氧堆肥系统温度一般为 50~65℃，最高可达 80~90℃。堆制周期短，也称为高温快速堆肥。厌氧法堆肥工艺的堆制温度低，工艺简单，成品堆肥中氮素保留比较多。但堆制周期长，需 3~12 个月，且异味浓烈，分解不够充分。

（一）好氧堆肥

好氧堆肥是在有氧的条件下，借好氧微生物的作用来进行的有机废物生物稳定作用过程。在堆肥过程中，有机废物中的可溶性有机物质被微生物直接吸收；固体的和胶体的有机物被生物所分泌的酶分解为可溶性物质后吸收。微生物通过自身的生命活动——氧化还原和生物合成过程，把一部分吸收的有机物氧化成简单的无机物，并释放出微生物生长、活动所需要的能量；把另一部分有机物转化合成新的细胞物质，使微生物生长繁殖，产生更多的生物体。

在堆肥过程中，有机质生化降解会产生热量，如果这部分热量大于堆肥向环境的散热，堆肥物料的温度则会上升。此时，热敏感的微生物就会死亡，耐高温的细菌就会快速地生长、大量地繁殖。根据堆肥的升温过程，可将其分为三个阶段，即中温阶段（也称起始阶段）、高温阶段和腐熟阶段。

在中温阶段，嗜温细菌、放线菌、酵母菌和真菌分解有机物中易降解的葡萄糖、脂肪和碳水化合物，分解所产生的热量又促使堆肥物料温度继续上升。当温度升到 40~50℃时，则进入堆肥过程的第二阶段——高温阶段。此时，堆肥起始阶段的微生物就会死亡，取而代之的是一系列嗜热性微生物，它们生长所产生的热量又进一步使堆肥温度上升到 70℃。在温度为 60~70℃的堆肥中，除一些孢子外，所有的病原微生物都会在几小时内死亡。当有机物基本降解完时，嗜热性微生物就会由于缺乏适当的养料而停止生长，产热也随之停止，而堆肥温度就会由于散热而逐渐下降。此时，堆肥过程就进入第三阶段——腐熟阶段。在冷却后的堆肥中，一系列新的微生物（主要是真菌和放线菌），将借助于残余有机物（包括死掉的细菌残体）而生长，最终完成堆肥过程。因此，可以认为堆肥过程就是细菌生长、死亡的过程，也是堆肥物料温度上升和下降的动态过程。根据堆肥温度变化情况，可将堆肥过程划分为如前所述的三个阶段，即起始温度阶段（温度由环境温度到 40~50℃，时间为堆肥后 40 h 左右），高温阶段（温度在 50～70℃，时间为堆肥后的 40～80 h），腐熟阶段（或冷却阶段，时间在堆肥 80 h 以后）。

可见，堆肥过程就是堆肥物料在通风条件下，微生物对物料中有机质进行生物降解的过程。因此，堆肥过程的关键就是如何更好地满足微生物生长和繁殖所必需的条件要素。其主要条件有供氧量、含水量、碳氮比、碳磷比等。

好氧堆肥的方法有间歇式堆积法和连续堆制法。中国应用较多的是间歇式堆积法。

（二）厌氧发酵

通过厌氧微生物的生物转化作用，将垃圾中大部分可生物降解的有机质分解，转化为能源产品———沼气（CH_4）的过程，称为厌氧发酵。它是城市垃圾资源化的又一重要途径。

有机物厌氧发酵依次分为液化、产酸、产甲烷三个阶段，每一阶段各有其独特的微生物类群起作用。

液化阶段起作用的细菌称为发酵细菌。包括纤维素分解菌、脂肪分解菌、蛋白质水解菌。在这一阶段，发酵细菌利用胞外酶对有机物进行体外酶解，使固体物质变成可溶于水的物质。然后，细菌再吸收可溶于水的物质，并将其降解为不同产物。

产酸阶段起作用的细菌是醋酸分解菌。在这一阶段产氢、产醋酸细菌把前一阶段产生的一些中间产物丙酸、丁酸、乳酸、长链脂肪酸、醇类等进一步分解成醋酸和氢。

在产甲烷阶段起作用的细菌是甲烷细菌。在这一阶段，甲烷菌利用 H_2/CO_2、醋酸以及甲醇、甲酸、甲胺等碳一类化合物为基质，将其转化成甲烷。

影响厌氧发酵的主要因素有厌氧条件、温度、pH、添加剂和有毒物质、接种物、原料配比以及搅拌程度。

厌氧发酵装置主要有浮罩式沼气池和水压式沼气池。

需要明确指出的是，中国现行的一些原生垃圾堆肥工艺由于在堆肥产品中含有大量的无机成分以及重金属成分；使得堆肥产品销路不佳，甚至导致生产的停滞，其根本原因是中国生活垃圾的混合收集方法以及分选工艺的落后。借鉴国外经验，发展垃圾的分类收集体制和改进分选工艺，不仅可以回收大量的资源，而且可以生产出高质量的堆肥产品。

（三）工程实例

堆肥化技术具有悠久的历史。早在几个世纪以前，世界各地的农村就使用秸秆、落叶和动物粪便等堆积在一起进行发酵获得堆肥。20 世纪 70 年代以来，现代化堆肥得到了巨大的发展。在许多国家开发了系列化的堆肥设备，大大促进了城市垃圾堆肥技术的发展。

四、城市垃圾的热解

热解又叫干馏，是利用有机物的不稳定性，在无氧或缺氧条件下使有机物受热分解成分子量较小的气态、液态和固态物质的过程。固体废物中的能量以上述物质的形式储存起来，成为可储藏、运输的有价值的燃料。由于热解法有利于资源的回收利用，它的研究和应用在20世纪70年代以来得到快速发展。在德国、美国，相继建立了废塑料热解制油以及城市固体废物热解造气的热解厂。城市生活垃圾、污泥、工业废物，如塑料、树脂、橡胶以及农业废料、人畜粪便等各种固体废物都可以采用热解的方法，从中回收燃料。

固体废物热解是一个复杂的、连续的化学反应过程，在反应中包含着复杂的有机物断键、异构化等化学反应。在热解过程中，其中间产物存在两种变化趋势，一方面由大分子变成小分子直至气体的裂解过程，另一方面又由小分子聚合成较大分子的聚合过程。

热解过程产生可燃气量大，特别是温度较高情况下，废物有机成分的50%以上都转化成气态产物。这些产品以 H_2、CO、CH_4、C_2H_6 为主，其热值高达 $6.47 \times 10^3 \sim 1.02 \times 10^4 kJ/kg$。除少部分气体供给热解过程本身所需的热量外，大部分气体成为有价值的可燃气产品。

固体废物热解后，减容量大，残余炭渣较少。这些炭渣化学性质稳定，含碳量高，有一定热值，一般可用做燃料或道路路基材料、混凝土骨料、制砖材料。纤维类废物（木屑、纸）热解后的渣，还可经简单活化制成中低级活性炭，用于污水处理等。

热解过程的关键影响因素有温度、加热速率、保温时间，每个因素都直接影响热解产物的成分和产量。另外，废物的成分、反应器的类型及空气供氧程度等，都对热解反应过程产生影响。

有关城市垃圾热解的研究中，美国和日本结合本国城市垃圾的特点，开发了许多工艺流程，有些已达实用阶段。目前有移动床热分解法、双塔循环式流动床法、管型瞬间热分解法、回转窑热解法、高温熔融热分解及纯氧高温热分解等多种工艺流程和装置。由于垃圾组分的不同，有些流程在美国实用，但对日本不适用。同样，中国的城市垃圾成分又不同于美国和日本，这些工艺过程能否用于中国还有待研究。

五、城市垃圾的焚烧

焚烧是一种热化学处理方法。垃圾焚烧是实现垃圾无害化和减量化的重要途径，自20世纪以来不少国家即采用焚烧方法处理垃圾。目前全世界已拥有近2 000多座现代化垃圾焚烧厂，其中仅日本就有300多座、美国有200多座、西欧各国利用垃圾焚烧热能的工厂近200座。统计表明，垃圾焚烧装置大多集中在发达国家，一方面与其工业科学技术水平、经济实力有关，另一方面也与垃圾的组成成分有关。

众所周知，许多固体废物含有潜在的能量可通过焚烧回收利用。固体废物经过焚烧，一般体积可减少80%~90%；在一些新设计的焚烧装置中，焚烧后的废物体积只是原体积的5%或更少。一些有害固体废物通过焚烧，可以破坏其组成结构或杀灭病原菌，达到解毒、除害的目的。所以，可燃固体废物的焚烧处理，能同时实现减量化、无害化和资源化，是一条重要的有机固体废物处理处置途径。

一般情况下，低位发热量小于 3 300 kJ/kg 的垃圾属于低发热量垃圾，不适宜焚烧处理；低位发热量介于 3 300～5 000 kJ/kg 的垃圾为中发热量垃圾，适宜焚烧处理；低位发热量大于 5 000 kJ/kg 的垃圾属于高发热量垃圾，适宜焚烧处理并回收其热能。所谓低位发热量，就是物料完全氧化燃烧放出的热量（也称高位发热量），扣除物料中水分的汽化热后剩余的热量。

城市垃圾经过焚烧处理，其主要有机有害组成（POHC）的破坏去除率（DRE）要达到 99.99% 以上。

城市垃圾从送入焚烧炉起，到形成烟气和固态残渣的整个过程，可总称为城市垃圾焚烧过程。它包括了三个阶段：第一阶段是物料的干燥加热阶段；第二阶段是焚烧过程的主阶段——真正的燃烧过程；第三阶段是燃烬阶段，即生成固体残渣的阶段。对混合垃圾之类的焚烧过程来说，三个阶段并非界限分明。从炉内实际过程看，送入的垃圾有的物质还在预热干燥，有的物质已开始燃烧，甚至已燃烬了。对同一物料来讲，物料表面已进入了燃烧阶段，而内部还在加热干燥。这就是说上述三个阶段是焚烧过程的必由之路，其焚烧过程与实际工况将更为复杂。

影响城市垃圾焚烧效果的主要因素有：垃圾的性质、焚烧温度、停留时间、搅拌程度、过剩空气系数。

废物焚烧必须在焚烧设备内进行。常用的焚烧处理设备有流化床焚烧炉、多膛式焚烧炉、转窑式焚烧炉以及敞开式焚烧炉。

焚烧过程，特别是有害废物的焚烧过程，必然会产生大量排放物。主要有两种：一是烟气，二是残渣。烟气中可能含有粉尘、酸性气体、重金属污染物、有机污染物（二恶英）等污染物质，如果不经过净化处理排放，必然导致二次污染。烟气净化的内容主要是除臭、除酸和除尘。除臭就是去除焚烧产生的特殊气味，包括垃圾厌氧发酵产生的臭气和不完全燃烧产生的烃类、芳香族类物质；除酸就是去除焚烧产生的 NOX、SOX、H_2S、HCl 等酸性气体；除尘就是去除烟气中的颗粒物。

焚烧过程产生的残渣（炉渣）一般为无机物，它们主要是金属的氧化物、氢氧化物和碳酸盐、硫酸盐、磷酸盐以及硅酸盐。大量的炉渣特别是含重金属化合物的炉渣，对环境造成很大的危害。许多国家都对残渣进行填埋或固化填埋的处理。由于土地有限，且残渣中含有可利用的物质，美、日、俄等国将焚烧残渣作为资源开发利用，从中回收有用物质。

目前，世界上有许多垃圾焚烧发电厂在运行。其中，法国约 300 座、日本 102 座、美国 90 座、德国 50 余座。我国自 1988 年在深圳投产第一个垃圾焚烧发电厂以来，广州、珠海、上海、浙江、北京等地都在兴建或筹建大型垃圾焚烧厂。垃圾焚烧发电是垃圾处置及资源化利用的重要发展方向。

第五章　清洁生产与循环经济

近几十年来，中国的经济发展取得了举世瞩目的成就，GDP 增长速度位居世界前列。但是，在这种连年的高速增长中存在着相当多的隐忧，正面临着来自资源和环境的严重挑战。从长远来看，这样的发展是不可持续的。20 世纪 90 年代以来，以淮河污染、黄河断流、长江洪水以及北方的沙尘暴为代表的频频发生的环境事件突显了我国的生态脆弱性。随着人口趋向高峰，不少国内外学者预测，21 世纪的前 20～30 年将是中国发展道路上的一段"窄路"。在此期间，耕地减少、用水紧张、粮食缺口、能源短缺、环境污染加剧、矿产资源不足等不可持续因素造成的压力将进一步增加，其中有些因素将逼近极限值。面对名副其实的生存威胁，推行清洁生产和循环经济是克服我国可持续发展"瓶颈"的唯一选择。

第一节　概　论

一、清洁生产的由来及概念

（一）清洁生产的由来

19 世纪工业革命以来，世界经济得到迅速发展。20 世纪的科技进步极大地提高了社会生产力，人类征服自然和改造自然的能力大大增强，创造了人类前所未有的物质财富。但传统的工业是追求高投入与高产出为目标的单向的线型经济发展模式，其结果是资源利用率低、排放物高和污染大。资源过度地被消耗，环境越来越遭到破坏，人类赖以生存的生态系统受到严重威胁。20 世纪中期出现的"八大公害事件"就是有力的说明。虽然从 20 世纪 70 年代开始人类采取了一些治理措施，但最终发现虽投入了大量的人力、物力和财力，治理效果并不理想，20 年来的"新十大公害事件"再次给人类敲响了警钟。工业生产也面临丧失发展后劲的威胁。这就是"繁荣的代价"。

人们逐渐意识到单纯就环境论环境，就污染治污染，永远也不能解决环境与经济、社会发展的矛盾，寻求有效的新的生产和生活方式迫在眉睫。在此背景下，"清洁生产"这个概念开始进入生产和生活领域。

清洁生产起源于 20 世纪 60 年代美国化工行业的污染预防审计。清洁生产概念最早出现于 1976 年的 11～12 月间欧洲共同体在巴黎举行的"无废工艺和无废生产的国际研讨会"，提出"协调社会和自然的相互关系应主要着眼于消除造成污染的根源"的思想。美国和欧洲等工业发达国家从 1987 年至 1990 年相继开展了源头控制、预防污染的环保政策讨论。1984 年欧洲经济委员会在塔什干召开的国际会议上提出了"无废工艺"；美国环保局在 1984 年提出了"废物最少化"；1990 年又颁布了《污染预防法》，提出："通过源削减和环境安全的回收利用来减少污染物的数量和毒性，从而达到污染控制的要求。"对环境政策的讨论和实践，使人们认识到，通过污染预防和废物的源削减，要比在废物产生后再进行治理有着更显著的经济与环境效益。

1989 年，联合国环境规划署工业与环境规划活动中心（UNEP/PAC）综合各国的预防污染的研究成果，提出了"清洁生产"的概念，并将其定义为："清洁生产是指将综合性、预防污染的环境战略持续地应用于生产过程、产品和服务中，以提高效率和降低对人类和环境的危害。"清洁生产是环保战略由被动走向主动的一种转变，清洁生产的要求是在可持续的工业发展观的推动下产生的。至此，一种新的预防污染的战略——"清洁生产"诞生了，并在 1992 年的巴西"环境与发展"大会上，作为可持续发展的战略之一，得到了各国政府认可。

从"清洁生产"概念的产生历程可推出一个结论——清洁生产是人类社会必然而明智的选择。

（二）清洁生产的概念及内容

清洁生产在不同的地区和国家有许多不同而相近的提法。如欧洲国家有时称之为"少废无废工艺""无废生产"；日本多称"无公害工艺"；美国则称之为"废料最少化""污染预防""减废技术此外，还有"绿色工艺""生态工艺""再循环"等叫法。这些不同的提法实际上描述了清洁生产概念的不同方面，我国以往比较通行"无废工艺"的提法。

清洁生产虽然已成为环保和节能减排领域的一个研究热点，但至今还没有一个完全统一、完整的定义。另外，清洁生产是一个相对的、抽象的概念，没有统一的标准。因此，清洁生产的概念将随经济的发展和技术的更新而不断完善，达到新的更高、更先进水平。目前，比较权威的定义是联合国环境规划署在 1996 年提出的清洁生产的概念，即清洁生产是指将整体预防的环境战略持续应用于生产过程、产品和服务中，以期增加生态效率并减少对人类和环境的风险。

对于产品，清洁生产指降低产品整个生命周期（包括从原材料的生产到生命终结的处置）对环境的有害影响。

对于生产过程，清洁生产意味着节约原材料和能源，取消使用有毒原材料，在生产过程排放废物之前降低废物的数量和毒性。

对于服务，清洁生产指将预防性的战略结合到服务的设计和提供活动中。

显然在清洁生产概念中包含了四层含义：

第一，清洁生产的目标是节省能源、降低原材料消耗、减少污染物的产生量和排放量；

第二，清洁生产的基本手段是改进工艺技术、强化企业管理，最大限度地提高资源、能源的利用水平和改变产品体系、更新设计观念、争取废物最少排放及将环境因素纳入服务中去；

第三，清洁生产的方法是排污审计，即通过审计发现排污部位、排污原因，并筛选消除或减少污染物的措施及产品生命周期分析；

第四，清洁生产的终极目标是保护人类与环境，提高企业自身的经济效益。

清洁生产的内容主要包括：①清洁能源。包括开发节能技术，尽可能开发利用再生能源以及合理利用常规能源。②清洁生产过程。包括尽可能不用或少用有毒有害原料和中间产品。对原材料和中间产品进行回收，改善管理、提高效率。③清洁产品。包括以不危害人体健康和生态环境为主导因素来考虑产品的制造过程甚至使用之后的回收利用，减少原材料和能源使用。

二、清洁生产的意义及在国内的发展

（一）清洁生产的意义

清洁生产作为一种全新的发展战略，是可持续发展理论的实践。对保证环境与经济的协调发展，实施清洁生产具有重大的意义。

1.开展清洁生产是控制环境污染的有效手段

清洁生产彻底改变了过去被动的、滞后的污染控制手段，强调在源头和污染产生之前就予以削减，即在产品及其生产过程并在服务中减少污染物的产生和对环境的不利影响。清洁生产的减污活动具有主动性，经国内外的许多实践证明，具有效率高、能带来可观的经济效益、容易为企业接受等特点。

2.开展清洁生产可大大减轻末端治理的负担

末端治理作为目前国内外控制污染最重要的手段，为保护环境起到了极为重要的作用。然而，随着工业化发展速度的加快，末端治理这一污染控制的传统模式显露出多种弊端。第一，末端治理设施投资大、运行费用高，造成企业成本上升，经济效益下降；第二，末端治理存在污染物转移等问题，不能彻底解决环境污染；第三，末端治理未涉及资源的有效利用，不能制止自然资源的浪费。而清洁生产从根本上抛弃了末端治理的弊端，它通过生产全过程控制，减少甚至消除污染物的产生和排放。这样，不仅可以减少末端治理设施的建设投资，降低其日常运转费用，也大大减轻了工业企业的负担。

3.开展清洁生产是提高企业市场竞争力的最佳途径

实现经济、社会和环境效益的统一，提高企业的市场竞争力，是企业的根本要求和最终归宿。开展清洁生产的本质在于实行污染预防和全过程控制，它将给企业带来不可估量的经济、社会和环境效益。

清洁生产是一个系统工程。它提倡通过工艺改造、设备更新、废弃物回收利用等途径，实现"节能、降耗、减污、增效"，从而降低生产成本，提高企业的综合效益。同时它也强调提高企业的管理水平，提高包括管理人员、工程技术人员、操作工人在内的所有员工在经济观念、环境意识、参与管理意识、技术水平、职业道德等方面的素质。另外，清洁生产还可有效改善操作工人的劳动环境和操作条件，减轻生产过程对员工健康的影响，为企业树立良好的社会形象，促使公众对其产品的支持，提高企业的市场竞争力。

（二）清洁生产在中国的发展与应用

自 1992 年联合国环境规划署在厦门举办清洁生产培训班，首次将清洁生产理念引入中国，清洁生产就在中国开花结果。20 年来清洁生产在中国飞速发展，主要取得了如下成果。

1.组建了较健全的清洁生产机构

2002 年颁布的《中华人民共和国清洁生产促进法》中明确了清洁生产的主管部门，规定国务院经济贸易行政主管部门负责组织、协调全国的清洁生产促进工作。国务院环境保护、计划、科学技术、农业、建设、水利和质量技术监督等行政主管部门，按照各自的职责，负责有关的清洁生产促进工作。但随后的机构改革使承担清洁生产组织、协调职能的经济贸易主管部门几经变更，工业和通信业清洁生产职责也已划入工信部职责范围。

1995 年成立了环境保护部清洁生产中心，其后陆续建立了几十个清洁生产行业中心和地方中心。国家发展和改革委员会、环境保护部在 2007 年 1 月 22 日公布了第一批国家清洁生产专家库专家名单，各省也陆续公布了本省的清洁生产专家库专家名单。

2.清洁生产培训体系不断完善

加大清洁生产培训和宣传力度，提高清洁生产领域从业人员的业务素质。如国家清洁生产中心每年都举办国家清洁生产审核师和政府清洁生产管理人员的培训，前者经培养考试合格后发给合格证书，全国通用，作为清洁生产审核的从业资格。近年来，全国累计对25 015 家工业企业有关人员进行培训。2001 年至 2009 年，全国举办了 276 期"国家清洁生产审核师培训班"，培训人员近 15 万人，强化了从业人员的队伍建设。各地也普遍举办各类清洁生产培训班，每年培训人员超过 5 万人次。

3.逐步建立了清洁生产技术支撑体系

环境保护部发布了 54 个行业清洁生产标准，并将新扩建项目是否符合国家产业政策和清洁生产标准作为环评审查的内容；国家发展和改革委员会先后发布了煤炭、火电、钢铁、氮肥、电镀、铬盐、印染、制浆造纸等 45 个行业的清洁生产评价指标体系；原国家经济贸易委员会先后分三批公布《淘汰落后生产能力、工艺和产品的目录》，计 353 项；国家发展和改革委员会、环境保护部先后分三批公布《国家重点行业清洁生产技术导向目录》，共 141 项清洁生产技术。这些清洁生产技术经过生产实践证明，具有明显的环境效益、经济效益和社会效益，可以在本行业或同类性质生产装置上推广应用，并出版发行了《企业清洁生产审核手册》。

4.逐步完善了清洁生产政策法规体系

《中华人民共和国固体废物污染防治法》《中华人民共和国大气污染防治法》和《中华人民共和国水污染防治法》均明确规定，国家鼓励、支持开展清洁生产，减少污染物的产生量；2002 年颁布《中华人民共和国清洁生产促进法》，2004 年颁布《清洁生产审核暂行办法》；2005 年颁布《重点企业清洁生产审核程序的规定》；环境保护部组织编制了2010 年度《国家先进污染防治示范技术名录》和《国家鼓励发展的环境保护技术目录》。目前，全国有 3 个省市出台了《清洁生产促进条例》；20 多个省（区、市）印发《推行清洁生产的实施办法》；30 个省（区、市）制定了《清洁生产审核实施细则》；22 个省（区、市）制定了《清洁生产企业验收办法》。

5.在企业进行清洁审计全面实施

全国公布的应当实施清洁生产审核的重点企业数量从 2004 年的 117 家增加到 2008 年的 2 789 家，开展清洁生产审核的重点企业数量从 77 家增加到 2 027 家。据不完全统计，2003 年至 2009 年全国共有 12 650 家工业企业自愿开展清洁生产审核，在此期间，全国工业企业清洁生产项目累计削减化学需氧量 227 万 t、二氧化硫 71.2 万 t、氨氮 5.1 万 t，节水 118 亿 t，节能 4932 万 t 标煤。

6.积极开展清洁生产的国际合作

我国第一个清洁生产项目是世界银行资助的原国家环保总局的"推进中国清洁生产"项目，该项目总金额达 640 万美元，从 1994 年起，发达国家、欧盟、世界银行、亚洲开发银行和联合国等资助我国推进清洁生产的项目不断增加。

三、清洁生产与循环经济

清洁生产与循环经济两者之间究竟有什么关系呢？对这个问题如果没有清楚的认识，就会造成概念的混乱，实践的错位。既冲击清洁生产的实施，也不利于循环经济的健康展开。

第二节 清洁生产的评价、审核和实施途径

清洁生产的评价和审核是一种全新的污染防治战略。清洁生产评价是通过对企业的原材料的选取、生产过程到产品服务的全过程进行综合评价，判断出企业清洁生产总体水平以及主要环节的清洁生产水平，并针对清洁水平较低的环节提出相应的清洁生产对策和措施。清洁生产审核是按照一定的程序，对生产和服务过程进行调查和诊断，找出能耗高、物耗高、污染重的原因，提出减少有毒有害物料的使用、产生，降低能耗、物耗以及废物产生的方案，进而选定技术经济及环境可行的清洁生产方案的过程。

一、清洁生产的评价内容与评价指标体系

清洁生产的评价内容包括清洁原材料评价、清洁工艺评价、设备配置评价、清洁产品评价、二次污染和积累污染评价、清洁生产管理评价和推行清洁生产效益和效果评价，而这些内容主要通过清洁生产评价指标体现出来。

清洁生产评价指标具有标杆的功能，提供了一个清洁生产绩效的比较标准，是对清洁生产技术方案进行筛选的客观依据。清洁生产技术方案的评价，是清洁生产审计活动中最为关键的环节。由于各个行业的特点不同，实际应用的是清洁生产评价指标体系，是由相互联系、相对独立、互相补充的系列清洁生产评价指标所组成的，包括定量评价指标和定性评价指标，也可分为一级评价指标（具有普适性、概括性的指标）和二级评价指标（代表行业清洁生产特点的、具体的、可操作的、可验证的指标），也可根据行业自身特点设立多项指标。国家发展和改革委员会先后发布了钢铁行业等 45 个行业的清洁生产评价指标体系。

二、企业清洁生产水平的评价

根据清洁生产的原则要求和指标的可度量性，清洁生产评价指标体系分为定量评价和定性要求两部分。定量评价指标选取了有代表性的、能反映"节能""降耗""减污"和"增效"等有关清洁生产最终目标的指标，建立评价模式。通过对各项指标的实际达到值、评价基准值和指标的权重值进行计算和评分，综合考评企业实施清洁生产的状况和企业清洁生产程度；定性评价指标主要根据国家有关推行清洁生产的产业发展和技术进步政策、资源环境保护政策规定以及行业发展规划选取，用于定性考核企业对有关政策法规的符合性及其清洁生产工作实施情况，按"是"或"否"两种选择来评定，选择"是"即得到相应的分值，选择"否"则不得分。在定量评价指标体系中，各指标的评价基准值是衡量该项指标是否符合清洁生产基本要求的评价基准；评价指标的权重值由该项指标对清洁生产

水平的影响程度及其实施的难易程度确定，应在行业清洁生产评价标准中统一确定，该值反映了该指标在整个清洁生产评价指标体系中所占的比重。

三、清洁生产审核

最有效的清洁生产措施是源头削减，即在污染发生之前消除或削减污染，这样会以较低的成本而取得较好的效果。而要达到该目标就必须搞清废物和排放物的起因和起源。企业在筹划、实施清洁生产之前，应对整个生产过程进行清洁生产审核，找出问题，以便针对性改正。

（一）清洁生产审核的定义

清洁生产是一种高层次的带有哲学性和广泛适用性的战略，清洁生产审核是一种在企业层次操作的环境管理工具，即审核的对象为企业。它是指按照一定程序，对生产和服务过程进行调查和诊断，找出能耗高、物耗高、污染重的原因，提出减少有毒有害物料的使用、产生，降低能耗、物耗以及废物产生的方案，进而选定技术经济及环境可行的清洁生产方案的过程。也就是说清洁生产审核由两部分（审和核）组成，"审"主要是列出企业物耗、能耗、水耗清单及污染源、有毒有害物清单，审查其产生部位、产生原因及与国家的法规是否符合；"核"主要是表现为清洁生产方案的实施效果的跟踪与验证。

（二）清洁生产审核的思路

通过现场调查和物料平衡、水平衡、能量平衡就能在生产过程中找到废弃物产生的部位及确定数量。在分析原因、寻找清洁生产方案时，一般要从八个方面加以考虑。再通过分析结果，设计相应的清洁生产方案，进行可行性分析。最终通过实施方案达到节能、降耗、减轻和清除污染的目标。

1.原辅材料和能源

由原材料和辅助材料本身所具有的特性，选择对环境无害的原辅材料是清洁生产所要考虑的重要方面。

2.技术工艺

生产过程的技术工艺水平基本决定了废弃物的产生量和状态，结合技术改造来预防污染是实现清洁生产的一条重要途径。

3.设备

设备的适用性及其维护、保养等均会影响到废弃物的产生。

4.过程控制

过程控制中反应参数是否处于受控状态并达到优化水平或工艺要求，对产品的得率及废弃物的产生量具有直接的影响。

5.产品

产品本身的要求决定了生产过程。产品性能、种类和结构等的变化往往要求生产过程做出相应的改变和调整，因而影响废弃物的种类和数量。

6.废弃物

废弃物本身具有的特性和所处的状态直接关系到它是否可回收利用和循环使用。

7.管理

加强管理是企业发展的永恒主题，任何管理上的松懈都会影响到废弃物的产生。

8.员工

主要从人的素质和参与角度上讲。缺乏专业技术人员、熟练工和优良管理人员及员工缺乏积极性、责任心和进取精神都可导致废弃物的增加。

（三）清洁生产审核的作用

对于企业，通过实施清洁生产审核，可以实现以下目的：

第一，确定企业有关单元操作、原材料、产品、用水、能源和废弃物的资料；

第二，确定企业废弃物的来源、数量以及类型，确定废弃物削减目标，制定经济有效的削减废弃物产生的对策；

第三，提高企业对由削减废弃物获得环境和经济效益的认识和知识；

第四，判定企业效率低下的瓶颈部位和管理不善的地方；

第五，提高企业的管理水平、产品和服务质量；

第六，帮助企业环境达标，减少环境风险，加强社会责任感。

（四）清洁生产审核的类型

"清洁生产审核应当以企业为主体，遵循企业自愿审核与国家强制审核相结合，企业自主审核与外部协助审核相结合的原则，因地制宜，有序开展，注重实效。"因此清洁生产审核分为自愿性和强制性审核。

1.自愿性清洁生产审核

污染物排放达到国家或者地方排放标准的企业，可以自愿组织实施清洁生产审核，提出进一步节约资源、削减污染物排放量的目标。

清洁生产审核以企业自行开展组织为主。不具备独立开展清洁生产审核能力的企业，可以委托行业协会、清洁生产中心、工程咨询单位等咨询服务机构协助组织开展清洁生产审核。

2.强制性清洁生产审核

《中华人民共和国清洁生产促进法》（2012版）第二十七条第三款规定："污染物排放超过国家或者地方规定的排放标准或者超过经有关地方人民政府核定的污染物排放总

量控制指标的企业，应当实施清洁生产审核"、"使用有毒、有害原料进行生产或者在生产中排放有毒、有害物质的企业，应当定期实施清洁生产审核，并将审核结果报告所在地的县级以上地方人民政府环境保护行政主管部门和经济贸易行政主管部门"。根据上述要求，以下三类企业必须实施清洁生产审核。

第一，污染物排放超过国家和地方规定的排放标准或者超过经有关地方人民政府核定的污染物排放总量控制指标的企业，即超标排污企业；

第二，使用有毒、有害原料进行生产的企业；

第三，在生产中排放有毒、有害物质的企业。

有毒有害原料或者物质主要指《危险货物品名表》《危险化学品名录》《国家危险废物名录》和《剧毒化学品目录》中的剧毒、强腐蚀性、强刺激性、放射性（不包括核电设施和军工核设施）、致癌、致畸等物质。

（五）清洁生产审核的程序

企业清洁生产审核包括以下六个阶段，各阶段主要内容和产出。

（六）清洁生产审核的特点

进行企业清洁生产审核是推行清洁生产的一项重要措施，它从企业的角度出发，通过一套完整的程序来达到预防污染的目的，具备以下特点。

第一，具有鲜明的目的性。清洁生产审核特别强调节能、降耗、减污和增效，并与现代企业的管理要求一致。

第二，具有系统性。清洁生产审核是一套系统的、逻辑缜密的审核方法。

第三，突出预防性。清洁生产审核的目的就是减少废弃物的产生，从源头开始在生产过程中削减污染，从而达到预防污染的目的，这个思想贯穿在整个审核过程中。

第四，符合经济性。污染物一经产生需要花费很高的代价去收集、处理和处置它，使其无害化，这也就是末端处理费用高，往往许多企业难以承担的原因，而清洁生产审核倡导在污染物产生之前就予以削减，不仅可减轻末端处理的负担，同时污染物在其成为污染物之前就转化成有用的原料，这相当于增加了产品的产量和生产效率。

第五，强调持续性。清洁生产审核十分强调持续性，无论是审核重点的选择还是方案的滚动实施体现了从点到面、逐步改善的持续性原则。

第六，注重可操作性。清洁审核最重要的特点是能与企业的实际生产过程和具体情况相结合。

四、清洁生产的实施途径

清洁生产是一个系统工程，是对生产全过程及产品的整个生命周期采取污染预防的综合措施，既涉及生产技术问题，又涉及管理问题。而工业生产过程千差万别，生产工艺繁简不一。因此应从各行业的特点出发，在产品设计、原料选择、工艺流程、工艺参数、生产设备、操作规程等方面分析生产过程中减污增效的可能性，寻找清洁生产的机会和潜力，促进清洁生产的实施。目前实施清洁生产的途径很多，概括起来主要的途径有以下几种：

第一，合理布局，调整和优化经济结构和产业产品结构，以解决影响环境的"结构型"污染和资源能源的浪费。同时，在科学规划和地区合理布局方面，进行生产力的科学配置，组织合理的工业生态链，建立优化的产业结构体系，以实现资源、能源和物料的闭合循环，并在区域内削减和消除废物。

第二，在产品设计生产和原料选择时，优先选择无毒、低毒、少污染的原辅材料替代原有毒性较大的原辅材料。同时开发、生产绿色环保的清洁产品，以防止原料及产品对人类和环境的危害。

第三，改革工艺和设备。采用能够使资源和能源利用率高、原材料转化率高、污染物产生量少的新工艺和设备，代替资源浪费大、污染严重的落后工艺设备。优化生产程序，减少生产过程中资源浪费和污染物产生，尽最大努力实现少废或无废生产。

第四，资源的综合利用。节约能源和原材料，提高资源利用水平和转化水平，做到物尽其用，以减少废弃物的产生。同时尽可能多地采用物料循环利用系统，特别是组织厂内和厂际间的物料循环，对废弃物实行资源化、减量化和无害化处理，减少污染物排放。

第五，依靠科技进步，提高企业技术创新能力。开发、示范和推广无废、少废的清洁生产技术装备。加快企业技术改造步伐，提高工艺技术装备和水平，通过重点技术进步项目（工程），实施清洁生产方案。

第六，加强管理，改进操作。实践表明，工业污染有相当一部分是由于生产过程管理不善造成的，只要改进操作，加强管理，用较低的花费，便可获得明显的削减废物和减少污染的效果。如落实岗位和目标责任制，杜绝生产过程中的"跑、冒、滴和漏"，防止生产事故，使人为的资源浪费和污染排放量减至最小；加强设备管理，提高设备完好率和运行率；开展物料、能量流程审核；科学安排生产进度，改进操作程序；组织安全文明生产，把绿色文明渗透到企业文化之中等。

第七，必要的末端处理。清洁生产是一个相对的概念，在现有的技术水平和经济发展水平条件下，实现完全彻底的无废生产和零排放，还是较为困难的，因此有时不可避免地会产生一些废弃物，对这些废弃物进行必要的处理和处置是必需的。但要区分此处的末端处理与传统概念中的末端处理是不同的，前者只是一种采取其他预防措施之后的最后把关措施，而后者在处理废物上一直处于首要地位。

第三节　循环经济

资源环境对经济发展约束的加剧，使传统经济发展模式面临增长的极限。循环经济应时而生，在国际社会迅速而蓬勃地发展起来。

一、循环经济的起源

（一）传统经济发展模式的增长极限

经济增长通常是指在一个较长的时间跨度上，一个国家人均产出（或人均收入）水平的持续增加。经济增长是否有极限在经济学界还是一个存在争议的问题。美国经济学家梅多斯在 1972 年通过用电子计算机分析影响经济增长的五个因素（即人口增长、粮食供应、资本投资、环境污染和能源消耗）后，在《经济增长极限》一书中提出，经济增长极限理论。而经济增长从物质形态来说无非就是对已有的物质形态加以转换，使其更适于人生存的目的。地球的资源与环境承载力是有限度的，这就决定了经济增长的最大极限。

传统经济发展模式是工业文明以来的"资源—生产—消费—废弃物排放"的单向线性物质流动的经济模式。该模式具有以下特点：是一种以高速增长为主要目标的赶超型发展模式；是一种经济结构倾斜型的发展模式，实质上是以农业、轻工业等产业部门的缓慢发展为代价的；是一种粗放型发展模式，显著特征是追求外延型扩大再生产方式，通过大量的劳动力和资金的投入来不断增加产品数量；是一种封闭式的经济发展模式。正是工业革命以来人类追求和坚持这种"高开发、高投入、高消耗、高排放、高污染"的传统经济发展模式，是地球承载力被逾越的深刻根源。

（二）新的经济发展模式的探索

1.末端治理方式

自 20 世纪 30~60 年代"八大公害"事件相继发生后，人们开始重视治理环境污染的技术与设备。从 20 世纪 60 年代起，美国、欧洲和日本等一些发达国家普遍采用末端治理的方法进行污染防治。末端治理主要是指在生产过程的末端，针对产生的污染物开发并实施有效的治理技术。但随着时间的推移、工业化进程的加速，末端治理的局限性也日益显露。首先，处理污染的设施投资大、运行费用高，使企业生产成本上升，经济效益下降；其次，末端治理往往不是彻底治理，而是污染物的转移，如烟气脱硫、除尘形成大量废渣，废水集中处理产生大量污泥等，所以不能根除污染；再者，末端治理未涉及资源的有效利用，不能制止自然资源的浪费。所以，要真正解决污染问题需要实施过程控制，减少污染的产生，从根本上解决环境问题。

2.清洁生产方式

清洁生产的本质在于源头削减和污染预防。首先，它侧重于"防"，从产生污染的源头抓起，注重对生产全过程进行控制。强调"源削减"，尽量将污染物消除或减少在生产过程中，减少污染物的排放量，且对最终产生的废弃物进行综合利用。其次，它从产品的生态设计、无毒无害原辅材料选用、改革和优化生产工艺和技术设备、物料和废弃物综合利用等多环节入手，通过不断优化管理和技术创新，达到"节能、降耗、减污、增效"的目的。在提高资源利用效率的同时，减少污染物的排放量，实现经济效益与环境效益的双赢。相对末端治理而言，注重源头预防的清洁生产则是实现经济与环境协调发展的一种更好的选择。

3.可持续发展

可持续发展就是转向更清洁、更有效的技术，尽可能接近"零排放"或"密闭式"的工艺方法，尽可能减少能源和其他自然资源的消耗。可持续发展注重经济数量的增长，更关注经济增长质量的提高。它的标志是资源的永续利用和良好的生态环境，目标是谋求社会的全面进步。目前，可持续发展已经成为许多国家制定政策的指导思想，也是人类寻找新的经济发展模式的指导思想和方向目标。

面对经济发展与环境冲突在世界范围内出现的问题，一些发达国家提出变革传统的经济发展模式。在20世纪60年代美国经济学家鲍尔丁提出了"宇宙飞船理论"，他认为，地球就像在太空中飞行的宇宙飞船，要靠不断消耗和再生自身有限的资源而生存，如果不合理开发资源、破坏环境，就会走向毁灭。这是循环经济思想的最初萌芽，直到20世纪90年代，特别是可持续发展战略成为世界潮流的近些年，环境保护、清洁生产、绿色消费和废弃物的再生利用等才整合为一套系统的以资源循环利用、避免废物产生为特征的循环经济战略。

综上所述，循环经济的产生过程就是人类对经济发展和环境保护问题的认识的发展过程，经历了从"排放废物"到"净化废物"再到"利用废物"。

二、循环经济的内涵、特征与原则

（一）循环经济的定义及内涵

"循环经济"术语在中国出现于20世纪90年代中期，许多学者已从资源综合利用、环境保护、技术范式、经济形态和增长方式、广义和狭义等不同角度对其作了多种解释，但迄今为止，还没有一个完全一致的概念。目前应用较多的是国家发展和改革委员会对循环经济下的定义："循环经济是一种以资源的高效利用和循环利用为核心，以'减量化、再利用、资源化'为原则，以低消耗、低排放、高效率为基本特征，符合可持续发展理念的经济增长模式，是对'大量生产、大量消费、大量废弃'的传统增长模式的根本变革。"与传统经济发展模式不同，循环经济倡导的是一种与环境和谐的经济发展模式。它要求把经济活动组织成一个"资源生产消费废弃物排放再生资源"的反馈式流程，其特征是低开采、高利用、低排放。所有的物质和能源在这个不断进行的经济循环中得到合理和持久的利用，把经济活动对自然的影响降低到尽可能小的程度。循环经济按照自然生态系统物质循环和能量流动规律重构经济系统，使经济系统和谐地纳入到自然生态系统的物质循环的过程中，建立起一种新形态的经济。

循环经济的核心内涵是资源的循环利用。为了达到此目的，必须着力构建三个层次的产业体系：①企业层面的循环经济要求实现清洁生产和污染排放最小化；②区域层面的循环经济要求企业之间建立工业生态系统或生态工业园区，实现企业间废物相互交换；③社会层面的循环经济要求废物得到再利用和再循环，产品消费过程中和消费后进行物质循环。

（二）循环经济的特征

循环经济作为一种科学的发展观和一种全新的经济发展模式，具有自身的独立特征，主要体现在以下几个方面：

第一，循环经济是一种新的系统观。循环是指在一定系统内的运动过程，该系统是由经济、自然生态系统和社会构成的大系统。循环经济观要求人在考虑生产和消费时不再置身于这一大系统之外，而是将自己作为这个大系统的一部分来研究符合客观规律的经济原则。

第二，循环经济是一种新的经济观。循环经济要求运用生态学规律，使经济活动不能超过资源承载能力，使生态系统平衡地发展。

第三，循环经济是一种新的价值观。循环经济不再像传统工业经济那样将自然作为"原料场"和"垃圾场"，而是将其作为人类赖以生存的基础，认为自然生态系统是人类最主要的价值源泉，是需要维持良性循环的生态系统；在开发技术工艺时不仅考虑其对自然的开发能力，而且要充分考虑到它对生态系统的修复能力，使之成为有益于环境的技术；在考虑人自身的发展时，不仅考虑人对自然的征服能力，而且更重视人与自然和谐相处的能力，促进人的全面发展。

第四，循环经济是一种新的生产观。传统工业经济的生产观念是最大限度地开发利用自然资源，最大限度地创造社会财富，最大限度地获取利润，不考虑生产过程的资源环境负荷。

循环经济的生产观念是要充分考虑自然生态系统的承载能力，尽可能地节约自然资源，不断提高自然资源的利用效率，循环使用资源；创造良性的社会财富，以达到经济、社会与生态的和谐统一，使人类在良好的环境中生产生活，真正全面提高人民生活质量。

第五，循环经济是一种新的消费观。循环经济要求走出传统工业经济"拼命生产、拼命消费"的误区，提倡物质的适度消费、层次消费，在消费的同时就考虑到废弃物的资源化，建立循环生产和消费的观念。

（三）循环经济的原则

循环经济有三条基本原则，即减量化、再利用和资源化，简称"3R原则"。循环经济要求以"3R原则"为经济活动的行为准则。

3R原则是循环经济思想的基本体现，但3R原则的重要性并不是并行的。循环经济提倡以源头控制、节省资源消耗和避免废弃物产生为优先目标。我们要避免把循环经济片面理解为传统意义上的"三废"综合利用，认为是污染防治策略的一种翻版。事实上废物综合利用仅仅是减少废物最终处理量的有效方法之一。循环经济的根本目标是发展经济，废物的循环利用只是一种措施和手段，投入经济活动的物质和所产生废弃物的减量化是其核心。3R原则的优先顺序是：减量化—再使用—再循环利用。减量化原则优于再使用原则，再使用原则优于再循环利用原则，本质上再使用原则和再循环利用原则都是为减量化原则服务的。

三、循环经济与生态工业园区

循环经济本质上是一种生态经济，生态工业园区是实现循环经济在区域层面的主要方式。生态工业园区是依据循环经济理念、工业生态学原理和清洁生产要求而设计建立的一种新型工业园区，它是继经济技术开发区、高新技术开发区之后我国第三代产业园区。它通过物流或能流传递等方式把不同工厂或企业连接起来，形成共享资源和互换副产品的产业共生组合。在产业共生组合中，模拟自然生态系统，建立"生产者—消费者—分解者"的物质循环方式。使一家工厂的废弃物或副产品成为另一家工厂的原料或能源，寻求物质闭环循环、能量多级利用和废物产生最小化，从而最大限度地提高资源利用率，从工业源头上将污染物排放量减至最低。

（一）生态工业园区的作用

第一，科学指导工业集中区产业结构优化调整。

第二，通过园区内各单元间的副产物和废物交换、能量和废水的梯级利用以及基础设施的共享，实现园区内资源利用的最大化、废物排放的最小化、节约物质能源消耗和改善了区域生态环境。

第三，增强了工业园区产业竞争力，带动区域经济发展。

第四，通过现代化管理手段、政策手段以及新技术（如信息共享、节水、能源利用、再循环和再使用、环境检测）的采用，保证园区的稳定和持续发展，改善区域人居环境，提高公众生态意识。

（二）生态工业园区的分类构建

生态工业园区按不同的要素，分类方法繁多。针对我国生态工业园区产业结构，可将我国生态工业园区分为综合类、行业类和静脉产业类三类。

1.综合类生态工业园区

综合类生态工业园区是由不同工业行业的企业组成的工业园区。主要指在高新技术产业开发区、经济技术开发区等工业园区基础上改造而成的生态工业园区，如苏州工业园国家生态工业园示范区。

2.行业类生态工业园区

行业类生态工业园区是以某一类工业行业的一个或几个企业为核心，通过物质和能量的集成，在更多同类企业或相关行业企业间建立共生关系而形成的生态工业园区，如贵阳开阳磷煤化工国家生态工业示范基地（磷煤化工行业）。

3.静脉产业类生态工业园区

静脉产业（资源再生利用产业）是以保障环境安全为前提，以节约资源、保护环境为目的，运用先进的技术，将生产和消费过程中产生的废物转化为可重新利用的资源和产品。实现各类废物的再利用和资源化的产业，包括废物转化为再生资源及将再生资源加工为产品两个过程。静脉产业类生态工业园区是以从事静脉产业生产的企业为主体建设的生态工业园区，如青岛新天地静脉产业园。

因此，在充分运用产业（工业）生态学原理的基础上，要引入循环经济理念，有效推进工业园区的"生态化"进程。

（三）生态工业园区的评价指标体系

为规范生态工业园区建设、管理、验收和绩效评估，原国家环保总局于 2006 年 8 月 8 日首次发布我国生态工业园区标准，即《综合类生态工业园区标准（试行）》《行业类生态工业园区标准（试行）》和《静脉产业类生态工业园区标准》，从 2006 年 9 月 1 日起实施。这项标准对生态工业园区提出了基本要求：一是国家和地方有关法律、法规、制度及各项政策要得到有效贯彻执行，近年内未发生重大污染事故或重大生态破坏事件。二是环境质量达到国家或地方规定的环境功能区环境质量标准，园区内企业污染物达标排放，污染物排放总量不超过总量控制指标。三是《生态工业园区建设规划》已通过国家环保部门组织的论证,并由当地人民政府或人大批准实施。其中环境保护部修订了《综合类生态工业园区标准》,于当年 6 月 23 日实施。《综合类生态工业园区标准》规定了国家级和省级综合类生态工业园区验收的基本条件（7 个）和由经济发展、物质减量与循环、污染控制和园区管理部分组成的 26 个指标。四是园区有环保机构并有专人负责,具备明确的环境管理职能,鼓励有条件的地方设立独立的环保机构。环境保护工作纳入园区行政管理机构领导班子实绩考核内容,并建立相应的考核机制。五是园区管理机构通过 ISO 14001 环境管理体系认证。六是《生态工业园区建设规划》通过论证后,规划范围内新增建筑的建筑节能率符合国家或地方的有关建筑节能的政策和标准。七是园区主要产业形成集群并具备显著的工业生态链条。《行业类生态工业园区标准（试行）》规定了行业类生态工业园区验收的基本条件（3 个）和由经济发展、物质减量与循环、污染控制和园区管理四部分组成的 19 个指标。《静脉产业类生态工业园区标准（试行）》规定了静脉产业类生态工业园区验收的基本条件和由经济发展、资源循环与利用、污染控制和园区管理四部分组成的 20 个指标。

这三项标准的发布实施,将进一步推动现有工业园区向生态化方向转型,不断提升园区的生态化水平,从总体上加速我国新型工业化的进程。

四、循环经济与绿色 GDP

循环经济发展模式为传统经济模式的转化提供了理论基础,从理论上解决了资源的有限性和人类经济持续发展的矛盾。传统的国民经济核算体系主要是以国内生产总值（GDP）来衡量一个国家的经济发展水平,也是衡量一个国家是否进步及其进步程度的最重要指标。进入 20 世纪 70 年代以来,随着人口的激增,对自然资源消耗和环境破坏的加剧。人们逐渐认识到传统的 GDP 指标体系已不能正确反映一个国家在经济、社会、文化等方面的进步程度及可持续发展能力。只反映了生态活动的正面效应而没有反映其负面影响,没有反映生态环境恶化带来的损失,这使得传统的国民经济核算体系具有相当的局限性,最重要的一个弊端是该核算体系没有把环境成本计算在内。循环经济的实施客观上要求有新的国民经济核算体系与之相适应。

（一）绿色 GDP 的定义

绿色 GDP（绿色国民经济）是指一个国家或地区在考虑自然资源（主要包括土地、森林、矿产、水和海洋）与环境因素（包括生态环境、自然环境、人文环境等）的影响之后经济活动的最终成果,即将经济活动中所付出的资源耗减成本和环境降级成本从 GDP 中予以扣除,也就是在现行 GDP 中扣除自然资源耗减价值和环境污染损失价值后的剩余的国内生产总值。

　　研究和实施绿色 GDP 具有重要的意义：第一，有利于科学和全面地评价一个国家的综合发展水平。通过对环境污染和生态破坏的准确计量，就能知道为取得一定的经济发展成就会付出多大的环境代价，从而可以使人们客观和冷静地看待所取得的成就，及时采取措施降低环境损失。第二，绿色 GDP 有利于促进公众参与环境保护。绿色 GDP 是一套公开的指标，通过发布绿色 GDP，可以更好地保护公众的环境知情权。同时，公众通过绿色GDP，能直接判断一个地区环境状况的变化，对政府环境保护工作进行监督，并积极参与环境保护事业。第三，绿色 GDP 有利于促进政府转变职能。政府的重要职能是向人民提供公共服务和公共管理。绿色 GDP 作为关系到一个地区综合发展水平的公共信息，必将促进政府更加关注本地的宏观发展战略.使政府从热衷于具体项目管理转向做好发展规划和创造更好的发展环境上来。

（二）绿色 GDP 在中国的实践

　　GDP 与绿色 GDP 在发达国家的差距较小，在发展中国家的差距较大。原因是发展中国家的经济有相当一部分是依靠资源和生态环境的"透支"获得的，而"透支"的代价没有在 GDP 中反映出来。据世界银行估算，中国 1995 年空气和水污染造成的直接经济损失高达 540 亿美元，占当年 GDP 的 8%。据《2010 年中国可持续发展战略报告》显示：2007年中国 GDP 总量占世界比重为 6.2%，但一次性能源消耗占世界比重为 16.8%，粗钢占32.4%，工业用水量占 21.5%，二氧化硫排放量占 76.7%，化石燃料燃烧二氧化碳排放量占20.8%。因此片面强调 GDP 增长会助长盲目消耗资源、破坏环境，造成社会失衡，反过来又使 GDP 增长难以为继，所以从现行 GDP 中扣除环境资源成本和环境资源保护费用，即建立绿色 GDP 核算体系，不仅非常必要，而且十分迫切。

（三）绿色 GDP 全面实施存在的困难

　　由于绿色 GDP 核算在技术、观念和理论等方面还存在障碍，加之它本身的局限性，要全面实施绿色 GDP 核算还有很长一段路要走。我国也仅公布了 2004 年的绿色 GDP 核算报告，2005 年的绿色 GDP 核算报告已完成但由于各种原因没有公布。2007 以后有关绿色GDP 的测算工作停止，国家统计局在地方的绿色 GDP 试点也被叫停，与国家环境保护部的合作研究也终止。主要原因是，实际资源和环境实物量的测算存在难度，而对于经济影响的价值量测算，难度更大。

五、循环经济在中国的实施与发展

　　在资源与环境的巨大压力下，中国政府已经把发展循环经济，建立节约型社会，作为全面建设小康社会的必由之路。

（一）中国循环经济发展的历程

1.理念倡导（20 世纪末到 2002 年）

在此阶段，环保部门开始倡导循环经济的理念。2002 年开始得到国家领导人的重视，江泽民同志于 2002 年 10 月 16 日在全球环境基金第二届成员国大会的讲话中指出，只有走最有效利用资源和保护环境为基础的循环经济之路，可持续发展才能得以实现。

2.国家决策，循环经济成为国家发展的一项重大措施（2003 年～2006 年）

环保部门开展区域循环经济试点和生态工业园区试点。2005 年 7 月国务院发布了《国务院关于加快发展循环经济的若干意见》，这份文件成为中国发展循环经济的纲领性文件，提出了发展循环经济的指导思想、基本原则和主要目标。

3.全面试点示范（2006 年至今）

国家发展和改革委员会同国家环保总局、科技部、财政部、统计局等有关部门于 2005 年 10 月发布了在重点行业、重点领域、产业园区和省市组织开展循环经济试点工作的《循环经济试点工作方案》，确定了国家循环经济试点单位（第一批）。2007 年 12 月开始第二批循环经济试点工作。

4.全面推进阶段（2009 年至今）

2008 年 8 月 29 日，全国人民代表大会通过了《中华人民共和国循环经济促进法》（简称《循环经济促进法》），并开始实施。这表明了中国对发展循环经济的高度重视，也是继德国和日本之后，世界第三部由国家立法机构正式制定的国家循环经济法，标志着循环经济已上升到基本国策的重要地位。循环经济试点数量和范围迅速增多和扩大，覆盖 26 个省市和众多企业。国家发展和改革委员会表示，在"十二五"内，循环经济将从试点走向示范和全面发展，我国将在循环经济领域实施"十百千"行动，即建设循环经济 10 大工程，创建 100 个循环经济示范城市和乡镇.培育 1 000 家循环经济示范企业。

（二）中国循环经济发展的成效

1.促进了节能减排工作

循环经济战略的实施大大促进了中国的节能减排工作。"十一五"前四年，全国单位国内生产总值能耗下降 14.38%，节能约 4.5 亿 t 标准煤；化学需氧量排放量下降 9.66%；二氧化硫排放量下降 13.14%，提前一年实现"十一五"减排目标。

2.提高了资源利用率和供给的可持续性

循环经济的重要效果是提高了废弃物资源利用率，减少了废弃物排放量和最终处理量，减轻了经济增长的环境负荷，大大降低了环境污染，节省了末端废弃物处理成本，直接和间接节省了大量能源消耗，降低了温室气体排放。"十一五"期间，我国工业固体废物综合利用量从2005年7.7亿t增加到2010年的15.2亿t，综合利用率由55.8%提升至69%；2010年，我国煤矸石、粉煤灰、钢铁渣、尾矿、工业副产石膏的综合利用量分别达到4亿t、3亿t、1.8亿t、1.7亿t和0.5亿t，再生资源的回收利用量达到1.4亿t。

3.提高了经济效益

对循环经济试点单位的初步评估表明，多数企业在企业内部或企业之间发展循环经济产业链，获得了明显的经济效益。如钢铁联合企业利用高炉余压发电（TRT）和焦化煤气、高炉煤气、转炉煤气联合发电，发电成本低于0.2元/（kW·h），投资回收期仅约为3年；利用火力发电厂粉煤灰、高炉水渣和转炉渣制水泥，使每吨水泥的成本降低约80元，而且节省了过去处理这些固体废弃物的费用。工业企业循环经济的实践证明，很多环节的循环经济具有较高的经济可行性，可以做到"既循环，又经济"。

4.催生了一批新技术

在中国循环经济发展的实践中，催生了一批新技术，也促进了一批成熟技术在资源循环利用中的扩散和应用。以山东三家循环经济试点企业为例。山东泉林纸业集团独立自主开发了具有自主知识产权的草浆原色纸生产技术体系，彻底改变草浆造纸高污染低效益的现状；山东莱钢应用转底炉技术处理钢铁厂含铁粉尘，解决了保护高炉炉衬的问题；山东新汶矿业集团几年来共完成各类技术攻关、新技术推广及系统优化项目800余项，自主研发了一系列具有自主知识产权的循环经济关键技术，提高了循环经济的经济效益和物质再生利用效率。

5.增加了大量就业机会

中国从事城乡废弃物回收、仓储、分类、运输、再生利用、咨询服务、加工和贸易的总就业人数约有5 000万人，约占全国就业劳动力总量的6%。企业由于发展循环经济而增添了新的生产工序，延长了产业链，增加了产品生产种类，扩大了生产规模，提供了大量新的就业岗位。例如，山东省日照市有很多家庭式小石材加工厂，排放大量碎石废料，对环境造成很大污染，填埋碎石要占用土地，关闭这些小厂又会使很多人失业。最终在日照市政府支持下，建立了利用碎石废料制造人造建材的新工厂，不仅增加了就业岗位，而且保护了环境，促进了经济增长。

6.初步形成了基于循环经济的绿色发展文化和意识

2004年以来，中国从党和国家最高领导层到企业和居民，已逐步建立大力发展循环经济、建立资源节约型和环境友好型社会、实现可持续发展的文化理念，循环经济理念正在渗透到社会各领域，并已转变为多数人的实际行动。基于循环经济的绿色发展、循环发展、清洁发展、低碳发展、可持续发展理念已经深入人心。

（三）成功的循环经济微观模式

几年来，在企业、行业、工业园区、城市层面上发展循环经济的实践中形成了很多成功的微观循环经济模式。具有典型性的有以下12种模式。

1.钢铁行业长流程循环经济联合体模式

在钢铁行业的企业层次上，已形成以上海宝钢为代表的建立在全面现代化先进技术体系基础上实现循环经济。以山东济钢为代表的传统技术改造升级发展循环经济的长流程钢铁行业循环经济典型模式。这种模式将炼焦、炼铁、炼钢、轧钢、电力、建材、化工等集成为一体化的跨行业综合循环经济联合体，实现了余压余热梯级利用、污水分级循环利用、煤气回收综合利用、固体废弃物全面回收利用。

2.生态型矿山高效开采与资源能源跨行业综合利用循环经济联合体模式

在煤炭行业的企业层次上，形成了以山东新汶矿业集团为代表的集煤炭开采、废弃物综合利用、低质煤和煤矸石发电、矿渣煤灰制建材、设备再制造、余热地热利用、残煤资源地下气化回收利用、生态恢复建设为一体的生态学型矿山高效开采与资源能源跨行业综合利用循环经济联合体模式。实现了煤矸石和煤泥发电、热冷电三联供、粉煤灰和煤矸石制新型建材业、矿井水循环利用、煤矸石流体回填矿井、矿井地热利用、协助造纸厂处理造纸黑液、矿山设备再制造、地下煤气化回收残煤资源等多项系列技术创新。

3.水泥协同处理城市危险废物及工业固体废弃物联合体模式

在水泥行业的企业层次，形成了以北京水泥厂为代表的利用水泥炉窑协同处理城市污水处理厂污泥、医疗垃圾等危险废弃物、粉煤灰等工业固体废弃物和余热梯级利用、水资源循环利用等为一体的循环经济模式。

4.原料多级利用化工联产无废化循环经济模式

在化工行业的企业层次上，形成了以山东海化、鲁北化工等为代表的集原材料多级循环利用、副产品纵向延伸和横向拓展开发循环利用、余热梯级利用、固废和污水零排放等为一体的跨化工、电力、建材等行业的循环经济联合体模式。通过技术集成开发形成了多系列产品，扩展了企业规模，增加了就业。

5.节水型工农业复合集成循环经济模式

在农村，形成了以广西北海市东园家酒生态农业园为代表的节水型工农业复合集成循环经济模式。这种模式实施基于"五化农业"（规模化、设施化、品牌化、生态化、循环化），将种植业、饲料工业、食品工业、养殖业、农产品加工产业、沼气等生物能产业、高效有机肥产业、林业、林产品加工业、太阳能利用、节水技术、农业废弃物再生利用等产业和技术进行高效集成，具有经济效益高、环境保护好、生态效果突出的特点。可以同时实现农业升级增产、农民就业增收、农村能源革命、食品高质安全、水源高效低耗、资源节约循环、土地集约利用、碳素高效循环、生态环境保护、应对气候变化等多重目标。

6.工农业一体化低碳绿色草浆造纸循环经济模式

山东泉林纸业集团通过引进技术与自主创新相结合。开发了以草浆原色制浆新技术为核心的循环经济技术体系，并与发电厂耦合进行水资源循环利用、碱回收循环利用、黑液污泥回收制造有机肥、原色纸开发、包装物回收利用等为一体的低污染草浆清洁造纸循环经济模式。这一模式既利用了农业秸秆等废弃物，保护了环境，又替代了木浆造纸，节省了森林资源，是一种间接的低碳造纸循环经济模式。

7.热电联供、海水淡化、建材共生零排放循环经济模式

在电力行业形成了以天津北疆电厂为代表的以发电为龙头，集发电、供热于一体，余热梯级利用，海水淡化循环利用，浓海水制盐和苦卤，脱硫石膏和粉煤灰制造建材综合利用，是燃煤火电厂典型的循环经济模式。

8.多品种伴生矿综合回收循环经济模式

甘肃省金川集团公司是以金属镍采矿和冶炼为主的有色金属企业，其矿石资源中含有铜、钴、银、硒、铀、钳、金、锇、钛、铹、铁等多种有色金属和黑色金属，一些金属的含量很低，矿山中67%为贫矿。金川公司通过全面发展循环经济，实施分级冶炼和分品种冶炼回收各种金属。在生产过程中，对废水、废渣、废气、各种副产品进行全面回收，通过技术创新进行循环利用，余热梯级利用。形成了以镍为主，多种有色金属冶炼、化工、建材、黑色金属冶炼等跨行业多产品的综合循环经济联合体，基本实现了废弃物零排放。

9.产业集聚共生的大型石油天然气化工循环经济园区模式

在工业园区层次上，形成了以按照循环经济原理新兴建的上海化工园区为代表，多产业共生、统一打造循环经济公共平台，在园区范围内不同企业间构建循环经济体系的大型石油天然气化工循环经济园区模式。在园区内以石油天然气化工为主导的产业共同集聚、跨行业多产业耦合、多企业联网、多产品共生、资源和废弃物循环利用与无害化处理相结合，在数公里范围内实现多产业的物质综合循环利用。

10.工业园区与城市一体化循环经济模式

苏州工业园区按照循环经济进行产业组织结构设计和资源布局，统一建设循环经济与环境保护基础设施体系，实现企业共用循环经济服务平台，并与园区所在的苏州市进行连接，形成统一的物流管理体系，实现污水、废弃物等统一回收、统一分类处理和循环利用。在苏州区行政管辖范围内，形成了苏州市工业园区与城市一体化的大循环经济模式。

11.汽车厂商与高技术研发部门合作的功能增强型再制造模式

中国重汽济南复强动力有限公司与装备再制造技术国防科技重点实验室合作，以具有自主知识产权的先进自动化再制造关键技术作为支撑，运用纳米技术和自动化微束等离子

弧熔覆技术，对旧发动机零部件表面进行熔覆，实现零部件表面修复，使再制造的发动机质量和功能不低于甚至高于新发动机，但成本只有新制造发动机的50%。与制造新发动机相比，节能60%，节材70%，形成了具有中国特色的功能增强型产品再制造循环经济模式。

12.全程严密监管的"圈区管理"再生资源专业园区模式

一直以来，中国的废弃物再生领域一直被严重的二次污染所困扰。经过几年的治理整顿，中国已探索出产业集聚的"圈区管理"再生资源专业园区模式。这种模式运用先进的电子监控技术，对进出园区的所有物流进行全程监控，对废旧产品的拆解、处理进行全程监控管理，实施严格的环境保护措施，使废旧资源再生利用产业进入清洁生产管理体系。浙江台州再生金属园区、山东烟台绿环再生资源园区、青岛新天地废旧家电和电子废弃物再生利用园区等都实行了，这种模式。

第四节　清洁生产和循环经济的实例

一、某纸业公司清洁生产审核实例

（一）企业简介

某纸业有限公司始建于1999年8月，是按照现代企业制度建立的国有控股造纸企业，现有员工1 000余人，年生产能力10万L。主要产品是A、B级文化用纸、高强瓦楞纸、卫生纸等3个系列28个品种；主要原材料为麦草、杨木浆和商品木浆；主要生产线为1条年产3.4万t连蒸精制漂白麦草浆生产线、1台年产4.5万t文化用纸的2640/500长网多缸造纸机，4台2640型长网8缸造纸机，2台1760型长网8缸造纸机，4台1575型圆网（单）多缸造纸机。配套有国内先进水平的100 t/d碱回收系统，日处理中段废水3万m3的污水处理厂，自备热电厂正在建设中。该公司于2003年通过ISO9000质量管理体系认证，产品被评为河南省造纸行业十大名牌产品；2004年7月通过国家环保总局环保验收.同年12月通过河南省环保局清洁生产审核验收；2005年5月通过ISO14001环境管理体系认证。

（二）清洁生产审计过程

1.筹划与组织

该纸业公司的领导层大力宣传了《中华人民共和国清洁生产促进法》和开展清洁生产审核工作的必要性，宣讲了清洁生产审核不仅能提高企业环境管理水平；提高原材料、水、能源的使用效率，降低成本；减少污染物的产生和排放量，保护环境，减少污染处理费用；提高职工素质和生产效率，而且能推动企业技术进步，树立企业形象，扩大企业影响，提高企业无形资产。在企业取得经济效益的同时，还能取得很好的环境效益和社会效益。宣传企业开展清洁生产审核工作宜早不宜迟，应积极配合河南省环保局做好首批清洁生产审核企业试点工作。

（1）成立审核小组

该纸业公司成立了清洁生产审核小组，组长由该公司总经理亲自担任。副组长由主管生产、技术副总经理担任，成员由各车间主任及有关部门主管组成，各车间兼职人员 1 名。同时还成立了清洁生产办公室，主任由该公司环保处长担任，设专职人员 2 名，生产技术工艺员和环保工艺员各 1 名。河南省轻工业科学研究所成立了由若干名造纸和环保专家为成员的清洁生产审核专家小组。

（2）制订工作计划

该纸业公司清洁生产审核小组成立后，制定了详细的清洁生产审核工作计划，使审核工作按一定的程序和步骤进行，清洁生产审核工作计划包括审核过程的所有主要工作。审核工作计划要求审核小组、各车间、各部门各司其职，落实到人，相互协调，密切配合，使得审核工作按计划进度顺利实施。

2.预评估

（1）现状和现场调查

结合该纸业公司现状，审核小组到生产现场做进一步深入细致调查，发现生产过程中存在以下主要问题。

第一，备料车间是生产过程的"瓶颈"，切草能力不够，已严重影响正常生产，亟须解决。

第二，制浆车间漂白工段没有逆流洗涤，清水耗量大和废水排放量大。

第三，黑液提取率低且稀黑液量大，碱回收车间蒸发工段负荷加重，造成碱回收率低、可化率低，白泥造成二次污染。

第四，纸机白水没有全部回用，除自身利用一小部分外，其余排入中段水车间。

第五，各车间所有泵的机封水没有回收，造成很大浪费。

第六，老生产线烘缸冷凝水没有回收利用，造成蒸汽消耗量大；两台 10 t/h 锅炉粉尘污染较严重。

第七，污水处理厂有时废水量大，造成污水排放不能稳定达标。

（2）确定审核重点

在查明该公司生产中现存问题和薄弱环节后，确定以下审核重点：污染物产生量大、排放量大的环节；严重影响或威胁正常生产，构成生产"瓶颈"的环节；一旦采取措施，容易产生显著环境效益和经济效益的环节。把备料车间、制浆车间、碱回收车间、纸机白水、泵的机封水和污水处理厂确定为本轮备选审核重点。再采用权重总和记分排序法，考虑到环境、经济、解决生产"瓶颈"、实施等方面因素，对备选审核重点进行记分排序.确定节水（减少进入污水处理厂的废水量）、减污（提高黑液提取率、碱回收率和苛化率）及提高切草能力作为本轮清洁生产审核重点。

（3）设置清洁生产目标

结合该纸业公司具体生产情况，以原国家环保总局对《清洗生产标准造纸工业漂白化学烧碱法麦草浆生产工艺》要求为主要依据，设置该公司近期、中期及远期清洁生产目标。近期：通过本轮清洁生产审核，达到国家清洁生产三级标准；中期：2005年12月，达到国家清洁生产二级标准，白水回用率100%；远期：2010年，达到国家清洁生产一级标准。

（4）提出和实施无费、低费方案

该纸业公司本轮清洁生产审核，审核小组提出和征集无费、低费方案56个，其中可行的无费、低费方案44个，已实施38个。审核小组本着清洁生产边审核边实施的原则，以及时取得成效，并广泛宣传，以推动清洁生产审核工作的顺利按时完成。

3.评估

审核小组通过本轮审核重点的物料平衡和水平衡进行分析发现该公司物料流失环节，找出污染物产生的原因，查找物料储运、生产运行与管理和过程控制等方面存在的问题，以及与国内外先进水平的差距。该纸业公司本轮清洁生产审核重点如下：节水、降污。即降低公司主要生产车间清水用量，减少末端治理前废水量及污染物含量；提高黑液提取率和碱回收率。解决生产过程"瓶颈"问题，提高切草能力。节水、降污主要从生产过程产生的不正常废水排放着手，包括黑液、中段水（漂白废水）、白水三个方面。其中黑液提取涉及制浆洗选工段，中段废水涉及制浆车间漂白工段，白水涉及造纸车间，提高切草能力涉及备料车间。由于提高白水回用率和提高切草能力问题单一，原因明确，因此，对审核重点分析侧重于黑液及中段废水，提出了改造黑液提取和漂白洗涤的清洁生产方案。

第六章　环境规划与管理

第一节　环境管理

环境管理是在环境保护的实践工作中产生和发展起来的，通常包含两层含义，一是将环境管理作为一门学科来看，即环境管理学。它是环境科学和管理科学交叉渗透的产物，是一门研究环境管理最一般规律的科学，它研究的是正确处理自然生态规律与社会经济规律对立统一关系的理论和方法，以便为环境管理提供理论和方法上的指导。二是将环境管理作为一个工作领域，是环境管理学在环境保护工作中的具体运用，是政府环境行政管理部门的一项主要职能。

一、环境管理的概念与特点

（一）环境管理的概念

环境管理概念的形成与发展是同人们对于环境问题的认识过程联系在一起的。最初，人们把环境问题作为一个技术问题，认为依靠科学技术就可以解决，这个时期环境管理实质就是污染治理。实践证明，这一时期的工作没有从产生环境问题的根源入手，从而没能从根本上解决环境问题。20世纪70年代末到90年代初，人们开始认识到酿成各种环境问题的原因在于经济活动中环境成本的外部化。因此，这一时期把环境问题作为经济问题，开始设法将环境成本内在化到产品成本中去，以经济刺激为主要管理手段，用收费、税收、补贴等经济手段以及法律的、行政的手段进行环境管理，并被认为是最有希望解决环境问题的途径。但大量实践表明，这一阶段仍然不能从根本上解决环境问题。1987年，《我们共同的未来》一书的出版以及1992年联合国环境与发展大会的召开，标志着人类对环境问题的认识提高到了一个新的高度，40多年来解决环境问题的实践与思考，人们终于觉悟到，环境问题是一个发展问题，必须把社会经济发展与环境保护协调起来，才能从根本上解决环境问题。人们对环境管理有了新的认识，环境管理的内容大大地扩展了，要求也大大地提高了。

根据学术界对环境管理的认识，环境管理可概括为："依据国家的环境政策、法规、标准，从综合决策入手，运用技术、经济、法律、行政、教育等手段，对人类损害环境质量的活动施加影响，通过全面规划，协调发展与环境的关系，达到既发展经济满足人类的基本需要，又不超过环境的容许极限。"

（二）环境管理的特点

1.综合性

环境管理的内容涉及土壤、水、大气、生物等各种环境因素；环境管理的领域涉及经济、社会、政治、自然、科学技术等方面；环境管理的范围涉及国家的各个部门；环境管理的手段包括行政的、法律的、经济的、技术的和教育的手段等，所以环境管理具有高度的综合性。开展环境管理必须从综合决策入手，综合协调、综合管理。

2.区域性

环境问题与地理位置、气候条件、人口密度、资源蕴藏、经济发展、生产布局以及环境容量等多方面的因素有关，所以环境管理具有明显的区域性。这些特点要求环境管理采取多种形式和多种控制措施，不能盲目照搬其他地区先进的管理经验，必须根据区域环境特征，有针对性地制定环境保护目标和环境管理的对策措施，以地区为主进行环境管理。

3.广泛性

每个人都在一定的环境中生活，人们的活动又作用于环境，环境质量的好坏，同每一个社会成员有关，涉及每个人的切身利益。所以环境保护不只是环境专业人员和专门机构的事情，开展环境管理需要社会公众的广泛参与和监督，要广大公众的协同合作，才能成功地解决环境问题。

二、环境管理的基本职能

环境管理是国家机关的一种基本职能，它是国家机关对政治、经济、文化、外交、科学教育等各个社会领域行使管理职能的一个组成部分。环境管理的目的是协调社会经济发展与保护环境的关系，使人类具有一个良好的生活、劳动环境，使经济得到长期稳定的增长。环境管理部门的职能就是运用规划、组织、协调、监督、检查、研究、支持等各种方式去推动环境保护事业的发展，实现环境管理目标。

关于环境管理的基本职能，根据我国的国情和环境保护工作实践，曾提出过"三职能说"即规划、协调、监督检查；随着环境保护事业的发展，又提出了"四职能说"即规划、协调、指导（服务）、监督。在联合国环境与发展大会以后，原国家环保总局局长解振华根据我国的国情指出环境管理的基本职能是宏观指导、统筹规划、组织协调、提供服务、监督检查。

（一）宏观指导

宏观指导是环境管理的一项重要职能。它通过制定和实施环境保护战略对地区、部门、行业的环境保护工作进行指导，包括确定战略重点、环境总体目标（战略目标）、总量控制目标、制定战略对策。通过制定环境保护的方针、政策、法律法规、行政规章及相关的产业、经济、技术、资源配置等政策，对有关环境及环境保护的各项活动进行规范、控制、引导。

（二）统筹规划

环境规划是环境决策在时间和空间上的具体安排，是政府环境决策的具体体现，在环境管理中起着指导作用。它的首要任务是研究制定区域宏观环境规划并在此基础上制定和实施专项详细环境规划。通过规划来调整资源、人口、经济与环境之间的关系，控制污染，保护和改善生态环境，促进经济与环境协调发展。

（三）组织协调

即将各地区、各部门、各方面的环境保护工作有机地结合起来，通过协调，减少相互脱节和矛盾，相互沟通、分工合作、统一步调，共同实现环境保护目标要求。组织协调包括战略协调、政策协调、技术协调和部门协调。

（四）提供服务

环境管理以经济建设为服务中心，为推动地区、部门、行业的环境保护工作提供服务。包括提供技术指导、建立环境信息咨询和环保市场信息服务。

（五）监督检查

对地区和部门的环境保护工作进行监督检查是根据国家有关法律赋予环境保护行政主管部门的一项权力，也是环境管理的一项重要职能。在《中国环境与发展十大对策》第九条中强调：各级党政领导要支持环境管理部门依法行使监督权力，做到"有法必依，执法必严，违法必究"。环境管理的监督检查职能主要包括：环境保护法律法规执行情况的监督检查，制定和实施环境保护规划的监督检查，环境标准执行情况的监督检查，环境管理制度执行情况的监督检查以及自然保护区建设和生物多样性保护的监督检查等。

环境监督检查工作中最重要的任务是健全环境保护法规和环境标准，环境法规、环境标准和环境检测是环境管理部门执行监督检查职能的基本依据。三者缺一不可。

三、环境管理的对象、内容和手段

（一）环境管理的对象

环境管理是运用各种手段调整人类社会作用于环境的行为，对人类的社会经济活动进行引导并加以约束，使人类社会经济活动与环境承载力相适用，实现社会的可持续发展。因此。环境管理的对象应该是人类社会的环境行为，具体可分为公众行为、企业行为和政府行为。

1.公众行为

需要是人的行为的原动力，个体的人为了满足自身生存和发展的需要，通过生产劳动或购买去获得用于消费的物品和服务。例如，农民将自己种植的部分粮食、蔬菜用于消费，以满足自己及家庭成员的基本生存需要。城市居民从市场中购买物品以满足需要等。当人们在消费这些物品的过程中或在消费以后，将会产生各种负面影响。如对消费品进行清洗、加工处理过程中会产生生活垃圾，在运输和保存消费品时会产生包装废物，在消费品使用后，迟早也成为废物进入环境。

由于公众的消费行为会对环境造成不良影响，因此公众行为是环境管理的主要对象之一。为此必须唤醒公众的环境意识，改变传统的价值观和消费观，提倡节俭消费、绿色消费。同时还要采取各种技术和管理措施，最大限度地降低消费过程中对环境的影响。总之，在市场经济条件下，可以运用经济刺激手段和法律手段，引导和规范消费者的行为，建立合理的绿色消费模式。

2.企业行为

企业作为社会经济活动的主体，其主要目标通常是通过向社会提供物质性产品或服务来获得利润。在生产过程中，他们从自然界索取自然资源，作为原材料投入生产活动中，同时排放出一定数量的污染物。因此，企业的生产活动对环境系统的结构、状态和功能均有极大的负面影响。原材料的采集，直接改变了环境的结构，进而影响到环境的功能，比如为了满足造纸的需要，森林被过度砍伐，导致森林生态系统功能的丧失；生产过程中产生的废气、废水、废渣，对人体健康和生态系统均有极大的危害。由此可见，企业行为是环境管理中又一个重要的管理对象。要控制企业对环境产生的不良影响，就必须制定严格的环境标准。限制企业的排污量，禁止兴建高消耗、重污染的企业，运用各种经济刺激手段，鼓励清洁生产，发展高科技无污染、少污染与环境友好的企业等。

3.政府行为

政府行为是人类社会最重要的行为之一。政府作为社会行为的主体，为社会提供公共消费品和服务，如供水、供电等.这种情况在世界范围内具有普遍性；作为投资者为社会提供一般的商品和服务，这在我国比较突出；掌握国有资产和自然资源的所有权，以及对自然资源开发利用的经营和管理权；对国民经济宏观调控和引导，其中包括政府对市场的政策干预。

政府的行为同样会对环境产生这样或那样的影响。其中特别值得注意的是宏观调控对环境所产生的影响具有极大的特殊性，既牵涉面广、影响深远，又不易察觉。政府行为对环境的影响是复杂的、深刻的，既可以有重大的正面影响，也可能有巨大的难以估计的负面影响。要防止和减轻政府行为所造成和引发的环境问题，关键是促进宏观决策的科学化，并注意决策的民主化和政府施政的法制化。

（二）环境管理的内容

环境管理所面对的是整个社会经济—自然环境系统，着力于对损害环境质量的人的活动施加影响，协调发展与环境的关系，因此环境管理涉及的范围广，内容也非常丰富。环境管理的内容可以从不同角度来划分。

1.根据环境管理的范围划分

（1）资源环境管理

资源环境管理是依据国家资源政策，以自然资源为管理对象，以保证资源的合理开发和持续利用。包括可再生资源的恢复与扩大再生产，以及不可更新（再生）资源的节约利用和替代资源的开发，如土地资源管理、水资源管理、生物资源管理等。

（2）区域环境管理

区域环境管理是以特定区域为管理对象，以解决区域内环境问题为内容的一种环境管理。主要指协调区域社会经济发展目标和环境目标，进行环境影响预测，制定区域环境规划并保证环境规划的实施。包括国土的环境管理，省、自治区、直辖市的环境管理以及流域环境管理等。

（3）部门环境管理

部门环境管理是以具体的单位和部门为管理对象，以解决该单位或部门内部的环境问题为内容的一种环境管理。部门环境管理包括能源环境管理、工业环境管理、农业环境管理、交通运输环境管理、商业医疗卫生等部门的环境管理。

2.根据环境管理的性质划分

（1）环境计划管理（规划管理）

环境计划管理是依据规划或计划而开展的环境管理，也称为环境规划管理。主要是把环境目标纳入发展计划，以制定各种环境规划和实施计划；并对环境规划的实施情况进行监督和检查，再根据实际情况修正和调整环境保护年度计划方案，改进环境管理对策和措施。包括：整个国家的环境规划、区域或水系的环境规划、城市环境规划等。

（2）环境质量管理

环境质量管理是为了保持人类生存与健康所必需的环境质量而进行的各项管理工作。包括环境标准的制定，环境质量及污染源的监控，环境质量变化过程、现状和发展趋势的分析评价以及编写环境质量报告书等。

（3）环境技术管理

通过制定技术政策、技术标准、技术规程以及对技术发展方向、技术路线、生产工艺和污染防治技术进行环境经济评价，以协调经济发展与环境保护的关系。包括两方面的内容：一是制定恰当的技术标准、技术规范和技术政策；二是限制在生产过程中采用损害环境质量的生产工艺，限制某些产品的使用，限制资源的不合理开发使用。通过这些措施，使生产单位采用对环境危害最小的技术，促进清洁工艺的发展，促进企业的技术改造与创新。

（4）环境监督管理

环境监督管理是运用法律、行政、技术等手段，根据环境保护的政策、法律法规、环境标准、环境规划的要求，对各地区、各部门、各行业的环境保护工作进行监察督促，以保证各项环保政策、法律法规、标准、规划的实施。

应该指出，环境管理内容的划分，只是为了研究问题的方便。事实上，各类环境管理的内容是相互交叉、渗透的关系。如城市环境管理中又包括环境质量管理、环境技术管理等内容。

（三）环境管理的手段

1.行政手段

行政手段主要指国家和地方各级行政管理机关，根据国家行政法规所赋予的组织和指挥权力，是环境保护部门经常大量采用的手段。主要是研究制定环境方针、政策，建立法规，颁布标准，进行监督协调，对环境资源保护工作实施行政决策和管理；组织制定和检查环境计划；运用行政权力对某些区域采取特定措施，如将某些地域划为自然保护区、重点治理区、环境保护特区；对某些危害环境严重的工业、交通、企业要求限期治理或勒令停产、转产或搬迁；对易产生污染的工程设施和项目，采取行政制约手段，如审批环境影响报告书、发放与环境保护有关的各种许可证；审批有毒有害化学品的生产、进口和使用；管理珍稀动植物物种及其产品的出口、贸易事宜；对重点城市、地区、水域的防治工作给予必要的资金或技术帮助等。

2.法律手段

法律手段是环境管理强制性措施，按照环境法规、环境标准来处理环境污染和破坏问题，是保障自然资源合理利用，并维护生态平衡的重要措施。主要有对违反环境法规、污染和破坏环境、危害人民健康、财产的单位或个人给予批评、警告、罚款或责令赔偿损失，协助和配合司法机关对违反环境保护法律的犯罪行为进行斗争、协助仲裁等。

3.经济手段

经济手段是指利用价值规律，运用价格、税收、补贴、信贷等货币或金融手段，引导和激励生产者在资源开发中的行为，促进社会经济活动主体节约和合理利用资源，积极治理污染。经济手段是环境管理中的一种重要措施，如在环境管理过程中采取的污染税、排污费、财政补贴、优惠贷款等都属于环境管理中的经济手段。

4.环境教育

环境教育是环境管理不可缺少的手段。主要是通过报纸杂志、电影电视、展览会、报告会、专题讲座等多种形式，向公众传播环境科学知识，宣传环境保护的意义以及国家有关环境保护和防治污染的方针、政策等。通过环境教育提高全民族的环境意识，激发公民保护环境的热情和积极性，把保护环境变成自觉行动，从而制止浪费资源、破坏环境的行为。环境教育的形式包括基础教育、专业教育和社会教育。

5.技术手段

技术手段是指借助那些既能提高生产率，又能把对环境污染和生态破坏控制到最小限度的技术以及先进的污染治理技术等来达到保护环境目的的手段。技术手段种类很多，如推广和采用清洁生产工艺，因地制宜地采用综合治理和区域治理技术；交流国内外有关环境保护的科学技术情报；组织推广卓有成效的管理经验和环境科学技术成果；开展国际环境科学技术合作等。

四、中国环境管理的政策、法规和制度

在环境规划与管理模式探索的过程中，我国明确地提出要开拓有中国特色的环境保护道路。其主要内涵有两个方面：在大政方针上，以环境与经济协调发展为宗旨，把在20世纪80年代初以来陆续提出的预防为主、谁污染谁治理和强化环境管理等政策思想确定为环境保护的"三大政策"；在具体制度措施上，形成了以"八项环境管理制度"为主要内容的一套环境管理制度，促使环境规划与管理工作由一般号召走上靠制度管理的轨道。

（一）中国环境保护的方针政策

1.中国环境保护的基本方针

（1）环境保护的"32"字方针

1973年第一次全国环境保护会议上正式确立了中国环境保护工作的基本方针：全面规划、合理布局、综合利用、化害为利、依靠群众、大家动手、保护环境、造福人民。

（2）"三同步、三统一"的方针

1983 年年底召开的第二次全国环境保护会议，制定了我国环境保护事业的大政方针，提出"经济建设、城乡建设和环境建设要同步规划、同步实施、同步发展，实现经济效益、社会效益和环境效益的统一"的环保战略方针。这一方针是经济发展、社会发展和环境保护的共同要求，成为我国环境保护工作的长期指导方针。

（3）可持续发展战略方针

1992 年联合国环境与发展大会后，我国率先提出了《环境与发展十大对策》，制定了《中国 21 世纪议程》《中国环境保护行动计划》等纲领性文件。实施可持续发展战略已成为我国环境管理的基本指导方针。

1996 年 7 月，国务院召开的第四次全国环境保护会议，把可持续发展战略和"三同步，三统一"紧密联系起来。同年 9 月国务院批准的《国家环境保护"九五"计划和 2010 年远景目标》中明确阐述了指导我国今后环境保护工作的基本方针："坚持环境保护基本国策，推行可持续发展战略，贯彻经济建设、城乡建设、环境建设同步规划、同步实施、同步发展的方针，积极促进经济体制和经济增长方式的转变，实现经济效益、社会效益和环境效益的统一。"

2.中国环境保护的基本政策

经过长期的探索与实践，20 世纪 80 年代我国制定了"预防为主""谁污染谁治理"和强化环境管理的三大环境保护政策。这三大政策确立了我国环境保护工作的总纲和总则，其根本出发点和目的就是要谋求以当今环境问题的基本特点和解决环境问题的一般规律为基础；以我国的基本国情，尤其是多年来我国环境保护工作的经验教训为条件；以强化环境管理为核心；以实现经济、社会和环境的协调发展战略为目的的具有中国特色的环境保护道路。

（1）预防为主、防治结合的政策

预防为主的政策思想是：把消除污染、保护环境的措施实施在经济开发和建设过程之前或之中，从根本上消除环境问题得以产生的根源，大大减轻事后处理所要付出的代价。坚持预防为主，防治结合政策，要把保护环境与转变经济增长方式紧密结合起来，积极发挥环境保护对经济建设的调控职能。所有建设项目都要有环境保护规划和要求，对环境污染和生态破坏实行全过程控制，促进资源优化配置，提高经济增长质量和效益。主要措施包括：一是把环境保护纳入国家发展、地方和各行各业中长期及年度经济社会发展计划；二是对已开发建设项目实行"环境影响评价"和"三同时"制度；三是对城市实行综合整治。

（2）谁污染谁治理政策

"谁污染谁治理"（后来进一步发展为谁开发谁保护、谁受益谁补偿）政策的主要思想是：治理污染、保护环境是生产者不可推卸的责任和义务，由污染产生的损害以及治理污染所需要的费用，都必须由污染者承担和补偿，从而使外部不经济性内化到企业的生产中去。

按照《环境保护法》等有关法令规定，环境保护投资以地方政府和企业为主。企业负责解决自己造成的环境污染和生态破坏问题，不容许转嫁给国家和社会。地方政府负责组织城市环境基础设施的建设，设施建设和运行费用由污染物排放者负担；对跨地区的环境问题，有关地方政府要督促各自辖区内的污染物排放者承担责任，其具体措施为：一是结合技术改造防治工业污染。我国明确规定，在技术改造中要把控制污染作为一项重要目标，并规定防治污染的费用不得低于总费用的7%。二是对历史上遗留下来的一批工矿企业的污染，实行限期治理，限期治理费用由企业和地方政府筹措，国家也给少量资助。三是对排放污染物的单位实行收费。

（3）强化环境管理

三大政策中，核心是强化环境管理。这一方面是因为通过改善和强化环境管理可以完成一些不需要花很多资金就能解决的环境污染问题，另一方面是因为强化环境管理可以为有限的环境保护资金创造良好的投资环境，提高投资效益。要把法律手段、经济手段和行政手段有机地结合起来，提高管理水平和效能，在建立社会主义市场经济过程中，更要注重法律手段，依法管理环境，加大执法力度，坚决扭转以损害环境为代价，片面追求局部利益和暂时利益的倾向，纠正有钱铺摊子，没钱治污染的行为，严肃查处违法案件。其主要措施为：一是建立健全环境保护法规体系，加强执法力度；二是制定有利于环境保护的经济、财税政策，增强对环境保护的宏观调控力度；三是从中央到省、市、县、乡镇五级政府建立环境管理机构，加强督促管理；四是广泛开展环境保护宣传教育，不断提高全民族的环境意识。

（二）环境保护法律法规

法律是由国家制定、认可并强制执行的行为准则或规范。我国自20世纪80年代开始，从中央到地方颁布了一系列环境保护法律、法规。目前，已初步形成了由国家宪法、环境保护基本法、环境保护单行法规和其他部门法中关于环境保护的法律规范等所组成的环境保护法体系。

1.环境法律体系

（1）宪法

我国宪法对环境与资源保护作了一系列规定：宪法中关于环境与资源保护的规定是环境与资源保护法的基础，是各种环境与资源保护法律、法规和规章制度的立法依据。《中华人民共和国宪法》第二十六条规定："国家保护和改善生活环境和生态环境，防治污染和其他公害。"这一规定是国家对于环境保护的总政策。

（2）环境与资源保护基本法

我国环境与资源保护基本法是1989年12月颁布的《中华人民共和国环境保护法》，它对环境与资源保护的重要问题做了全面的规定，是除宪法之外具有最高地位的环境保护法。它规定了环境法的目的和任务，规定了环境保护的对象，规定了一切单位和个人保护环境的义务和权力，规定了环境管理机关的环境监督管理权限，规定环境保护的基本原则和环境管理应该遵循的管理制度，规定了防治环境污染、保护环境的基本要求和相应的义务。

（3）环境保护单行法

环境保护单行法是指针对特定的保护对象。如某种环境要素或特定的环境社会关系而进行专门调整的立法，大体包括土地利用规划法（如国土整治、城市规划等法规）、环境污染防治法（如大气污染防治法、水污染防治法）、自然保护法（如水法、森林法等）三类。

（4）环境保护条例和部门规章

为了贯彻落实环境保护基本法及环境保护单行法，由国务院或有关部门发布的，如《中华人民共和国环境噪声污染防治条例》《中华人民共和国自然保护区条例》《放射性同位素与射线装置放射防护条例》《化学危险品安全管理条例》《淮河流域水污染防治暂行条例》《中华人民共和国海洋石油勘探开发环境保护管理条例》《风景名胜区管理暂行条例》《基本农田保护条例》等环境保护行政法规及规范性文件。

（5）地方性环境法规和地方政府规章

地方人民代表大会和地方人民政府为实施国家环境保护法律，结合本地区的具体情况制定和颁布的环境保护地方性法规。如《江苏省环境保护条例》《湘江长沙段饮用水水源保护条例》等。

（6）环境标准

环境标准是环境法律体系的一个重要组成部分，包括环境质量标准、污染物排放标准、环境基础标准、样品标准和方法标准。中国法律规定，环境质量标准和污染物排放标准属于强制性标准，违反强制性环境标准，必须承担相应的法律责任。

（7）国际环境保护条约

我国政府为了保护全球环境而签订了一系列国际公约，如《巴塞尔公约》《蒙特利尔议定书》，国际公约是我国承担全球环境保护义务的承诺，其效力高于国内法律（我国保留的条款除外）。

2.环境法律责任

环境法律责任是指环境法主体因违反其法律义务而应当承担的具有强制性的法律后果，按其性质可分为环境行政责任、环境民事责任和环境刑事责任三种。

环境行政责任是指环境法律关系的主体出现违反环境法律法规、造成环境污染与破坏或侵害其他行政关系但尚未构成犯罪的有过错行为（即环境行政违法行为）后，应当承担的法律责任。环境行政责任分为制裁性责任和补救性责任。承担形式有行政处分和行政处罚两种。

环境民事责任是指公民或法人因污染或破坏环境而侵害公共财产或他人人身权、财产权或合法环境权益所应当承担的民事方面的法律责任。环境污染损害的民事赔偿责任是以无过失责任作为基本的归责原则，即因破坏而给他人造成财产或人身损害的行为人，不论其主观上是否有过错，都要对造成的损害承担赔偿责任。但法律还规定了因战争、不可抗力或受害人自身责任和第三方过错可免除承担环境污染损害的赔偿责任的情况。承担民事责任的方式有停止侵害、排除危害、消除危险、赔偿损失、恢复原状。

环境刑事责任，是指行为人故意或过失实施了严重危害环境的行为，并造成了人身死亡或公私财产的严重损失，已经构成犯罪要承担刑事制裁的法律责任。环境刑事责任的承担方式由《中华人民共和国刑法》中规定的刑法种类基本上都适用，包括生命刑、自由刑、财产刑、资格刑。

（三）我国现行的环境管理制度

按提出的时间先后顺序，我国环境管理的制度主要有"老三项"和"新五项"制度。这些制度构成了我国环境管理的主要的制度框架。与这些制度最初提出的时候相比，每项制度都有很大的发展。

1.老三项制度

老三项制度即指环境影响评价制度、三同时制度和排污收费制度。

（1）环境影响评价制度

环境影响评价是指对规划和建设项目实施后可能造成的环境影响进行系统分析、预测，评估其重大性，提出预防、减轻不良环境影响的对策、措施或否决意见，进行跟踪检测的过程。环境影响评价制度是调整环境影响评价中发生的社会关系的一系列法律规范的总和，是环境影响评价原则、程序、内容、权利义务以及管理措施的法定化。环境影响评价是1964年提出的一个科学概念，1969年被美国写入NEPA。我国1978年引入，1979年获得法律地位。经20多年发展，《中华人民共和国环境影响评价法》由第九届全国人大常务委员会2002年10月28日通过，2003年9月1日起施行。主要文件除《中华人民共和国环境影响评价法》外，还有《建设项目环境保护管理办法》《建设项目环境保护管理条例》等一系列规定。

（2）"三同时"制度"

"三同时"制度是我国独有的一项环境保护管理制度。"三同时"是项目设计、施工和竣工验收阶段的环境管理，是检查项目建设是否将环境影响评价中规定的环境保护措施落实在设计、施工过程中，效果怎样，是否通过项目竣工验收检测，最后决定是否批准正式投产。

"三同时"的提法第一次出现于关于官亭水库水污染问题的报告中，后来发展为具有普遍意义的对一切建设项目的要求。在 1979 年颁布的《中华人民共和国环境保护法（试行）》、1981 年颁布的《基本建设项目环境保护管理办法》、1986 年颁布的《建设项目环境保护管理办法》和 1998 年颁布的《建设项目环境保护管理条例》中"三同时"制度逐步完善。所谓"三同时"，即新建、改建、扩建和技术改造项目的配套环境保护设施，必须与主体工程同时设计、同时施工、同时投产。"三同时"要求各级环境保护部门参与建设项目的设计审查和竣工验收，将环境问题解决在建设过程中，预防新的环境污染和破坏的产生。

"三同时"制度最早出现于 1973 年经国务院批准的《关于保护和改善环境的若干规定（试行）》中，后来，在 1979 年的《中华人民共和国环境保护法（试行）》中作出了进一步的规定。此后的一系列环境法律、法规也都重申了"三同时"的规定，从而以法律的形式确立了这项环境管理的基本制度。它是我国所独创的一项环境管理制度。

（3）排污收费制度

排污收费制度指国家环境管理机关，依照法律规定对于向环境排放污染或超过国家排放标准污染物的排污者，按照污染物的种类、数量和浓度，根据规定征收一定的费用。排污收费是环境管理中的一种经济手段，也是"污染者负担原则"的具体执行方式之一。它一方面可以促进排污者加强环境管理，减少污染物的排放，另一方面也可以筹措一部分环境保护和污染治理的资金。

排污收费制度于 1978 年提出，1979 年列入法律规定并进行试点，1982 年颁布了《征收排污收费暂时办法》，对收费的范围、项目、标准和使用作出了明确规定。这项制度的最初规定是只收超标排污费，收费的项目比较少（烟尘、COD 等），费率也比较低，排污费的 80%将返还企业用于污染治理。1988 年，排污收费制度进行了改革，原来无偿返还的排污费，由拨款改为贷款，有偿使用。1992 年排污收费的范围进一步扩大，对排放二氧化硫开始收费。1993 年排污收费开始体现总量控制的思想，不超标的污水也开始征收排污费。

2.新五项制度

新五项制度包括环境保护目标责任制、城市环境综合整治定量考核制度、排污申报登记与排污许可制度、污染集中控制制度、限期治理制度。

（1）环境保护目标责任制.

环境保护目标责任制是通过签订责任书的形式，具体落实地方各级人民政府和有污染的单位对环境质量负责的行政管理制度。这一制度明确了一个区域、一个部门及一个单位环境保护的主要责任者和责任范围，运用目标化、定量化、制度化管理方法，把贯彻执行环境保护这一基本国策作为各级领导的行动规范，推动环境保护工作全面、深入地开展。

规定各级政府的行政首长对当地的环境质量负责，企业的领导人对本单位的污染防治负责，规定了任务目标，将其作为政绩考核的一项环境管理制度。

（2）城市环境综合整治定量考核制度

城市环境综合整治定量考核制度是指通过实行定量考核，对城市政府在推行城市环境综合整治中的活动予以管理和调整的一项环境监督管理制度。自 1984 年起城市环境综合整治在我国得到广泛推行。城市环境综合整治，就是把城市的环境作为一个整体，运用综合的战略、手段和措施，对城市环境进行综合规划、综合管理、综合控制，以较小的投入，换取城市环境质量整体最优化，有效地解决城市的环境问题。城市环境综合整治定量考核则是城市环境综合整治工作定量化、规范化。省、自治区、直辖市人民政府对本辖区的城市环境综合整治工作进行定期考核，公布结果。直辖市、省会城市和重点风景旅游城市的环境综合整治定量考核结果，由国家生态环境部核定后公布。城市环境综合整治定量考核的结果作为各城市政府进行城市发展决策、制定环境规划的重要依据。

（3）排污申报登记与排污许可制度

排污申报登记制度规定，凡是向周围环境排放污染物的单位，必须向当地环境保护行政主管部门申报登记排放污染物的设施、污染处理设施及排污种类、数量和浓度。排污许可制度是以改善环境质量为目标，以污染物总量控制为基础，将允许排放污染物的种类、数量、污染物性质、排污去向及污染物排放方式；以排污许可证的形式发放给排污单位和个人，是一项具有法律含义的行政管理制度。我国目前主要推行水污染物排放许可制度，关于大气污染物的排放许可证正处在研究和初试阶段。

（4）污染集中控制制度

污染集中控制制度是指在一个特定的范围内，创造一定的条件，形成一定的规模，建立集中的污水处理设施，将分散污染源实行集中控制和处理的一项环境管理制度。污染集中控制有利于集中有限的资金，采用相对先进的技术和标准，取得较大的综合效益。如城市污染水处理厂将工厂预处理后的废水集中起来进行统一处理。

（5）限期治理制度

限期治理以污染源调查为基础，以环境保护规划为依据，突出重点，分期分批地对污染危害严重、群众反映强烈的污染物、污染源、污染区域采取的限定治理时间、治理内容及治理效果的强制性措施，是人民政府为了保护人民的利益对排污单位采取的法律手段。

第二节　环境规划

环境规划是人类为克服经济社会活动的盲目性和主观随意性，使环境与经济协调发展，对自身活动和环境所作的时间和空间的合理安排和规定。环境规划是实行环境目标管理的准绳和基本依据，是环境保护战略和政策的具体体现，也是国民经济和社会发展规划体系的重要组成部分。编制和实施环境规划，对于协调经济发展与环境的关系以及保证国家的长治久安和可持续发展具有深远的意义。

《中华人民共和国环境保护法》第一章第四条规定："国家制定的环境保护规划必须纳入国民经济和社会发展规划，国家采取有利于环境保护的经济、技术政策和措施，使环境保护工作同经济建设和社会发展相协调。"第二章第十二条规定："县级以上人民政府环境保护行政主管部门，应当会同有关部门对管辖范围内的环境状况进行调查和评价，拟定环境保护规划，经计划部门综合平衡后，报同级人民政府批准实施。"这些规定，为环境规划的制定提供了法律依据，环境规划在环境管理工作中占有重要地位。

一、环境规划的含义、作用和任务

（一）环境规划的含义

环境规划是人类为使环境与经济和社会协调发展而对自身活动和环境所做的空间和时间上的合理安排。

据《现代汉语词典》，规划即"比较全面的长远的发展计划"。环境规划是人类在环境保护方面制定的较为全面和长远的工作计划；是规划管理者在预测发展对环境的影响及环境质量变化趋势的基础上，对一定时期内环境保护目标和措施所作出的具体规定；是一种带有指令性的环境保护方案。其目的在于调控人类的经济活动，减少污染，防止资源破坏，从而促进环境、经济和社会的可持续发展。

为达到环境规划的目的要求，环境规划必须做好两方面的工作，第一，保障人们公平地享用环境权和所应遵守的义务。环境规划在约束人们经济和社会活动问题上，面对的往往是一部分人污染了另一部分人，或者是一部分人侵害了另一部分人的利益。如何规范这部分人的行为使之履行其保护环境应尽的义务，是环境规划的重要内容。第二，要根据经济和社会发展以及人民生活水平提高对环境要求越来越高，对环境的保护与建设活动做出时间和空间的安排和部署，如确立长远的环境质量目标、筹划生态建设等。

（二）环境规划的作用

1.促进环境与社会、经济持续发展

环境规划是人类为使环境与经济社会协调发展而对自身活动和环境所做的时间和空间的合理安排。为达此目的，需做三件事：一、根据保护环境的目标要求，对人类经济和社会活动提出一定的约束和要求。如确定合理的生产规模、生产结构和布局，采取有利于环境的技术和工艺，实行正确的产业政策和措施.提供必要的环境保护资金等；二、根据经济和社会发展以及人民生活水平提高对环境越来越高的要求，对环境的保护与建设活动做出的时间和空间的安排与部署；三、对环境的使用和状态、质量目标作出规定，包括环境功能区划，确定不同的用途和保护目标等。因此，环境规划是一种克服人类经济社会活动与环境保护的盲目性和主观随意性的科学决策活动，必须注重预防为主，防患于未然。它的重要作用就在于协调人类活动与环境的关系，预防环境问题的发生，促进环境与经济、社会的持续发展。

2.保障环境保护活动纳入国民经济和社会发展计划

无论是计划经济还是市场经济，环境保护都离不开政府的主导作用。我国经济体制由计划经济转向社会主义市场经济后，制定规划、实施宏观调控仍然是政府的重要职能，中长期计划在国民经济中仍起着十分重要的作用。环境保护活动是我国经济生活中的重要活动，又与经济、社会活动有着密切的联系，必须纳入国民经济和社会发展计划之中，进行综合平衡，才能顺利进行。环境规划就是环境保护活动的行动计划，为了便于纳入国民经济和社会发展计划，环境规划在目标、指标、项目、措施、资金等方面都应经过科学论证、精心规划。总之要有一个完善的环境规划，才能保障环境保护纳入经济和社会发展计划。

3.合理分配排污削减量，约束排污者的行为

根据环境的纳污容量以及"谁污染谁承担削减责任"的基本原则，公平地规定各排污者的允许排污量和应削减量，为合理地、指令性地约束排污者的排污行为，消除污染提供科学依据。

4.以最小的投资获取最佳的环境效益

环境是人类生存的基本要素、生活的重要指标，又是经济发展的物质源泉，环境问题涉及经济、人口、资源、科学技术等诸多方面，是一个多因子、多层次、多目标的、庞大的动态系统。保护环境和发展经济都需要资源和资金，在有限的资源和资金条件下，特别是对发展中的中国来讲.如何用最小的资金,实现经济和环境的协调发展,就显得十分重要。环境规划正是运用科学的方法，保障在发展经济的同时，以最小的投资获取最佳环境效益的有效措施。

5.指导各项环境保护活动的进行

环境规划制定的功能区划、质量目标、控制指标和各种措施乃至工程项目，给人们提供了环境保护工作的方向和要求，指导环境建设和环境管理活动的开展。没有一个科学的规划，人类活动就是一个盲目的活动。环境规划是指导各项环境保护活动克服盲目性，按照科学决策的方法规定的行动计划。为此，环境规划必须强调科学性和可操作性，以保证科学合理和便于实施，更好地发挥环境规划的先导作用。

（三）环境规划的任务

环境规划的任务是解决和协调国民经济发展和环境保护之间的矛盾，以期科学地规划（或调整）经济发展的规模和结构，恢复和协调各个生态系统的动态平衡，促使人类生态系统向更高级、更科学、更合理的方向发展。

1.环境规划的基本任务

（1）全面掌握地区经济和社会发展的基础资料，编制地区发展的规划纲要

通过调查研究、搜集有关地区经济和社会发展长期计划以及各项基础技术资料。在搜集整理资料过程中，必须对本地区的资源作全面分析与评价。所谓资源指的是自然资源、经济资源和社会资源。通过对本地区的资源分析与评价，以便进一步制定地区经济和社会发展的性质、任务和方向，确定地区工农业生产发展的专业化和综合发展内容与途径，编制地区发展的规划纲要。

（2）搞好地区内工农业生产力的合理布局

工业合理布局是区域环境规划中的主要任务之一。首先，要对工业分布的现状进行分析，揭露问题和矛盾，以便从根本上解决。其次，要根据地区发展的规划纲要，结合地区经济、社会、历史以及地理条件，将各类工业合理地组合布置在最适宜的地点，使工业布局与资源、环境以及城镇居民点、基础设施等建设布局相协调。

农业是国民经济的基础。农业的发展与土地的开发利用关系特别密切，发展农业，就要结合农业区域提供情况，因地制宜地安排好农、林、牧、副、渔等各项生产用地，加强城郊副食基地的建设，妥善解决工农业之间以及农业与各项建设之间在用地、用水和能源等方面的矛盾，做到资源利用配置合理，形成区域生产力合理布局。

（3）合理布局污染工业体系，形成"工业生产链"

污染工业的合理布局是区域环境规划中需要解决的重要任务之一。因此应主要抓好以下几方面工作：对区域内污染工业的分布现状进行分析、揭露矛盾，以便在今后调整和建设过程中逐步改善布局；对于国家计划确定的大型骨干工程，组织有关部门进行联合选厂定点，并进行环境影响评价，预测该工程投产以后对环境可能带来的不利影响，并采取减少其不利影响的保护措施，以期达到规定的环境目标；在新开发的工业区，要形成工业生产链，以便充分利用资源，减少环境污染。

（4）充分合理地利用资源，提高资源利用率

对全国各地的资源结构进行全面分析和评价，在对比中弄清长处和短处以及有利条件

和限制因素，以便因地制宜、扬长避短、最大限度地利用资源。

（5）搞好环境保护，建立区域生态系统的良性循环

由于社会化大生产和资源的大量开发，引起了生态环境的变化和环境的污染。环境保护已成为人们普遍关心的问题。防止水源地、城镇居民点与风景旅游区的污染，保护自然保护区和历史文物古迹，建设供人们休闲的场地，已成为人们普遍的呼声。区域环境规划应力求减轻或免除对自然的威胁，恢复已被破坏的生态平衡，使大自然的生态向良性循环发展，还应进一步改善和美化环境。对局部被人类活动改造过的地表进行适当修饰，做好大地绿化和重点园林绿地规划，丰富文化设施，增加休憩和旅游的活动场所。

（6）制定环境保护技术政策

环境保护技术政策，涉及国民经济和社会发展的需要和可能，资源、能源合理开发利用的程度，生态环境保护与人体健康，国民经济技术开发战略等多方面错综复杂关系，而且还与环境质量的背景、现状和未来发展直接相关。因此，我们强调要制定统一的环境保护技术政策，以指导制定环境规划。制定环境保护技术政策，既要和有关技术经济政策相协调，又要从环境保护战略全局的需要加以统筹安排，起到横向综合与协调的作用，体现控制环境质量动态发展过程。

2.当前我国环境规划的基本任务

当前，我国环境规划主要包括以下几项工作：进一步落实环境保护基本国策；坚持污染防治与保护生态环境并重；实施总量控制计划；建立和完善综合决策、监管和共管、环境投入和公众参与四项制度。

二、环境规划的分类

环境规划的分类依不同的分类依据有不同的分类方法。

（一）按性质划分

环境规划从性质上分，有生态规划、污染综合防治规划、专题规划（如自然保护区规划）和环境科学技术与产业发展规划等。

1.生态规划

在编制国家或地区经济社会发展规划时，不应单纯考虑经济因素，应把当地的物理系统、生态系统和社会经济系统紧密结合在一起进行考虑，使国家或地区的经济发展能够符合生态规律，既能促进和保证经济发展，又不使当地的生态系统遭到破坏。一切经济活动都离不开土地利用，各种不同的土地利用对地区生态系统的影响是不一样的，在综合分析各种土地利用的"生态适宜度"的基础上，制定土地利用规划，通常称之为生态规划。

2.污染综合防治规划

污染综合防治规划也称之为污染控制规划，是当前环境规划的重点。按内容可分为工业（行业、工业区）污染控制规划、农业污染控制规划和城市污染控制规划。根据范围和

性质的不同又可分为区域污染综合防治规划和部门污染综合防治规划。

3.自然保护规划

自然保护规划虽然广泛，但根据《中华人民共和国环境保护法》规定，主要是保护生物资源和其他可更新资源。此外，还包括文物古迹、有特殊价值的水源地和地貌景观等。我国幅员辽阔，不但野生动植物资源等可更新资源非常丰富，而且有特殊价值的保护对象也比较多。因此，迫切需要分类统筹加以规划，尽快制定全国自然保护的发展规划和重点保护区规划。

4.环境科学技术与产业发展规划

环境科学技术与产业发展规划主要内容有：为实现上述规划类型所需要的科学技术研究、发展环境科学体系所需要的基础理论研究、环境管理现代化的研究和环境保护产业发展研究。

（二）按规划期分

按规划期可分为长远环境规划、中期环境规划以及年度环境保护计划。

长远环境规划一般跨越时间为 10 年以上；中期环境规划一般跨越时间为 5～10 年；5年环境规划一般称五年环境计划。五年环境计划为便于与国民经济社会发展计划同步，便纳入其中。年度环境保护计划实际上是五年计划的年度安排，它是五年计划分年度实施的具体部署，也可以对五年计划进行修正和补充。

（三）按环境要素划分

1.大气污染控制规划

大气污染控制规划，主要是在城市或城市中的小区进行。其主要内容是对规划区内的大气污染控制，提出基本任务、规划目标和主要的防治措施。

2.水污染控制规划

水污染控制规划包括区域、水系、城市的水污染控制。具体地讲，水域（河流、湖泊、地下水和海洋）环境保护规划的主要内容是对规划区内水域污染控制，提出基本任务、规划目标和主要防治措施。

3.固体废物污染控制规划

固体废物污染控制规划是省、市、区、行业和企业等的规划，主要对规划区内的固体废物处理处置、综合利用进行规划。

4.噪声污染控制规划

噪声污染控制规划一般指城市、小区、道路和企业的噪声污染防治规划。

（四）按环境与经济的辩证关系划分

1.经济制约型

经济制约型环境规划是为了满足经济发展的需要。强调环境保护服从于经济发展的需求，一般表现为解决已发生的环境污染和生态的破坏，制定相应的环境保护规划。

2.协调型

协调型环境规划反映了促使经济与环境之间的协调发展，强调环境目标和经济目标的统一，以经济和环境目标为出发点，以实现这一双重目标为终点。

3.环境制约型

环境制约型环境规划体现经济发展服从于环境保护的需要，主张经济发展目标要建立在保护环境基础上，从充分、有效地利用环境资源出发，同时防止在经济发展中产生环境污染，制定环境保护规划。

（五）按照行政区划和管理层次划分

按行政区划和管理层次可分为国家环境规划、省（区）市环境规划、部门环境规划、县区环境规划、农村环境规划、自然保护区环境规划、城市综合整治环境规划和重点污染源（企业）污染防治规划。国家环境规划，规划范围很大，涉及整个国家，是全国发展规划的组成部分，是全国的环境保护工作的指令性文件，省、市各级政府和环保部门都要依据国家环境规划提出本地的环境保护目标和要求，结合当地实际情况制定本地区的环境规划。

三、环境规划的内容

由于环境规划种类较多，内容侧重点各不相同，环境规划没有一个固定模式，但其基本内容有许多相近之处，主要为：环境调查与评价、环境预测、环境功能区划、环境规划目标、环境规划方案的设计、环境规划方案的选择和实施环境规划的支持与保证等。下面以环境规划的编制程序为主线，对其所包括的具体内容予以介绍。一般来说，编制环境规划主要是为了解决一定区域范围内的环境问题和保护该区域内的环境质量。无论哪一类环境规划，都是按照一定的规划编制程序进行的。环境规划编制的基本程序主要如下。

（一）编制环境规划的工作计划

由环境规划部门的有关人员，在开展规划工作之前，提出规划编写提纲，并对整个工作规划组织和安排，编制各项工作计划。

（二）环境现状调查和评价

这是编制环境规划的基础，通过对区域的环境状况、环境污染与自然生态破坏的调研，找出存在的主要问题，探讨协调经济社会发展与环境保护之间的关系，以便在规划中采取相应的对策。

1.环境调查

环境调查的基本内容包括环境特征调查、生态调查、污染源调查、环境质量调查、环保治理措施效果的调查以及环境管理现状的调查等。

（1）环境特征调查

主要有自然环境特征调查（如地质地貌，气象条件和水文资料，土壤类型、特征及土地利用情况，生物资源种类形状特征、生态习性，环境背景值等）、社会环境特征调查（如人口数量、密度分布，产业结构和布局，产品种类和产量，经济密度，建筑密度，交通公共设施，产值，农田面积，作物品种和种植面积，灌溉设施，渔牧业等）、经济社会发展规划调查（如规划区内的短、中、长期发展目标，包括国民生产总值、国民收入、工农业生产布局以及人口发展规划、居民住宅建设规划、工农业产品产量、原材料品种及使用量、能源结构、水资源利用等）。

（2）生态调查

主要有环境自净能力、土地开发利用情况、气象条件、绿地覆盖率、人口密度、经济密度、建设密度、能耗密度等。

（3）污染源调查

主要包括工业污染源、农业污染源、生活污染源、交通运输污染源、噪声污染源、放射性和电磁辐射污染源等。

（4）环境质量调查

主要调查对象是环境保护部门及工厂企业历年的检测资料。

（5）环境保护措施效果的调查

主要是对工程措施的削污量效果以及其综合效益进行分析评价。

（6）环境管理现状调查

主要包括环境管理机构、环境保护工作人员业务素质、环境政策法规和标准的实施情况、环境监督的实施情况等。

2.环境质量评价

环境质量评价即按一定的评价标准和评价方法，对一定区域范围内的环境质量进行定量的描述，以便查明规划区环境质量的历史和现状，确定影响环境质量的主要污染物和主要污染源，掌握规划区环境质量变化规律，预测未来的发展趋势，为规划区的环境规划提供科学依据。环境质量评价的基本内容包括：①污染源评价：通过调查、检测和分析研究，找出主要污染源和主要污染物以及污染物的排放方式、途径、特点、排放规律和治理措施等。②环境污染现状评价：根据污染源结果和环境检测数据的分析，评价环境污染的程度。③环境自净能力的确定。④对人体健康和生态系统的影响评价。⑤费用效益分析：调查因污染造成的环境质量下降带来的直接、间接的经济损失，分析治理污染的费用和所得经济效益的关系。

（三）环境预测分析

环境预测是在环境调查与评价的基础上，根据所掌握环境方面的信息资料推断未来，预估环境质量变化和发展趋势，以便提出防止环境进一步恶化和改善环境质量的对策。预先推测出经济发展达到某个水平年时的环境状况，然后再根据预测结果，对人类经济活动做出时间和空间上的具体安排和部署。环境预测是环境决策的重要依据，没有科学的环境预测就不会有科学的环境决策，也就不会有科学的环境规划。环境预测的内容主要包括：污染源预测、环境污染预测、生态环境预测、环境资源破坏和环境污染造成的经济损失预测。

（四）环境功能区划

每个地区由于其自然条件和人为利用方式不同，具体表现为它们在该区域内所执行的功能不同。比如，由于自然条件的差异，武汉东湖主要执行养殖、风景、旅游的功能，而长江武汉段则主要执行航运功能；由于人为利用方式的不同，在青山工业区主要执行工业功能，而武昌则主要执行文教功能等。

每个地区执行的功能不一样，对环境的影响程度就不一样。执行工业功能的地区，大气易受污染，邻近的噪声污染也严重；而执行文教功能的地区，大气较清洁，噪声很低。执行不同功能的地区对环境的影响程度不一样，要求它们达到同一环境质量标准的难度也不一样。不同的功能区对环境质量的要求也不一样。因此，考虑到环境污染对人体的危害及环境投资效益两方面的因素，在确定环境规划目标前常常要先对研究区域进行功能区的划分，然后根据各功能区的性质分别制定各自的环境目标。这种依据社会经济发展需要和区域环境结构、环境状况，对区域执行的功能进行合理划分的方法，叫环境功能区划方法。环境功能区划的作用：可以为合理布局提供基础，对未建成区、新开发区和新兴城市的未来环境有决定性影响；可以为污染控制标准提供依据。

（五）确定环境规划目标

环境规划目标是环境规划的核心，是在一定的条件下，决策者对规划对象（如城市或工业区）未来某一阶段环境质量状况的发展方向和发展水平所作的规定。

确定恰当的环境目标，即明确所要解决的问题及所达到的程度，是制定环境规划的关键。目标太高，环境保护投资多，超过经济负担能力，则环境目标无法实现；目标太低，不能满足人们对环境质量的要求或造成严重的环境问题。因此，在制定环境规划时，确定恰当的环境保护目标是十分重要的。环境目标一般分为总目标、单项目标、环境指标三个层次。总目标是指区域环境质量所要达到的总的要求或状况；单项目标是依据规划区环境要素和环境特征以及不同环境功能所确定的具体环境目标；环境指标是体现环境目标的指标体系。

（六）进行环境规划方案的设计

环境规划方案的设计是环境规划的工作中心与重点。根据国家或地区有关政策和规定、环境问题和环境目标、污染状况和污染物削减量、投资能力和效益等，提出具体的综合防治方案。主要内容如下：

1.拟定环境规划草案

根据环境目标及环境评价预测结果的分析，结合区域可能的资金、技术支持和管理能力的实际情况，为实现规划目标拟定出切实可行的规划方案。可以从各种角度出发拟定若干种满足环境规划目标的规划草案，以备择优。

2.优选环境规划草案

环境规划工作人员，在对各种草案进行系统分析和专家论证的基础上，筛选出最佳环境规划草案。环境规划方案的选择是对各种方案权衡利弊，选择环境、经济和社会综合效益高的方案。

3.形成环境规划方案

根据实现环境规划目标和完成规划任务的要求，对选出的环境规划草案进行修正、补充和调整，形成最后的环境规划方案。

（七）环境规划方案的申报与审批

环境规划方案的申报与审批，是整个环境规划编制过程中的重要环节，是把规划方案变成实施方案的基本途径，也是环境管理中一项重要工作制度。环境规划方案必须按照一定的程序上报各级决策机关，等待审核批准。

（八）环境规划方案的实施

环境规划的实施要比编制环境规划复杂、重要和困难得多。环境规划按照法定程序审批下达后，在环境保护部门的监督管理下，各级政策和有关部门，应根据规划中对本单位提出的任务要求，组织各方面的力量，促使规划付诸实施。

实施环境规划的具体要求和措施，归纳起来有如下几点：①要把环境规划纳入国民经济和社会发展计划中。②落实环境保护的资金渠道，提高经济效益。③编制环境保护年度计划。以环境规划为依据，把规划中所确定的环境保护任务、目标进行层层分解、落实，使之成为可实施的年度计划。④实行环境保护的目标管理，即把环境规划目标与政府和企业领导人的责任制紧密结合起来。⑤环境规划应定期进行检查和总结。

第七章　环境检测概述

第一节　环境检测技术的意义和作用

一、环境检测技术的意义

环境检测技术是随着环境科学的形成和发展而产生，在环境分析的基础上发展起来的。它是运用现代科学技术方法测取、运用环境质量数据资料的科学活动，是用科学的方法监视和检测反映环境质量及其变化趋势的各种数据的过程。用检测数据表征环境质量的变化趋势及污染的来龙去脉为目的，它是环境保护的基础。

从 20 世纪 70 年代开始，人们认识到环境问题不仅仅是控制排放污染物、保护人类健康的问题，而且包括自然环境的保护和生态平衡，维护人类繁衍发展的资源问题。人们对环境质量的理解和要求不断提高。不仅要掌握化学物质的污染，还要掌握各种物理因素的污染和生物污染。不仅要求自然环境质量，还要求社会环境质量。在控制污染方面，由末端治理向全过程控制的清洁生产发展。由主要搞单项污染治理进化到综合整治、资源综合利用。相应环境检测的概念不断深化，检测范围不断扩大。早期理解的环境检测——环境分析，是以化学分析为主要手段，建立在对测定对象间断地、定时、定点局部的分析结果，已不能适应及时、准确、全面地反映环境质量动态和污染源动态变化的要求。70 年代后期，随着科学技术的进步，环境检测技术迅速发展，仪器分析、计算机控制等现代化手段在环境检测中得到了广泛应用。各种自动连续检测系统相继问世。环境检测从单一的环境分析发展到物理检测、生物检测、生态检测、遥感、卫星检测，从间断性检测逐步过渡到自动连续检测。检测范围从一个断面发展到一个城市、一个区域，整个国家乃至全球。检测项目也日益增多，环境质量及污染状况发展趋势随时可知。故而一个以环境分析为基础，以物理测定为主导，以生物检测为补充的环境检测技术体系已初步形成。环境检测技术内容包括：

1.化学指标的测定

主要应用环境化学分析技术对化学污染物检测。包括各种化学物质在空气、水体、土壤、生物体内水平的测定。

2.物理指标的测量

主要应用环境物理计量技术对能量污染进行检测。包括噪声、振动、电磁波、放射性等水平的检测。

3.生物、生态系统的检测

主要应用环境生物计量技术检测由于人类的生产和生活活动引起的生物畸形变种、受害症候及生态系统的变化。

从检测的环境要素来看，包括水质检测（各种环境水和废水的检测技术）、大气检测（包括环境空气和废气的检测技术）、土壤与固弃物检测、噪声检测、振动检测、放射性检测、电磁辐射检测等。

由此可见，环境检测技术是运用化学、物理、生物等现代科学技术方法，间断地或连续地监视和检测代表环境质量及变化趋势的各种数据的全过程。环境检测技术不仅仅是各种测试技术，还应包括布点技术、采样技术、数理技术和综合评价技术等。因此，环境检测技术涉及的知识面、专业面宽，它不仅需要有坚实的分析化学基础，还需要有足够的物理学、生物学、生态学、气象学、地学、工程学等多方面的知识。环境检测活动是一个复杂的科学技术工作，在处理环境关系时还不能回避社会性问题。在做环境质量综合评价时，必须考虑一定的社会评价因素。环境检测具有多学科性、综合性、边缘性、连续性、追踪性、生产性及艰苦性等特点。因此，对环境检测技术首先必须有个全面的正确认识。

二、环境检测技术的作用

环境检测的目的是及时、准确、全面地反映环境质量和污染源现状及发展趋势，为环境管理、环境规划和污染防治提供依据。

1.当前环境检测的基本任务

第一，为实施强化环境管理的各项制度做好技术监督和技术支持工作。

第二，强化污染源监督检测工作。

第三，切实加强全国环境检测网络建设，完善环境检测技术体系。

第四，加速以报告制度为核心的信息管理与传递系统建设。

第四，巩固检测队伍，提高检测技术水平。

第六，进一步完善检测技术质量保证体系。

第七，坚持科技领先，做好检测科研，全面提高检测工作质量。

因此，环境检测是环境管理的"耳目"和"哨兵"，是反映环境管理水平的"尺子"。环境管理必须依靠环境检测，具体表现在如下三个方面：

第一，及时、准确的环境质量信息是确定环境管理目标、进行环境决策的重要依据。这些信息的获取要依靠检测，否则很难实现科学的目标管理。

第二，具有中国特色的强化环境管理制度的贯彻执行要依靠环境检测，否则制度和措施将流于形式。

第三，评价环境管理效果必须依靠环境检测，否则难以提高科学管理水平。所以，环境检测技术是环境管理的重要支柱。

2.环境检测为环境管理服务应遵循的原则

（1）及时性

一是建立一个高效能的环境检测网络，理顺环境检测的组织关系；二是建立完善的数据报告制度，有一个十分流畅的信息通道，做到纵横有序，传递自如；三是有能满足管理要求的数据加工处理能力；四是有一个规范化的检测成果表达形式。

（2）针对性

即着重抓好环境要素检测和污染源监督检测。摸清主要污染源、主要污染物、污染负荷变化特征及排放规律，掌握住环境质量的时空变化规律。做到针对性要消除检测与管理脱节现象。检测人员不仅要有数据头脑，而且要有管理头脑，还要努力开拓污染源检测工作，建立和完善污染源检测网络。环境检测站应具有说清环境质量现状的能力和说清污染来龙去脉的能力。

（3）准确性

一是数据的准确性，二是结论的准确性。前者取决于检测技术路线的合理性，后者取决于综合技术水平的高低。在综合分析过程中要防止重检测数据、轻调查材料，说不清环境污染史；重自然环境要素、轻社会环境要素，看不清环境问题的主要矛盾；重检测结果、轻环境效应，提不出改善环境质量的对策。

（4）科学性

一是检测数据和资料的科学性；二是综合分析数据资料方法的科学性；三是关于环境问题结论的科学性。三者缺一不可。

第二节　环境检测的内容与类型

一、环境检测的内容

人类生存在地球表面上，地球可划分为不同物理化学性质的圈层，即覆盖地球表面的大气圈；以海洋为主的水圈；构成地壳的岩石圈及它们共同构成生物生存与活动的生物圈等，总称人类生存与活动的环境。环境检测就是以这个环境和各个部分为对象的，检测影响环境的各种有害物质和因素。

物质从宏观上说是由元素组成的，从微观结构上说是由分子（多以共价键）、原子（以金属键）或离子（离子键）构成。依其组成和结构不同，物质有两种形式：一种是无机物；另一种是有机物。

无机物包括单质（包括金属、非金属等）和化合物（包括氧化物、络合物及酸、碱、盐等）。

有机物是碳氢化合物，包括烃类。自然界无机物有 10 多万种，有机化合物有 600 多万种。所以影响环境的各种有害物质和因素的检测必然是：无机（包括金属和非金属）污染检测、有机（包括农药、化肥）污染物检测及物理能量（噪声、振动、电磁、热、放射性）污染检测。故而我们可以依据不同污染物特性，有针对性地选用不同的检测分析技术和方法。对于无机污染物、金属、非金属宜用离子、原子分析技术，对于化合物有机污染物适用分子分析、色质谱法等。

通常环境检测内容以其检测的介质（或环境要素）为对象分为：空气污染检测、水质污染检测、土壤、固弃物检测、生物检测、生态检测、噪声振动污染检测、放射性污染检测、电磁辐射检测等。

（一）空气污染检测

空气污染检测是检测和检测空气中的污染物及其含量。目前已认识的空气污染物约 100 多种，这些污染物以分子和粒子两种形式存在于空气中，分子状污染物的检测项目主要有 SO_2、NO_2、CO、O_3、总氧化剂、卤化氢以及碳氢化合物等。粒子状污染物的检测项目有 TSP、IP、自然降尘量及尘粒的化学组成，如重金属和多环芳烃等。此外还有酸雨的检测，局部地区还可根据具体情况增加某些特有的检测项目。

因为空气污染的浓度与气象条件有密切关系，在检测空气污染的同时要测定风向、风速、气温、气压等气象参数。

（二）水质污染检测

水质污染的检测项目繁多，就水体来说有未被污染或已受污染的天然水（包括江、河、湖、海和地下水）、各种各样的工业废水和生活污水等。主要检测项目大体可分为两类：一类是反映水质污染的综合指标，如温度、色度、浊度、pH、电导率、悬浮物、溶解氧（DO）、化学耗氧量（COD）和生化需氧量（BOD_5）等。另一类是一些有毒物质，如酚、氰、砷、铅、铬、镉、汞、镍和有机农药、苯并芘等。除上述检测项目外，还要对水体的流速和流量进行测定。

（三）土壤固弃物检测

土壤污染主要是由两方面因素所引起，一方面是工业废弃物，主要是废水和废渣；另一方面是使用化肥和农药所引起的副作用。其中工业废弃物是土壤污染的主要原因（包括无机污染和有机污染），土壤污染的主要检测项目是对土壤、作物有害的重金属（如铬、铅、镉、汞）及残留的有机农药等进行检测。

（四）生物检测

与人类一样，地球上的生物也是以大气、水体、土壤以及其他生物为生存和生长的条件。无论是动物或植物，都是从大气、水体和土壤（植物还有阳光）中直接或间接地吸取各自所需的营养。在它们吸取营养的同时，某些有害的污染物也进入体内，其中有些毒物在不同的生物体中还会被富集，从而使动植物生长和繁殖受到损害，甚至死亡。受害的生物、作物，用于人的生活，也会危害人体健康。因此，生物体内有害物的检测、生物群落种群的变化检测也是环境检测的对象之一。具体检测项目依据需要而定。

（五）生态检测

生态检测就是观测与评价生态系统对自然变化及人为变化所做出的反应，是对各类生态系统结构和功能的时空格局的度量。它包括生物检测和地球物理化学检测。生态检测是比生物检测更复杂、更综合的一种检测技术，是利用生命系统（无论哪一层次）为主进行环境检测的技术。

（六）物理污染检测

包括噪声、振动、电磁辐射、放射性等物理能量的环境污染检测。虽然不同于化学污染物质引起人体中毒，但超过其阈值会直接危害人的身心健康，尤其是放射性物质所产生的 α、β 和 γ 射线对人体损害更大，所以物理因素的污染检测也是环境检测的重要内容。

上述的检测对象基本上都包括环境检测和污染源检测。这里所谓环境，可以是一个企业、矿区、城市地区、流域等。在任何一个检测对象中都包括许多项目，要适当加以选择。因为环境检测是一项复杂而繁重的工作，检测的内容和项目是很多的。在实际工作中，由于受人力、物力及技术水平和环境条件的限制，不能也不可能对所涉及的项目全部检测。因此要根据检测目的、污染物的性质和危害程度，对检测项目进行必要的筛选，从中挑选出对解决问题最关键和最迫切的项目。选择检测项目应遵循如下原则：

第一，对污染物的性质（如自然性、化学活性、毒性、扩散性、持久性、生物可分解性和积累性等）全面分析，从中选出影响面广、持续时间长、不易或不能被微生物所分解而且能使动植物发生病变的物质作为日常例行的检测项目。对某些有特殊目的或特殊情况的检测工作，则要根据具体情况和需要选择要检测的项目。

第二，需要检测的项目，必须有可靠的检测手段，并保证能获得满意的检测结果。

第三，检测结果所获得的数据，要有可比较的标准或能做出正确的解释和判断，如果检测结果无标准可比，又不了解所获得的检测结果对人体和动植物的影响，将会使检测结果陷入盲目性。

二、环境检测的类型

（一）监视性检测

监视性检测又叫常规检测或例行检测，是纵向指令性任务；是检测站第一位的工作；是检测工作的主体，其工作质量是环境检测水平的主要标志之一。监视性检测是对各环境要素的污染状况及污染物的变化趋势进行检测，评价控制措施的效果，判断环境标准实施的情况和改善环境取得的进展，积累质评检测数据，确定一定区域内环境污染状况及发展趋势。

1.空气环境质量检测

在县级以上城区进行。任务是对所辖区空气环境中的主要污染物进行定期或连续的检测，积累空气环境质量的基础数据。据此定期编报空气环境质量状况的评价报告，为研究空气质量的变化规律及发展趋势，做好空气污染预测、预报提供依据。

2.水环境质量检测

对所辖区的江河、湖泊、水库、地下水以及海域的水体（包括底泥、水生生物）进行定期定位的常年性检测，适时地对地表水、地下水（或海水）质量现状及其污染趋势做出评价，为水域环境管理提供可靠的数据和资料。

3.环境噪声检测

对所辖城区的各功能区噪声、道路交通噪声、区域环境噪声进行经常性的定期检测。及时、准确地掌握城区噪声现状，分析其变化趋势和规律，为城镇噪声管理和治理提供系统的检测资料。

（二）监督性检测

为了监督和实施法律法规规定的环境管理制度和政策措施，针对人为活动对环境的影响而开展的检测活动，是环境检测站的主体工作。主要是为环境管理制度和措施，如排污许可、目标责任制、环评、"三同时"验收、总量控制等。检测数据可以"一测三用"。

污染源监督检测是为掌握污染源，监视和检测主要污染源在时间和空间的变化所采取的定期定点的常规性的监督检测。包括主要生产、生活设施排放的各种废水的检测，生产工艺废气、机动车辆尾气检测，各种锅炉、窑炉排放的烟气、粉尘的检测，噪声、电磁辐射、放射性污染的监督检测等。

污染源监督检测旨在掌握污染源排向环境的污染物种类、浓度、数量，分析和判断污染物在时间空间上分布、迁移、稀释、转化、自净规律，掌握污染物造成的影响和污染水平，确定污染控制和防治对策，为环境管理提供长期的、定期的技术支持和技术服务。

（三）应急性检测

应急性检测又叫特定目的检测或特例检测，是检测站的主要工作，仅次于监督性检测的一项重要工作。但它不是定期的定点检测，而是突发的应急检测。这类检测的内容和形式很多，除一般的地面固定检测外，还有流动检测、低空航测、卫星遥感检测等形式。但都是为完成某项特种任务而进行的应急性的检测，包括如下几方面：

1.环境灾害检测

为降低突发的环境灾害事故对环境造成或可能造成的危害，减少损失所进行的检测。

2.污染事故检测

对各种污染事故进行现场追踪检测，摸清其事故的污染程度和范围、造成的危害大小等。如油船石油溢出事故造成的海洋污染，核动力厂泄漏事故引起放射性对周围空间的污染危害。工业污染源各类突发性的污染事故等均属此类。

3.纠纷仲裁检测

主要是解决执行环境法规过程中所发生的矛盾和纠纷而必须进行的检测，如排污收费、数据仲裁检测、调解处理污染事故纠纷时向司法部门提供的仲裁检测等。

（四）科研性检测

科研性检测又叫研究性检测，属于高层次、高水平、技术比较复杂的一种检测。依检测站自身能力、水平承担完成，量力而行，是多向的开发性任务。可以充分利用检测站的技术力量，提高自身的检测科研水平，增加效益。

1.标法研制检测

为研制检测环境标准物质（包括标准水样、标准气、土壤、尘、粉煤灰、植物等各种标准物质）制定和统一检测分析方法以及优化布点、采样测流的研究等。

2.污染规律研究检测

主要是研究确定污染物从污染源到受体的运动过程。检测研究环境中需要注意的污染物质及它们对人、生物和其他物体的影响。

3.背景调查检测

专项调查检测某环境的原始背景值，检测环境中污染物质的本底含量。如农药、放射性、重金属等本底调查检测及生态检测、全球环境变化遥感检测等。

4.专题研究检测

如温室效应、臭氧层破坏、酸雨规律、土地沙化、生态破坏等专题性研究的检测活动。

这类检测需要化学分析、物理测量和生物生理检验技术和已积累的检测数据资料，运用大气化学、大气物理、水化学、水文学、气象学、生物学、流行病学、毒性学、病理学、地质学、地理学、生态学、遥感学等多种学科知识进行分析研究、科学实验等。进行这类检测事先必须制订周密的研究计划，并联合多个部门、多个学科协作共同完成。

（五）服务性检测

是指接受市场委托，提供经营性环境检测技术服务的检测活动。如为社会各部门、各单位提供科研、生产、技术咨询、环境评价、资源开发保护等所需要进行的检测。

第三节　环境检测技术现状与对策

一、建立检测方法体系，确定检测技术能力

我国检测分析方法标准化建立了程序，基本分三步走。首先是通过分析方法的研究，筛选出能在全国推广的较成熟和先进的方法。分析方法的研究和筛选原则是：

第一，应具有良好的准确性与精密性；

第二，应具有良好的灵敏度；

第三，方法所用的仪器、试剂易得，便于在全国推广；

第四，尽量采用国内外新技术和新方法。

第二步将选出的方法经多个实验室验证，形成统一的方法。前阶段，我国统一分析方法已有：

《水和废水检测分析方法》（第四版，2002年8月）106个项目，248个检测方法。

《空气和废气检测分析方法》（第四版，2003年3月）80个项目，149个检测方法。

《工业固体废弃物有害特性鉴别与检测分析方法》《大气污染生物检测方法》《水生生物检测手册》等。统一方法再经过标准化工作程序审定为国家标准方法，所以我国经过这一段时间的使用修订，环境检测分析方法已逐步形成标准分析方法和非标准分析方法两类。标准方法由国家标准方法（GB）和逐步完善的国家环境检测标准方法（HJ）两部分组成。在此之外的都属于非标准检测分析方法。常规检测优先选用国家环境检测分析方法（GB、HJ），特殊需要可采用国际标准方法（ISO）。委托检测应优先使用本检测站已经认可、认证和正在开展的检测方法。若委托方推荐的方法适用，可按委托方提出的方法。

在检测任务中需用非标准方法时，须经主管领导同意并经验证生效后方可使用。

在国家环境保护战略目标下，确定检测站的检测能力主要包括：为环境决策与管理提供技术支持的能力，为环境执法提供技术监督的能力，为环境管理和社会经济建设提供技术服务的能力及环境检测系统整体的能力。四个方面能力所包括的内容如下：

1.为环境决策与管理提供技术支持的能力

第一，科学地进行环境质量、污染源检测，在实施环境保护目标责任制中为检查责任目标达标情况和考核验收工作提供依据的能力；

第二，为城市环境综合整治定量考核提供依据的能力；

第三，在实施排污许可证制度中的技术核查能力；

第四，在实施污染物集中控制中的综合分析能力；

第五，在实施污染限期治理措施中参与方案制定和效果检查的能力；

第六，"三同时"验收检测能力；

第七，在实施环境影响评价制度中的现状检测、评价能力；

第八，在实施排污收费制度中的污染源检测能力；

第九，污染物排放总量的检测能力。

2.为环境执法提供技术监督的能力

第一，重点污染源的定期监督检测能力；

第二，及时、准确地进行突发性污染事故检测和应急检测的能力；

第三，及时、准确地进行污染纠纷仲裁的能力；

第四，各大、中型工矿企业环境检测站的污染源例行检测能力；

第五，污染物排放达标状况的监督检测能力。

3.为环境管理和社会经济建设提供技术服务的能力

第一，说清环境质量和污染源现状及其变化趋势和原因的能力；

第二，参与环境决策的能力；

第三，快、准、全地提供各类检测报告和进行环境污染预报的能力；

第四，为制订区域规划提供依据的能力。

4.环境检测系统的整体能力

第一，掌握全国、区域、流域环境信息的能力；

第二，环境检测质量保证能力；

第三，联合各种检测力量进行重大检测科研的能力；

第四，引进、吸收、消化国际先进检测技术的能力；

第五，开展国际合作的能力。

各级环境检测站基本工作能力主要指各站均应具备常规环境质量检测、污染源监督检测、应急检测、服务性检测及科研检测的工作技能。

通过对 178 个国控网站的调查，已有 173 个站开展大气检测，170 个站开展地面水检测，169 个站开展了噪声检测，30 个站开展近岸海域水质检测，127 个站开展了生物检测，159 个站开展了废水、废气检测，111 个站开展了地下水检测。部分检测站已开展了土壤、植物中有机农药、重金属残留量检测；另外，还开展了典型海洋、草原、荒漠、陆地和森林生态的检测。

二、加强检测仪器设备管理，完善仪器设备配置

目前，环保系统仪器原值为 10 亿多元，仅原子吸收、离子色谱、气相色谱、液相色谱、色质联机等已有 1 257 台。据对 178 个国控站的调查，共有检测仪器原值约 5.5 亿元，占全国的 51.9%，其中大中型仪器 700 多台，占全国总数的 50% 左右。

为加强我国环境检测仪器设备管理，充分发挥仪器设备的作用，制定了全国环境检测仪器设备管理规定。对检测仪器使用、管理、配置、更新等都作了具体规定。

在先进实用的环境检测仪器的研制上：

第一，编制《环境检测仪器设备国产化发展指南》，加强环境检测仪器设备技术标准、技术政策的研究。建立和完善环境检测仪器设备的资质认证认可、环境检测技术认证制度的技术储备体系。

第二，重点研制开发 28 类在线连续自动检测仪器和主要污染物排放总量在线连续检测系统。研制浮标式水质自动检测系统、机动车排气激光光谱连续自动分析系统和其他特征污染物在线连续自动分析系统。

第三，加强 11 类空气和水质便携式检测仪器设备的研制。重点开发直读式甲醛、氨气、SO_2、NO_2、烟尘、VOCs 检测仪、便携式分光光度计、GC 仪、FTIR 以及现场化学测试组件（包括检气管、水质测试管）等。同时对 9 类采样制样设备和常规急需检测仪器设备抓紧研制，如便携式采样器、PM/和 PM 采样器、酸沉降采样器、微波制样系统、TOC、AOX 等。

三、开展检测质量保证，加强技术培训

我国从 20 世纪 70 年代开始逐步建立了中央、省、地市、县区的四级检测机构 2 298 个站，制定了各种检测管理制度。由环保部门和其他部门的有关单位开发研制了 100 多种环境标准物质，为实验室质控提供了保证。开展了优化布点，统一检测方法，进行技术培训，实行分析人员上岗合格证制，创建和评选了国家和省级优质实验室，编辑出版了质量保证手册，从而保证了检测工作质量，达到检测数据的代表性、准确性、精密性、可比性、

完整性的 QA 目标。基本形成了从检测点位优化、样品的采集与输送，实验室分析到数据处理、报告的综合编写等全过程的检测质量保证体系。

（一）环境检测质量保证体系的建立

1991 年国家环保局以环监字第 043 号文下达了《环境检测质量保证管理规定（暂行）》，对机构和职责、量值传递、实验室及人员的基本要求，检测质量保证的具体内容和报告制度，均提出了具体要求和做法。

在机构和职责方面，以分级管理的方式，建立各级质量保证管理小组和质量保证专门机构。前者负责人员考核认证、实验室评比、审定质量保证的规章制度和工作规划、指导有关技术文件的编写和主持对数据质量有争议的仲裁工作。后者负责本单位内的质量保证工作，组织实施 QA 技术方案、工作计划和规章制度，审核质控数据和组织技术培训以及考核评比等工作。

（二）计量认证工作的开展

计量认证是根据《计量法》由政府计量行政部门对向社会提供公证数据的技术机构的计量检定、测试的能力、可靠性和公正性所进行的考核和证明。国家环保局为此制定了《环境检测机构计量认证的实施和环境检测机构计量认证评审内容和考核要求》，还制定了《关于印发环境检测机构计量认证准备与监督检查内容的通知》，并正式出版了《环境检测机构计量认证和创建优质实验室指南》，为在环境检测系统开展这一工作提供了技术性文件，将其纳入了法制轨道。到目前为止，绝大多数环境检测站通过了认证。

（三）人员的技术培训与考核

1983 年由中国环境检测总站组织举办了第一期有省、市、自治区、省会城市和全国重点城市环境检测站参加的环境检测质控学习班。尔后，培训工作多以省为单位进行，亦有专门的干部进修学院以及教学与科研单位等联合举办，为提高技术水平而做出努力。

1981-1982 年和 1987-1988 年两次组织了全国上百个实验室参加的环境检测分析方法验证工作，既统一了分析方法，又锻炼了队伍。

1983 年组织了第一次质控考核，1984 年起进行分级考核，包括持证上岗、国控网点和城市环境综合整治等专项考核。

1990—1998 年，在各省考评的基础上，国家环保局对申报国家级优质实验室组织专家进行了评审，内容包括实验室环境、人员素质、质控措施和工作完成情况等。

2000-2010 年系统地研究并编制了《环境检测仪器设备质检数据采集与传输 QA/QC 手册》，编写环境检测 QA/QC 考试标准试题库和各种检测技术规范。

今后要求各级环境检测站人员技术培训及持证上岗。总站高、中级技术人员和省级站、国控网络站高级技术人员、业务领导者（站长）的培训，由国家环境检测总站组织实施；地、市和区、县级检测站高级技术人员、业务领导者（站长）的培训，由各省、自治区、直辖市检测中心站组织实施。国家和省级高级技术人员、业务领导者（站长）培训班每3～5年举办一次，其他专题技术报告会或专题研讨会可不定期举办。

省级及省级以下初、中级检测人员的培训，采取由上一级检测站举办培训班和站内"以老代新"与自学相结合方式。每年举办技术培训班1～2次，其他专题报告会或研讨会可不定期举办。

（四）开展《环境检测质量管理三年行动计划》活动

通过实施环境检测质量管理（2009—2011年）三年行动计划活动，进一步强化环境检测质量意识，经过环境检测质量管理各项制度的落实，规范使用常规、应急、自动环境检测仪器设备，提高环境检测人员的能力水平。使在用环境检测实验室主要分析仪器设备合格率达100%；检测人员持证上岗率达100%；省级环保重点城市环境检测机构的计量认证通过率达100%。进一步完善环境检测质量管理制度、夯实环境检测质量管理的基础。

四、检测科研不断发展，科学检测水平提高

我国制定并颁布实施了环境检测技术规范及有关的技术管理规定，使环境检测技术管理走上了规范化轨道。全国检测系统可以开展水、气、渣、土壤、生物、噪声、放射性等要素200多个项目的环境质量和污染源检测，还可承担较复杂的环境问题调查。各级检测站获奖科研项目1 800多项，其中有环境背景值、工业污染源、酸雨和农药污染调查等大型课题，更多的则是实用检测技术。内容涉及优化布点、分析方法、仪器设备、计算机应用、数据分析评价以及标准物质的开发研究等。

五、完善检测网络，实现检测信息管理网络化

"八五"第一年，通过优化筛选建立了由200个站组成的"国家环境质量检测网"（简称"国控网"）。1992年由国家环保局会同各有关部门组建了由27个部门的54个环境检测站组成的"国家环境检测网"。

根据加强流域环境管理的需要，1994年以来，分别组建了"长江暨三峡生态环境检测网""淮河流域环境检测网""太湖流域环境检测网"和"近岸海域环境检测网"。这些跨行政区划的专业检测网络的建立，开始打破了单纯以行政区划为单元的环境检测管理体制，适应了流域环境管理的需要。值得一提的是这些专业检测网认真开展同步检测工作，适时地为环境管理提供决策依据。在流域网建设的同时，各地环保局十分重视辖区范围内

检测网络的完善工作，大部分省级检测中心站起到了中心站的作用。

为了掌握排污状况，加强污染源检测。在太原等 11 个城市进行了组建包括行业、企事业单位检测站在内的城市检测网络的试点工作，为实施污染物排放总量控制创造了条件。

1988 年 5 月在北京召开了由 11 个省、直辖市和 10 个省辖市参加的国家环境信息传真通信系统工作会，研究开展国家环境信息传真系统的实施方案、技术方案和管理规定。首先实现全国信息中心与各大气污染防治重点城市和大气自动检测系统城市的终端之间及各终端之间的各种图、文、声数据资料等环境信息快速保密传递，为环境统计及环境质量报告书编报服务。

"九五"期间，国家环保局以各类检测报告质量为突破口，狠抓了检测为管理服务的效率。年度检测报告多数省可在 1 月底将数据软盘报到总站，5 月底前完成公众版和领导参阅材料的编制，6 月底前完成报告书。在报告的类型方面，国家及地方已编制了年度报告书的详本、简本、公众版、领导参阅材料等种类；编制了季报、月报、周报、快报、简报、各种专题报告等，为了适应流域管理的需要，长江、淮河、太湖、近岸海域分别编制了年度报告书、季报，淮河网基本做到了月报；国家及各省、市自 1992 年开始编制了重点污染源排放状况报告，每年对国家重点污染源名单进行了核实和调整，特别是典型环境问题、污染事故的快报、简报和专题检测报告的及时性和针对性得到各级领导的肯定。同时，随着计算机技术的发展，总站和部分省市已开始应用地理信息系统（GIS）、遥感信息系统（RS）和全球定位系统（GPS）等技术建立环境质量国情系统，制作音视图文集于一体的声像报告书，环境质量表征技术得到了较快的发展。1997 年 5 月，我国首次编发了《长江三峡工程生态与环境检测公报》。

"十五"重点完善数据库和信息传输系统，建设成结构合理、功能齐全、运行稳定、安全可靠的总站数据库系统和现代化的全国环境检测信息传输系统。建设由多功能数据库系统、信息传输与通讯系统、自动在线检测系统、卫星遥感解析系统和信息发布系统等组成的全国环境检测信息中心。在线监控全国地表水、空气、近岸海域、城市噪声、污染源自动检测情况，实时演示和发布全国及各地区、各流域、各海域的环境质量及污染状况。

我国的检测技术工作虽然取得很大成绩，但在发展过程中也存在明显的差距和问题。总的情况是技术支持很不适应环境管理的需要，同一些先进国家相比差距很大，主要表现在：

第一，检测分析方法不够健全，现有的方法大体可以满足常规环境质量检测和部分污染源检测。但对环境和污染调查、全面的污染源检测以及应急事故的处理，就显得不够。从检测技术现状来看，水气检测多于土壤、生物、固体废弃物等；无机物的分析方法多于有机物，而有机物、有毒有害化学品的检测技术方法较薄弱；环境质量的检测方法好于污染源的检测方法，尤其是废气检测方法很薄弱。

第二，采样技术仍然是一大难题，环境标准物质缺口很大，使检测方法的研究和应用以及质量保证工作开展受到严重制约。质量保证远未达到系统化、程序化，目前局限在水质分析质控上，水质质控也只抓了实验室分析环节，其他环节还没得到有效控制。

第三，现有检测技术配套性较差，仪器设备条件急需改善。检测技术是一个完整的体系，只有配套才能形成力量，检测项目、方法、仪器、标准、质控程序缺一不可。现有不少项目缺方法、缺仪器、少标准、无质控，特别是检测仪器设备大多是七八十年代购置的，有相当一部分需要更新。

第四，检测信息管理和开发尚存在诸多问题。国家对检测技术工作的指导、管理和支持缺乏系统的、科学的战略发展规划。检测技术的发展方向、目标、技术路线以及步骤措施不够明确，检测技术发展带有一定的盲目性。检测技术规范和有关的技术规定还没有很好地贯彻实施。尤其是对检测技术发展的投入严重不足。

今后检测技术工作总的指导思想是：检测技术工作要以增强检测能力、提高检测质量、适应环境管理为目标，从我国检测工作的实际情况和环境管理的需要出发，本着统筹配套、协调发展和突出重点的原则，确立开拓与完善并举，发展与提高兼顾的方针，积极开拓新的检测技术和新的检测方法。进一步完善已有的检测技术和检测管理体系，大力发展标准物质和质量保证工作。努力提高检测信息的管理和开发应用水平。环境检测技术工作是环境检测的重要基础，只有提高并完善环境检测技术，才能不断使环境检测工作上新台阶。

第四节　环境检测新技术开发

随着科学技术的发展与仪器的更新，各国环境检测工作者都在利用新的仪器开发一系列新的检测技术和方法，如新型检测仪器 GC-MS、GC-FTIR、ICP-MS、ICP-AES、HPLC、HPLC-MS、RS、GDS、GIS、XRF 等系列方法等。

目前发达国家环境检测单位所拥有的大型仪器主要有气相色谱-质谱联用仪（GC-MS）、液相色谱-质谱联用仪（LGMS）、傅里叶红外光谱仪（FTIR）、气相色谱-傅里叶红外光谱联用仪（GC-FTIR）、电感耦合等离子体-质谱联用仪（ICP-MS）、微波等离子体-质谱联用仪（MIP-MS）、电感耦合等离子体发射光谱仪（ICP-AES）、X-射线荧光光谱仪（XRF）等。在这些大型仪器中，除 GC-MS 和 ICP-AES 已在我国用于环境检测分析外，其他仪器还没有相应的标准或统一的检测分析方法。而在发达国家，这类仪器检测分析方法的研究开发以及应用发展较快。由于此类仪器尚不能国产化，所以在我国环境检测分析中的普及和应用尚待时日。

原子吸收光谱仪［AAS，包括 FLAAS（火焰）和 GFAAS（石墨炉）］、原子荧光光谱仪（AFS）、气相色谱仪（GC）、高效液相色谱仪（HPLC）、离子色谱仪（IC）、紫外-可见分光光度计（UV-VIS）以及极谱仪（POLAR）等属中型分析仪器。目前，国内外的标准环境检测分析方法中这类仪器的使用仍占主导地位。其中，FLAAS、UV-VIS 和 POLAR 已经国产化，仪器的性能指标已达到或接近国际先进水平。就价格性能比来看，国产仪器占绝对优势。GC 和 GFAAS 在国内发展较快，研制和生产技术也日趋成熟，产品已基本能满足我国环境检测分析的需要。我国自行研制生产的 AFS 的技术居世界领先水平，国外尚无同类专用仪器。AFS 对 Hg、As、Sb、Bi、Se 和 Te 等环境污染物元素的测定有很高的灵敏度，可以满足我国环境检测分析的需要。

一、有机污染检测技术的开发

目前，我国有机污染物的检测项目不够多，检测水平与管理需要差距较大，急需开发研究适合我国国情的 GC、HPLC、GC-FTIR、GC-MS 方法，另一个重要问题是要解决有机标准样品，这样才能更好地进行方法开发、质量控制和质量保证、方法验证等。

加大对持久性有机物、农药残毒等检测技术领域实验室大型仪器和配套前处理设备的研发。加快开发国产、高端实验室分析设备。

就我国现状而言，GC 柱的标准化、检测有机污染物的提取（从水、废水和空气、废气采集的样品中）、净化等检测技术仍需要研究和提高。

农牧产品及各类食品中农药残留量的分析是环境检测分析工作者的重要任务之一。由于农药类的挥发性强，所以通常使用 GC［包括电子捕获检测器（ECD）、火焰光度检测器（FPD）和氮磷检测器（NPD）］法。对检测出的农药进行结构鉴定一般使用 GC-MS 法，有些热稳定性差的农药需用 LC-MS 鉴定。有文献报道了共有 19 种在水果和蔬菜中残留的农药类，它们的不挥发性和热稳定性差，须用热喷雾液相色谱-质谱联用仪（TSP-LC-MS）鉴定。方法是将试样经丙酮萃取，液—液分配法净化。在 19 种农药类中确认了 13 种。用选择离子检测方式（SIM）的检测限是 0.02—1.0 mg/L，加标 0.5 mg/L 时的回收率达 70%以上。变质花生中的黄曲霉素 Bl、B2、G1 和 G2 也是用 TSP-LC-MS 法检定出的。

二、无机污染检测技术的开发

我国无机污染物检测项目比有机污染物多，方法也相对成熟，但仍需补充一些项目，尽力使方法简单化、成熟化。CO、Ni、V、Al 的方法则补充了原来检测方法中缺少的项目；电极流动法和公布的流动注射在线富集法测定 Cl⁻、F⁻、Cu、Zn、Pb、Cd、硬度等，除能保证良好的测定精度外，还节省时间，便于实现自动化，也是三个效益俱佳的方法体系。

重金属污染危害防治已成为当前环保工作的重点任务之一。环境检测部门要为重金属污染防治提供坚强的检测技术支撑、需要不断加强对实验室重金属检测技术研究和仪器设备的研发。特别是 ICP-AES、ICP-MS 推广应用及方法研制等。

ICP-AES 法测定 Al、Zn、Ba、Be、Cd、Co、Cr、Cu、Fe、Na、K、Mg，Ni、Pb、Sr、Ti、V、Cd、Mn、As 代表了大型仪器在环境检测中的应用。此外，石墨炉原子吸收法、氢化物发生原子吸收法以及离子色谱法测定无机离子等方法体系也正在开发中。

ICP-MS 是以 ICP 作为离子化源的质谱分析方法，该方法是 80 年代开始应用于实际样品分析的高灵敏度方法。ICP-MS 比 ICP-AES 灵敏度高 2~3 个数量级，比 AAS 高 1~2 个数量级，并可实现多元素同时分析。另外，质谱图比较简单，干扰峰少，可进行同位素比的测定，在金属元素的分析方面与 AAS 并行，正在快速发展普及。日本和美国都已把用 ICP-MS 分析水中 Cr（VI）、Cu、Cd 和 Pb 列为标准方法。用 HPLC-ICP MS 和 1C-ICP-MS 进行尿液中各种形态 As 的分析，以及 ICP-MS 在新型材料学、医学和药学等分析领域的应用都有报道。用高分辨率 ICP MS 还可直接进行痕量稀土元素定量分析。

三、优先检测污染物检测技术的开发

本着选择在国外水污染控制名单中出现频率高及水中难以降解、在生物体中有积累性、具有水生生物毒性的污染物，选择应具毒性效应大的化学物质，具有较大的（生产）排放量并较广泛地存在于环境中的原则。根据国内已具备的检测基础条件及治理技术、经济力量等因素分期分批地建立了优先污染物控制名单，同时也进行了相应的项目、分析方法、标准物质及质量保证程序的开发和研究。

对空气中有毒有害污染物名单的筛选及采样检测方法的研究已开始进行。检测信息管理和开发应用技术要上新台阶。数据传输要由软盘过渡到计算机联网通信传输。首先是总站与省级站联网，然后逐步扩大，环境质量报告与污染源报告要统筹考虑，逐步向统一化过渡。

四、自动检测系统和技术开发

在自动检测系统方面，一些发达国家已有成熟的技术和产品。如大气、地表水、企业废气、焚烧炉排气、企业废水以及城市综合污水等方面均有成熟的自动连续检测系统。

在水质等自动检测系统中主要使用流动注射法（FIA）技术。FIA 与分光光度法、电化学法、AAS，ICP-AES 等结合，可测定 Cl、NH_3、Ca、NO_3、Cr（III）、Cr（VI）、Cu、Pb、Cd、Zn、In、Bi、Th、U 以及稀土类等多种无机成分，已应用于各种水体水质的检测分析。

我国虽有少数废水自动监控系统生产，但检测项目较少，在提高自动化程度及降低故障率等方面仍有许多工作要做。因此，结合我国环境检测分析工作的实际情况，有选择地吸收国外先进经验和技术及产品，对于发展我国的自动检测系统大有裨益。为了实施污染物排放的总量检测与控制，需配备水质和空气的自动检测系统。目前，我国污染源自动在线检测设备技术的建设发展取得了长足的进展，在环境管理和总量减排中发挥了应有的作用。全国已建成了 324 个省、地市级监控中心，在 10 279 个国家重点监控企业分别安装了废水自动在线检测设备 7 225 套、烟气自动在线检测设备 5 472 套。

在环境质量监视性检测领域，我国已经建立了一定数量的水环境和大气环境自动检测系统，并在环境管理工作中发挥了重要作用。以国家环境检测网为例，我国已经建立起覆盖全国环保重点城市的共 600 多套空气自动检测系统，以及覆盖全国十大流域的 150 多个地表水自动检测系统，并进一步完善自动连续检测网络、提高技术装备集成化水平、满足环境质量综合评价需要，为行政管理部门提供更全面、准确、翔实的检测数据。

为首先巩固完善现有的、可正常运行的自动检测系统，在全国环境保护重点城市中稳步发展自动检测系统，选择技术条件好的城市开展空气污染 PM2.5 预报。

空气自动检测系统以干法测定原理的自动系统为发展方向，不宜再新建以溶液电导率等为测定手段的湿法自动检测系统。从 2000 年起国控网络城市的自动检测系统应全部采用干法测定系统。

重点城市的自动检测系统宜采用集中分散微机控制网络，提高系统中心与子站之间的"透明度通信方式应更新为有线传输。

建立完善的、运行良好的空气自动检测系统，发布空气 PM/污染警报并进行污染预报是空气污染防治的要求，也是建立高效能空气连续自动检测网络的根本目的。

五、现场简易检测分析仪器和技术开发

现场快速测定技术有以下几类：试纸法、水质速测管法—显色反应型、气体速测管法—填充管型、化学测试组件法、便携式分析仪器测定法。

突发性环境污染事故的不断发生给环境检测分析人员提出了重要课题。除了实施预防性检测分析外，还必须开展快速简易检测管（气、水、有机污染物、无机污染物）的研制以及便携式现场测试仪器的研制等，用于调查和解决突发性污染事故，以及半定量地解决污染纠纷。另外，我国地域辽阔、地形复杂，国有工矿企业和乡镇企业分布很广，这给环境检测人员的工作带来许多不便，尤其是许多县和乡镇还没有检测能力。因此，简易便携式现场检测分析仪器有很大的应用前景。这类仪器的使用不仅可以减少环境试样在传输过程中的玷污，减少固定和保存的繁杂手续，还可以大大减轻检测分析人员的工作量，便于适时掌握环境质量的动态变化趋势。从目前的便携式仪器来看，无机污染物的检测分析仪器较多，多开发一些有机污染物的检测分析仪器是该领域的发展方向。另外，开发这类仪器也可减少检测分析的消耗。在进行这类仪器设备及检测分析方法研究时，必须进行实用

性检验，即使用同样的污染源样品，用标准方法和现场测定方法同时对污染成分进行测定，检验测定结果的可比性或相关性。

在便携式现场速测仪中，目前以可测定 DO、pH、水温、浊度、电导和总盐度的仪器最为成熟，我国已应用于污染事故调查（死鱼等）和长江同步检测中。便携式 COD 测定仪可测定有机污染物的综合指标，而可测定水和气多种有机成分的便携式光离子化检测器气相色谱仪（GGPID）、便携式红外光谱仪将会在应急检测中起到重要的作用。

在便携式速测仪中，便携式 GC 与一般的 GC 相比，在性能方面已无明显差别；体积小、轻便、适用于现场检测是其主要特征。这类仪器主要使用 PID。PID 可检测离子电位不大于 12 eV 的任何化合物，如烷烃（除甲烷外）、芳香族、多环芳烃、醛类、酮类、酯类、胺类、有机酸、有机硫化合物以及一些有机金属化合物。还可检测 NH_3、H_2S、AsH_3、PH_3、Cl_2、I_2 和 NO 等无机化合物。用 PID 测定、芳香族和多环芳烃等 HC 化合物的灵敏度比火焰离子化检测器（FID）高 5~10 倍；测定含 P、S 农药类比 FPD 低 10 倍左右。此外，PID 对无机物的检测限达到或超过其他任何检测器。如对 NH 的检测限达 200 pg，比热导池检测器（TCD）低 2~3 个数量级，对无机硫化合物比 FPD 的检测限低 30 倍，对 PH_3 的检测限比 FPD 低 5 倍。此外，ECD 对电负性高的卤化物等响应的高灵敏度和高选择性，必将会使其成为便携式 GC 的常用检测器之一。便携式傅里叶变换红外光谱仪可直接现场测定我国优先登记的有毒化学品沸点低的气态污染物。

六、生物检测技术的开发

多年来，气相色谱/质谱联用（GC/MS）和高效液相色谱（HPLC）已经非常成功地应用于环境分析，能精确地检测残留的农药量。然而，它们需要昂贵的仪器设备、复杂的前处理、熟练的技术人员及较长的分析周期。因此，人们迫切希望一种简单、快速且价廉的检测技术，能在野外或实验室内进行大批量的筛选试验。酶免疫检测（EIA）技术就此脱颖而出，尤其是在农药分析领域。为了使 EIA 技术在环境检测中得到应用，美国的一些管理机构相继开发了许多化学品的检测技术，并制定相应的规范程序。USEPA 的主要目标是发展简单、快速的检测技术，包括野外和实验室的 EIA 检测。野外方法可用于危险废物处置能力的测定，能快速获得污染程度的信息，迅速提出行动方案。USEPA 主要将 EIA 集中用于食品和饲料中农药残留量的检测，同时开发天然毒素（如黄曲霉素）的检测方法。USFSIS 资助开发了拟除虫菊酯、含氯杀虫剂以及其他化合物的检测技术。近年来，EIA 试剂盒的商品化，为 EIA 技术在环境检测领域的大量运用创造了条件，并使之有可能成为常规分析法。

在检测方法不断改进的同时，新化合物的 EIA 检测方法也在不断涌现。Dankwardt 等设想制备不同特性的抗体，将不能使用化学方法提取的 atrazine 从与其结合的天然腐殖酸的农田土壤颗粒上分离，并测定其残留量。Lawrukdeng 等人选用磁性颗粒基质作为 2，4-D 抗体固相，检测环境水样中的 2，4-D 及其酯类。该方法灵敏度更高，最低检出限可达到 0.7 μg/L。Hothenstein 等人开发了一种利用特殊的 PCP 抗血清，与磁性颗粒固相共价结合竞争 EIA 的检测方法，可定量测定水及土壤中的 PCP 含量。

我国的研究者也自行开发了许多 EIA 检测方法。

第一，成功地合成了对硫磷人工抗原，并在免疫的兔子体内获得高效抗血清。在此基础上，应用 ELISA 法对梨、苹果中的对硫磷残留量进行检测，并以 GC 法验证，充分说明其具有良好的重现性。

第二，通过化学方法，将杀虫脒偶联到载体蛋白制成抗原，然后免疫 BALB/C 小鼠。经细胞融合、筛选、克隆等步骤，获得了抗杀虫脒的特异性抗体，并以该抗体建立了大米中杀虫脒残留量的单克隆抗体 ELISA 检测方法。

第三，应用 B 淋巴细胞杂交瘤技术，研制出特异性强的 T-2 毒素的单克隆抗体，并建立了小麦 T-2 毒素的 ELISA 检测方法等。

EIA 检测技术具有快速、灵敏、费用低并适合于现场检测等特点，是大批量环境样品筛选试验的良好工具。EIA 野外测定，能帮助人们迅速溯源并了解污染物的量及其在环境中的迁移、转化等情况。因此，EIA 在环境中的应用已不再局限于农药及其残留量的检测。近年来，为了治理环境污染，人为地引入了许多基因工程微生物（Ge-netical Engineered Microorganism，GEM）。在 GEM 的存活、扩散、基因传播以及可能对生态系统和人类健康产生危害的研究中，EIA 充分发挥其特异性和敏感性等优点，成为检测环境中对特异 GEM 的一种良好的检测手段。另外，EIA 技术与信号传感系统结合，产生一种新的环境生物传感器，可用于环境有毒化合物的连续、原位检测。随着对 EIA 技术的不断开发和完善，并与其他技术有机结合，其在环境检测领域的应用前景十分广阔。

生物检测技术在污染物持续影响和综合毒性等方面更具优势，并且具有操作简单、快速、耗资少等特点。

七、生态遥感检测技术的开发

从各国生态检测的发展状况来看，不难发现生态检测的总体趋势：遥感手段和地面检测相结合，从宏观和微观角度来全面审视生态质量状况；网络设计上趋于一体化，考虑全球生态质量变化，重视加强国与国之间的合作；在生态质量评价上逐步从生态质量现状评价转为生态风险评价，对于生态质量状况提供早期预警。

目前，我国对生态环境变化及检测已高度重视。我国参加了国际地圈-生物圈计划，并成立了相应的中国全球变化委员会（挂靠中国科学院），在全球变化研究中积极做出自己的贡献。

我国生态检测方面考虑的主要内容有：空气环境检测（CR、CO?的观测），土地覆盖的变化及对全球变化的影响（包括森林覆盖的变化、湖泊面积的变化、沙漠化的发展、高山冰雪的进退等），海洋环境的检测（海面温度、洋流、海平面变化等），生态网络系统（自然保护区的检测），人对环境的影响，危机带（脆弱、不稳定的过渡带）检测系统，西藏高原对全球变化的影响等。

遥感检测方面，遥感技术也由可见光、近红外提高到成像光谱，由真实孔径雷达提高到多极化成像雷达。商品化的遥感卫星的空间分辨率已接近于米级，全球定位系统卫星覆盖着全球，多媒体传输进入了数字通信网络。我国低纬探空火箭和中纬高空探空气球实验、航空遥感快速反应能力与波谱测试定标技术、土地资源详查与卫星遥感制图等发展迅速。在环境检测中大有用武之地。

遥感是检测全球环境变化的最重要的技术手段。在获取空间数据方面，可以充分利用北京、广州和乌鲁木齐 3 个气象卫星地面站接收的气象卫星（NOAA、我国风云一号 F，–1 等）数据，以及中高空航空遥感飞机所得到的数据。同时，现有的 50 个生态环境观测站、自然保护区的观测数据以及其他专门的地面观测台站等地面观察手段，也可以作为空间遥感数据的重要补充和验证，以完成检测任务。此外，还建立了全国自然环境信息系统、全国国土基本信息系统、全国自然资源数据库及全国湖泊、沼泽、沙漠化、冰川等数据库，为全球、全国环境变化研究，提供基本数据和数据分析、评价的依据。

九、环境预警检测体系的构建

统筹先进的科研技术、仪器和设备优势，充分利用全天候、多区域、多门类、多层次的检测手段，依托先进的网络通信资源，及时调动包括高频的数据采集系统、先进的计算和网络支撑系统、快速安全的数据传输系统、功能完备的业务联动预警响应对策，构建成环境预警检测系统，实现检测数据信息的代表性、准确性、精密性、完整性，全面反映环境质量状况和变化趋势，准确预警突发环境事件的目标。2020 年在国家环境宏观战略规划基本架构的基础上，全面改善我国环境检测网络、技术装备、人才队伍等方面薄弱的状况，重点区域流域具备前瞻性和战略性检测预警评价能力，支撑环境检测技术发展的基础得到有效巩固，环境质量监管能力显著提升，全面实现环境检测管理和技术体系的定位、转型和发展，掌握环境质量状况及变化趋势。弄清污染物排放情况，对突发环境事件和潜在的环境风险进行有效预警响应，形成检测管理全面一盘棋、检测队伍上下一条龙和检测网络天地一体化的现代化环境检测格局。

第八章 水和废水检测

第一节 水质检测方案的制定

水质检测方案是一项检测任务的总体构思和设计。制定前应该首先明确检测目的，在实地调查研究的基础上，掌握污染物的来源、性质以及污染物的变化趋势，确定检测项目，设计检测网点，合理安排采样时间和采样频率，选定采样方法和检测分析方法，并提出检测报告要求，制定质量保证程序、措施和方案的实施细则，在时间和空间上确保检测任务的顺利实施。

一、地表水水质检测

地表水系指地球表面的江、河、湖泊、水库水和海洋水。为了掌握水环境质量状况和水系中污染物浓度的动态变化及其变化规律，需要对全流域或部分流域的水质及向水流域中排污的污染源进行水质检测。世界上许多国家对地表水的水质特性指标采样、测定等过程均有具体的规范化要求，这样可保证检测数据的可比性和有效性。自2002年12月《地表水和污水检测技术规范》颁布以来，我国加快了水体水质检测工作的规范性和系统性的推进步伐，系列水质采样、检测技术规范等陆续颁布，为各类环境水体的水质检测奠定了技术基础。

二、饮用水源地水质检测

生活饮用水水源主要有地表水水源和地下水水源。饮用水源地一经确立，就要设立相应的饮用水源保护区。生活饮用水源保护区是指为保证生活饮用水的水质达到国家标准，依照有关规定，在生活饮用水源周围划定的需特别保护的区域。

为更科学地实施生活饮用水源地保护，世界上许多国家对地表水的水质特性指标采样、测定等过程均有具体的规范化要求，保证检测数据的可比性和有效性。我国1998年颁布了《水环境检测规范》，2007年1月9日颁布了《饮用水水源保护区划分技术规范》，该规范适用于集中式地表水、地下水水源保护区（包括备用和规划水源地）的划分。因此，饮用水源地水质检测也是围绕着水源保护区水体而开展的。2009年国家环保部相继发布了环境保护标准《水质采样技术指导》和《水质采样方案设计技术指导》。生活饮用水水源质量必须随时保证安全，应建立连续、可靠的水质检测和水质安全保障系统。条件允许时，还应逐步建立起饮用水源保护区水质检测、自来水厂水质检测和饮用水管网水质自动检测联网的饮用水质安全检测网络。

三、水污染源水质检测方案的制定

水污染源指工业废水源、生活污水源等。工业废水包括生产工艺过程用水、机械设备用水、设备与场地洗涤水、延期洗涤水、工艺冷却水等；生活污水则指人类生活过程中产生的污水，包括住宅、商业、机关、学校和医院等场所排放的生活和卫生清洁等污水。

在制定水污染源检测方案时，同样需要进行资料收集和现场调查研究，了解各污染源排放单位的用水量、产生废水和污水的类型（化学污染废水、生物和生物化学污染废水等）、主要污染物及其排水去向（江、河、湖等水体）和排放总量，调查相应的排污口位置和数量、废水处理情况。

对于工业废水，应事先了解工厂性质、产品和原材料、工艺流程、物料衡算、下水管道的布局、排水规律以及废水中污染物的时间、空间及数量变化等。

对于生活污水，应调查该区域范围内的人口数量及其分布情况、排污单位的性质、用水来源、排污水量及其排污去向等。

（一）采样点的布设原则

第一，第一类污染物的采样点设在车间或车间处理设施排放口；第二类污染物的采样点则设在单位的总排放口。

第二，工业企业内部检测时，废水的采样点布设与生产工艺有关。通常选择在工厂的总排放口、车间或工段的排放口以及有关工序或设备的排水点。

第三，为考察废水或污水处理设备的处理效果，应对该设备的进水、出水同时取样。如为了解处理厂的总处理效果，则应分别采集总进水和总出水的水样。

第四，在接纳废水入口后的排水管道或渠道中，采样点应布设在离废水（或支管）入口20~30倍管径的下游处，以保证两股水流的充分混合。

第五，生活污水的采样点一般布设在污水总排放口或污水处理厂的排放口处。对医院产生的污水在排放前还要求进行必要的预处理，达标后方可排放。

（二）采样时间和频次

不同类型的废水或污水的性质和排放特点各不相同，无论是工业废水，还是生活污水的水质都随着时间的变化而不停地发生着改变。因此，废水或污水的采样时间和频次应能反映污染物排放的变化特征而具有较好的代表性。一般情况下，采集时间和采样频次由其生产工艺特点或生产周期所决定。行业不同，生产周期不同；即使行业相同，但采用的生产工艺也可能不同，生产周期仍会不同，可见确定采样时间和频次是比较复杂的问题。在我国的《污水综合排放标准》和《水污染物排放总量检测技术规范》中，对排放废水或污水的采样时间和频次均提出了明确的要求，归纳如下：

第一，水质比较稳定的废水（污水）的采样按生产周期确定检测频率，生产周期在 8h 以内的，每 2h 采样一次；生产周期大于 8h 的，每 4h 采集一次；其他污水采集，24h 不少于 2 次。最高允许排放浓度按日平均值计算。

第二，废水污染物浓度和废水流量应同步检测，并尽可能实现同步的连续在线检测。

第三，不能实现连续检测的排污单位，采样及检测时间、频次应视生产周期和排污规律而定。在实施检测前，增加检测频次（如每个生产周期采集 20 个以上的水样），进行采样时间和最佳采样频次的确定。

第四，总量检测使用的自动在线检测仪，应由环境保护主管部门确认的、具有相应资质的环境检测仪器检测机构认可后方可使用。但必须对检测系统进行现场适应性检测。

第五，对重点污染源（日排水量 100t 以上的企业）每年至少进行 4 次总量控制监督性检测（一般每个季度一次）；一般污染源（日排水量 100t 以下的企业）每年进行 2 ~ 4 次（上、下半年各 1 ~ 2 次）监督性检测。

四、水生生物检测

水、水生生物和底质组成了一个完整的水环境系统。在天然水域中，生存着大量的水生生物群落，各类水生生物之间以及水生生物与它们赖以生存的水环境之间有着非常密切的关系，既互相依存又互相制约。当饮用水水源受到污染而使其水质改变时，各种不同的水生生物由于对水环境的要求和适应能力不同而产生不同的反应，人们就可以根据水生生物的反应，对水体污染程度作出判断，这已成为饮用水水源保护区不可或缺的水质检测内容。实施饮用水水源地水质生物检测的程序与一般水质检测程序基本相同，在此不再重复。以下重点介绍生物检测采样点布设方法、采样方法等。

（一）生物检测的采样垂线（点）布设

在饮用水水源各级保护区布设生物检测采样垂线一般应遵循下列原则：

第一，根据各类水生生物的生长与分布特点，布设采样垂线（点）。

第二，在饮用水水源各级保护区交界处水域，应布设采样垂线（点），并与水质检测采样垂线尽可能一致。

第三，在湖泊（水库）的进出口、岸边水域、开阔水域、海湾水域、纳污水域等代表性水域，应布设采样垂线。

第四，根据实地勘查或调查掌握的信息，确定各代表性水域采样垂线（点）布设的密度与数量。

对浮游生物、微生物进行检测时，采样点布设要求如下：

第一，当水深小于 3m、水体混合均匀、透光可达到水底层时，在水面下 0.5m 布设一个采样点。

第二，当水深为 3～10m，水体混合较为均匀，透光不能达到水底层时，分别在水面下和底层上 0.5m 处各布设一个采样点。

第三，当水深大于 10m，在透光层或温跃层以上的水层，分别在水面下 0.5m 和最大透光深度处布设一个采样点，另在水底上 0.5m 处布设一个采样点。

第四，为了解和掌握水体中浮游生物、微生物的垂向分布，可每隔 1.0m 水深布设一个采样点。

对底栖动物、着生生物和水生维管束植物检测时，在每条采样垂线上应设一个采样点。采集鱼样时，应按鱼的摄食和栖息特点，如肉食性、杂食和草食性、表层和底层等在检测水域范围内采集。

（二）生物检测采样时间和采样频次

在我国各城市选用的饮用水水源不尽相同，对水源保护区采取的生物检测时间和频次会有差异，在此仅介绍一般性原则。

1.采样频次

第一，生物群落检测周期为 3～5 年 1 次，在周期检测年度内，检测频次为每季度 1 次。

第二，水体卫生学项目（如细菌总数、总大肠菌群数、粪大肠菌群数和粪链球菌数等）与水质项目的检测频率相同。

第三，水体初级生产力检测每年不得少于 2 次。

第四，生物体污染物残留量检测每年 1 次。

2.采样时间

第一，同一类群的生物样品采集时间（季节、月份）应尽量保持一致。浮游生物样品的采集时间以上午 8：00～10：00 时为宜。

第二，除特殊情况之外，生物体污染物残留量测定的生物样品应在秋、冬季采集。

五、底质（沉积物）检测

底质（sediment），又称沉积物。它是由矿物、岩石、土壤的自然侵蚀产物，生物过程的产物，有机质的降解物，污水排出物和河床母质等所形成的混合物，随水流迁移而沉降积累在水体底部的堆积物质的统称。

水、水生生物和底质组成了一个完整的水环境体系。底质中蓄积了各种各样的污染物，能够记录特定水环境的污染历史，反映难以降解的污染物的累积情况。对于全面了解水环境的现状、水环境的污染历史、底质污染对水体的潜在危险，底质检测是水环境检测中不可忽视的重要环节。

（一）资料收集和调查研究

由于水体底部沉积物不断受到水流的搬迁作用，导致不同河流、河段的底质类型和性质差异很大。在布设采样断面和采样点之前，要重点收集饮用水水源保护区相关的文献资料，也要开展现场的实际探查或勘探工作，具体归纳如下：

第一，收集河床母质、河床特征、水文地质以及周围的植被等的相关材料，掌握沉积物的类型和性质。

第二，在饮用水水源各级保护区内随机布设探查点，探查底质的构成类型（泥质、砂或砾石）和分布情况，并选择有代表性的探查点，采集表层沉积物样品。

第三，在泥质沉积物水域内设置 1~2 个采样点，采集柱状样品。枯水期可以在河床内靠近岸边 30 m 左右处开挖剖面。通过现场测量和样品分析，了解沉积物垂直分布状况和水域的污染历史。

第四，将上述资料绘制成水体沉积物分布图，并标出水质采样断面。

（二）检测点的布设

（1）采样断面的布设

底质采样是指采集泥质沉积物。底质采样断面的布设原则与饮用水地表水水源保护区采样断面基本相同，并应尽可能取得一致。其基本原则如下：

第一，底质采样断面应尽可能与地表水水源保护区内的采样断面重合，以便于将底质的组成及其物理化学性质与水质情况进行对比研究。

第二，所设采样断面处于沙砾、卵石或岩石区时，采样断面可根据所绘沉积物分布图向下游偏移至泥质区；如果水质对照断面所处的位置是沙砾、卵石或岩石区，采样断面应向上游偏移至泥质区。

在此情况下，允许水质与沉积物的采样断面不重合。但是，必须保证所设断面能充分代表给定河段、水源保护区的水环境特征。

（2）采样点的布设

第一，底质采样点应尽可能与水质采样点位于同一垂线上。如遇有障碍物，可以适当偏移。若中心点为沙砾或卵石，可只设左、右两点；若左、右两点中有一点或两点都采不到泥质样品，可将采样点向岸边偏移，但必须是在洪、丰水期水面能淹没的地方。

第二，底质未受污染时，由于地质因素的原因，其中也会含有重金属，应在其不受或少受人类活动影响的清洁河段上布设背景值采样点。该背景值采样点应尽可能与水质背景值采样点位于同一垂线上。在考虑不同水文期、不同年度和采样点数的情况下，小样本总数应保证在 30 个以上，大样本总数应保证有 50 个以上，以用于底质背景值的统计估算。

第三，底质采样点应避开河床冲刷、底质沉积不稳定及水草茂盛、表层底质易受搅动之处。

（三）底质柱状样品采集

由于柱状样品的采样工作困难大，人力、物力和时间的消耗多，所以要求所设的采样点数要少，但必须有代表性，并能反映当地水体污染历史和河床的背景情况。为此，在给定的水域中只设 2~3 个采样点即可。

（四）采样时间和频次

由于底质比较稳定，受水文、气象条件影响较小，一般每年枯水期采样一次，必要时可在丰水期增加采样一次，采样频次远低于水质检测。

六、供水系统水质检测

供水系统水质检测应该包括自来水公司水质检测和给水管网中水质检测两部分。饮用水出厂水质好并不等于供水范围内的居民就能饮用上质量好的水。以往，人们仅把注意力集中在自来水出厂水的质量上，对给水管网系统中的水质变化问题重视不够。而随着城市的不断发展.城市供水管网不断增加，供水面积越来越大，仅依靠人工定时、定点对供水管网检测点采集水样再送实验室化验的管网水质检测的传统方式已显落后，应逐步建立一套符合国家标准的自动化、实时远程供水管网水质安全检测系统，与已经建立的、严格的水厂制水过程控制系统共同构成完善的、科学的供水水质安全保障体系。

（一）自来水公司水质检测

自来水公司涉及的水质检测主要是对供水原水、各功能性水处理段以及自来水厂出厂等取水点水质的检测，其一般要求为：在原水取水点，按照国家和地方颁布的饮用水原水标准，自来水公司应对原水进行每小时不少于一次的水质相关指标检验。原水一旦引入水厂，生物检测立即启动，即水厂在原水中专门养殖了一些对水质特别敏感的小鱼和乌龟，一发现生物受到影响，就立即启动快速检验、应急预案，停止在该水源地取原水，并调整供水布局。

当饮用水源保护区水质受到轻微污染时，应根据饮用水水源水质标准的要求，实施微污染水源水检测方案，简介如下：

第一，在取水口采样，按照取水口的每年丰、枯水期各采集水样。

第二，对水样进行质量全分析检验，并每月采样检验色度、浊度、细菌总数、大肠菌群数四项指标。

第三，一般性化学指标检测。对水源的一般性化学指标进行检测，如 pH 值、总硬度、铜、锌、阴离子合成洗涤剂、硫酸盐、氯化物、溶解性固体等，特别是铁和锭，它们是造成水色度和浊度的重要污染物。

第四，毒理学指标检测。对水源中的氟化物、砷、硒、汞、镉、铬（六价）、铅、硝酸盐氮、苯并[α]芘等进行检测，对于有条件的水厂要进行氰化物、氯仿和 DDT 等的检测，以保障饮用水的安全。

（二）给水管网系统水质检测

随着城市的不断发展，城市供水管网不断增加，供水面积越来越大，引起给水管网系统中水质变化的原因也逐渐增多，归纳起来有：①在流经配水系统时，在管道中会发生复杂的物理、化学、生物作用而导致水质变化；②断裂管线造成的污染；③水在储水设备中停留时间太长，剩余消毒剂消耗殆尽，细菌滋生；④管道腐蚀和投加消毒剂后形成副产物等，使水的浊度升高。由此可以看出，检测给水管网的水质状况，提高供水水质的安全性是一个实际而又亟待解决的问题。

给水管网系统中的采样点通常应设在下列位置：

第一，每一个供水企业在接入管网时的结点处。

第二，污染物有可能进入管网的地方。

第三，特别选定的用户自来水龙头。在选择龙头时应考虑到与供水企业的距离、需水的程度、管网中不同部分所用的结构材料等因素。

随着城市高层建筑的不断增多，二次供水已成为城市供水的另一主要类型。由于高位水箱易遭受污染，不易清洗，卫生管理上又是薄弱环节，应增设二次供水采样点。采样时间保持与管网末梢水采样同期，每月至少采样 1 次，检测色度、浑浊度、细菌总数、大肠菌群数和余氯 5 项指标，一年两次对二次供水采样点水质进行全分析检测。

由于城市给水管网比较复杂、庞大，仅通过建立几个有限的检测点人工检测水质变化情况，想实时地、全面地了解整个管网各段的水质情况是非常困难的。可以利用先进的计算机和网络技术，建立检测水质的数学模型，使该模型不仅可以观察检测点处的水质情况，而且还可以根据这些点的有效数据，推测出管网其他各处的水质状况，跟踪给水管网的水质变化.从而评估出给水管网系统的水质状况。

第二节　水样的采集、保存和预处理

一、水样及其相关样品采集

（一）采样前准备

地表水、地下水、废水和污水采样前。首先要根据检测内容和检测项目的具体要求，选择适合的采样器和盛水器，要求采样器具的材质化学性质稳定、容易清洗、瓶口易密封。其次，需确定采样总量（分析用量和备份用量）。

1.采样器

采样器一般是比较简单的，只要将容器（如水桶、瓶子等）沉入要取样的河水或废水中，取出后将水样倒进合适的盛水器（贮样容器）中即可。

欲从一定深度的水中采样时，需要用专门的采样器。这种采样器是将一定容积的细口瓶套入金属框内，附于框底的铅、铁或石块等重物用来增加自重。瓶塞与一根带有标尺的细绳相连。当采样器沉入水中预定的深度时，将细绳提起，瓶塞开启，水即注入瓶中。一般不宜将水注满瓶，以防温度升高而将瓶塞挤出。

采样前塞紧橡胶塞，然后垂直沉入要求的水深处，打开上部橡胶塞夹，水即沿长玻璃管通至采样瓶中，瓶内空气由短玻璃管沿橡胶管排出。采集的水样因与空气隔绝，可用于水中溶解性气体的测定。

如果需要测定水中的溶解氧，则应采用双瓶采样器采集水样。当双瓶采样器沉入水中后，打开上部橡胶塞夹，水样进入小瓶（采样瓶）并将瓶内空气驱入大瓶，从连接大瓶短玻璃管的橡胶管排出，直到大瓶中充满水样，提出水面后迅速密封大瓶。

采集水样量大时，可用采样泵来抽取水样。一般要求在泵的吸水口包几层尼龙纱网以防止泥沙、碎片等杂物进入瓶中。测定痕量金属时，则宜选用塑料泵。也可用虹吸管来采集水样。

上述介绍的多是定点瞬时手工采样器。为了提高采样的代表性、可靠性和采样效率，目前国内外已开始采用自动采样设备。如自动水质采样器和无电源自动水质采样器，包括手摇泵采水器、直立式采水器和电动采水泵等，可根据实际需要选择使用。自动采样设备对于制备等时混合水样或连续比例混合水样，研究水质的动态变化以及一些地势特殊地区的采样具有十分明显的优势。

2.盛水器

盛水器（水样瓶）一般由聚四氟乙烯、聚乙烯、石英玻璃和硼硅玻璃等材质制成。研究结果表明，材质的稳定性顺序为：聚四氟乙烯＞聚乙烯＞石英玻璃＞硼硅玻璃。通常，塑料容器（P-Plastic）常用作测定金属、放射性元素和其他无机物的水样容器；玻璃容器（G-Glass）常用作测定有机物和生物类等的水样容器。每个检测指标对水样容器的要求不尽相同。

对于有些检测项目，如油类项目，盛水器往往作为采样容器。因此，采样器和盛水器的材质要视检测项目统一考虑。应尽力避免下列问题的发生：①水样中的某些成分与容器材料发生反应；②容器材料可能引起对水样的某种污染；③某些被测物可能被吸附在容器内壁上。

保持容器的清洁也是十分重要的。使用前，必须对容器进行充分、仔细的清洗。一般说来，测定有机物质时宜用硬质玻璃瓶，而被测物是痕量金属或是玻璃的主要成分，如钠、钾、硼、硅等时，就应该选用塑料盛水器。已有资料报道，玻璃中也可溶出铁、锭、锌和铅；聚乙烯中可溶出锂和铜。

3.采样量

采样量应满足分析的需要，并应考虑重复测试所需的水样用量和留作备份测试的水样用量。如果被测物的浓度很低而需要预先浓缩时，采样量就应增加。

每个分析方法一般都会对相应检测项目的用水体积提出明确要求，但有些检测项目对采样或分样过程也有特殊要求，需要特别指出：

第一，当水样应避免与空气接触时（如测定含溶解性气体或游离 CO_2 水样的 pH 值或电导率），采样器和盛水器都应完全充满，不留气泡空间。

第二，当水样在分析前需要摇荡均匀时（如测定油类或不溶解物质），则不应充满盛水器，装瓶时应使容器留有 1/10 顶空，保证水样不外溢。

第三，当被测物的浓度很低而且是以不连续的物质形态存在时（如不溶解物质、细菌、藻类等），应从统计学的角度考虑单位体积里可能的质点数目而确定最小采样量。例如，水中所含的某种质点为 10 个/L，但每 100 毫升水样里所含的却不一定都是 1 个，有的可能含有 2 个、3 个，而有的一个也没有。采样量越大，所含质点数目的变率就越小。

第四，将采集的水样总体积分装于几个盛水器内时，应考虑到各盛水器水样之间的均匀性和稳定性。

水样采集后，应立即在盛水器（水样瓶）上贴上标签，填写好水样采样记录，包括水样采样地点、日期、时间、水样类型、水体外观、水位情况和气象条件等。

（二）地表水采样方法

地表水水样采样时，通常采集瞬时水样；遇有重要支流的河段，有时需要采集综合水样或平均比例混合水样。

地表水表层水的采集，可用适当的容器如水桶等。在湖泊、水库等处采集一定深度的水样，可用直立式或有机玻璃采样器，并借助船只、桥梁、索道或涉水等方式进行水样采集。

1.船只采样

按照检测计划预定的采样时间、采样地点，将船只停在采样点下游方向，逆流采样，以避免船体搅动起沉积物而污染水样。

2.桥梁采样

确定采样断面时应考虑尽量利用现有的桥梁采样。在桥上采样安全、方便，不受天气和洪水等气候条件的影响，适于频繁采样，并能在空间上准确控制采样点的位置。

3.索道采样

适用于地形复杂、险要、地处偏僻的小河流的水样采样。

4.涉水采样

适用于较浅的小河流和靠近岸边水浅的采样点。采样时，采样人应站在下游，向上游方向采集水样，以避免涉水时搅动水下沉积物而污染水样。

采样时，应注意避开水面上的漂浮物混入采样器；正式采样前要用水样冲洗采样器2～3次，洗涤废水不能直接回倒入水体中，以避免搅起水中悬浮物；对于具有一定深度的河流等水体采样时，使用深水采样器，慢慢放入水中采样，并严格控制好采样深度；测定油类指标的水样采样时，要避开水面上的浮油，在水面下5～10 cm处采集水样。

（三）地下水采样方法

地下水可分为上层滞水、潜水和承压水。上层滞水的水质与地表水的水质基本相同；潜水层通过包气带直接与大气圈、水圈相通，因此其具有季节性变化的特点；而承压水地质条件不同于潜水，其受水文、气象因素直接影响小，水层的厚度不受季节变化的支配，水质不易受人为活动污染。

1.采样器

地下水水质采样器分为自动式与人工式，自动式用电动泵进行采样，人工式分活塞式与隔膜式，可按要求选用。采样器在测井中应能准确定位，并能取到足够量的代表性水样。

2.采样方法

实施饮用水地下水源采样时，要求做到以下几点：

第一，开始采集水样前，应将井中的已有静止地下水抽干，以保证所采集的地下水新鲜。

第二，采样时采样器放下与提升时动作要轻，避免搅动井水及底部沉积物。

第三，用机井泵采样时，应待管道中的积水排净后再采样。

第四，自流地下水样品应在水流流出处或水流汇集处采集。

值得注意的是，从一个检测井采得的水样只能代表一个含水层的水平向或垂直向的局部情况，而不能像对地表水那样可以在水系的任何一点采样。

另外，采集水样还应考虑到靠近井壁的水的组成几乎不能代表该采样区的全部地下水水质。因为靠近井的地方可能有钻井污染，以及某些重要的环境条件，如氧化还原电位，在近井处与地下水承载物质的周围有很大的不同。所以，采样前需抽取适量样本。

对于自喷的泉水，可在泉涌处直接采集水样；采集不自喷泉水时，先将积留在抽水管的水吸出，新水更替之后，再进行采样。

专用的地下水水质检测井，井口比较窄（5～10 cm），但井管深度视检测要求不等（1～20 m），采集水样常利用抽水设备或虹吸管采样方式。通常应提前数日将检测井中积留的陈旧水抽出，待新水重新补充入检测井管后再采集水样。

（四）生物样品采样方法

在天然水域中，生存着大量的水生生物群落，当饮用水源水质改变时，各种不同的水生生物由于对水环境的要求和适应能力不同也会发生变化。针对饮用水及其水源地的水质生物检测内容很多，采样方法也有较大不同，下面进行简要介绍。

1.浮游生物采样方法

浮游生物样品包括定性样品采集和定量样品采集，采样方法分为以下几种。

①定性样品采集

部分浮游生物采用25号浮游生物网（网孔0.064 mm）或PFU（聚氨酯泡沫塑料块）法；枝角类和足类等浮游动物采用13号浮游生物网（网孔0.112 mm），在表层拖滤1～3 min。

②定量样品采集

在静水和缓慢流动水体中采用玻璃采样器或改良式采样器（如有机玻璃采样器）采集；在流速较大的河流中，采用横式采样器，并与铅鱼配合使用，采水量为1～2L，若浮游生物量很低时，应酌情增加采水量。

浮游生物样品采集后，除进行活体观测外；一般按水样体积加1%的鲁哥氏（Lugol's）溶液（碘液）固定，静置沉淀后，倾去上层清水，将样品装入样品瓶中。

2.着生生物采样方法

着生生物采样方法可分为天然基质法和人工基质法，具体采样方法如下：

（1）天然基质法

利用一定的采样工具，采集生长在水中的天然石块、木桩等天然基质上的着生生物。

（2）人工基质法

将玻片、硅藻计和PFU等人工基质放置于一定水层中，时间不得少于14天，然后取出人工基质，采集基质上的着生生物。

用天然基质法和人工基质法采集样品时，应准确测量采样基质的面积。采集的着生生物样品，除进行活体观测外，其余方法同浮游生物一样，按水样体积加1%的鲁哥氏(Lugol's)溶液（碘液）固定.静置沉淀后，倾去上层清水，将样品装入样品瓶中。

3.底栖大型无脊椎动物采样方法

底栖大型无脊椎动物采样也包括定性样品采集和定量样品采集，采样方法如下：

（1）定性样品

用三角拖网在水底拖拉一段距离，或用手抄网在岸边与浅水处采集。以40目分样筛挑出底栖动物样品。

（2）定量样品

可用开口面积一定的采泥器采集，如彼得逊采泥器（采样面积为1/16 m²）或用铁丝编织的直径为18 cm、高为20 cm的圆柱形铁丝笼，笼网孔径为（5+1）cm²，底部铺40目尼龙筛绢，内装规格尽量一致的卵石，将笼置于采样垂线的水底中，14天后取出。从底泥中和卵石上挑出底栖动物。

4.水生维管束植物采样方法

水生维管束植物样品的采集也包括定性样品采集和定量样品采集，采样方法如下：

（1）定性样品

用水草采集夹、采样网和耙子采集。

（2）定量样品

用面积为0.25 m²网孔3.3 cm×3.3 cm的水草定量夹采集。采集样品后，去掉泥土、黏附的水生动物等，按类别晾干、存放。

5.鱼类样品采样方法

鱼类样品采用渔具捕捞。采集后应尽快进行种类鉴定，残毒分析样品应尽快取样分析，或冷冻保存。

6.微生物样品采样方法

采样用玻璃样品瓶在160～170℃烘箱中灭菌或121℃高压蒸气灭菌锅中灭菌5 min；塑料样品瓶用0.5%过氧乙酸灭菌备用。

（五）饮用水供水系统采样方法

1.自来水公司水样采样方法

自来水公司涉及的水质检测主要是对供水原水、各功能性水处理段以及自来水厂出厂水等取水点水质的检测。应根据饮用水水源（原水）性质和饮用水制水工艺选择相应的采样方法。如利用自动采样器或连续自动定时采样器采集。可在一个生产周期内，按时间程序将一定量的水样分别采集在不同的容器中；自动混合采样时，采样器可定时连续地将一定量的水样或按流量比采集的水样汇集于一个容器中。

2.给水管网系统水样采样方法

给水管网是封闭管道，采样时采样器探头或采样管应妥善地放在进水下游，采样管不能靠近管壁，湍流部位，例如在"T"形管、弯头、阀门的后部可充分混合，一般作为最佳采样点，但是等动力采样（即等速采样）除外。

给水管网系统中采样点常设在：①每一个供水企业在接入管网时的结点处；②污染物有可能进入管网处；③管网末梢处。这些地方是特别要注意的采样位置，最好在这些部位安设水质自动检测系统，这样一来，采样的难度也就不存在了。

管网末梢处，即在用户终端采集自来水水样时，应先将水龙头完全打开，放水 3 ~ 5 min，使积留在水管中的陈旧水排出，再采集水样。

（六）废水/污水采样方法

工业废水和生活污水的采样种类和采样方法取决于生产工艺、排污规律和检测目的，采样涉及采样时间、地点和采样频次。由于工业废水大多是流量和浓度都随时间变化的非稳态流体，可根据能反映其变化并具有代表性的采样要求，采集合适的水样（瞬时水样、等时混合水样、等时综合水样、等比例混合水样和流萤比例混合水样等）。

对于生产工艺连续、稳定的企业，所排放废水中的污染物浓度及排放流量变化不大，仅采集瞬时水样就具有较好的代表性；对于排放废水中污染物浓度及排放流量随时间变化无规律的情况，可采集等时混合水样、等比例混合水样或流量比例混合水样，以保证采集的水样的代表性。

废水和污水的采样方法如下：

1.浅水采样

当废水以水渠形式排放到公共水域时，应设适当的堰，可用容器或用长柄采水勺从堰溢流中直接采样；在排污管道或渠道中采样时，应在具有液体流动的部位采集水样。

2.深层水采样

适用于废水或污水处理池中的水样采集，可使用专用的深层采样器采集。

3.自动采样

利用自动采样器或连续自动定时采样器采集。可在一个生产周期内，按时间程序将一定量的水样分别采集在不同的容器中；自动混合采样时采样器可定时连续地将一定量的水样或按流量比采集的水样汇集于一个容器中。

自动采样对于制备混合水样（尤其是连续比例混合水样）、研究水质的连续动态变化以及在一些难以抵达的地区采样等都是十分有用且有效的。

（七）底质样品的采样方法

底质（沉积物）采样器。其一般通用的是掘式采泥器，可按产品说明书提示的方法使用。掘式和抓式采泥器适用于采集量较大的沉积物样品；锥式或钻式采泥器适用于采集较少的沉积物样品；管式采泥器适用于采集柱状样品。如水深小于 3m，可将竹竿粗的一端削成尖头斜面，插入河床底部采样。

底质采样器一般要求用强度高、耐磨性能较好地钢材制成，使用前应除去油脂并洗净，具体要求如下：

第一，采样器使用前必须先用洗涤剂除去防锈油脂。采样时先将采样器放在水面上冲刷 3~5 min，然后采样。采样完毕必须洗净采样器，晾干待用。

第二，采样时如遇到水流速度较大，可将采样器用铅坠加重，以保证能在采样点的准确位置上采样。

第三，用白色塑料盘（桶）和小勺接样。

第四，沉积物接入盘中后，挑去卵石、树枝、贝壳等杂物，搅拌均匀后装入瓶或袋中。

对于采集的柱状沉积物样品，为了分析各层柱状样品的化学组成和化学形态，要制备分层样品。首先用木片或塑料铲刮去柱样的表层，然后确定分层间隔，分层切割制样。

二、水样的保存

水样采集后，应尽快进行分析测定。能在现场做的检测项目要求在现场测定，如水中的溶解氧、温度、电导率、pH 值等。但由于各种条件所限（如仪器、场地等），往往只有少数测定项目可在现场测定，大多数项目仍需送往实验室进行测定。有时因人力、时间不足.还需在实验室内存放一段时间后才能分析。因此，从采样到分析的这段时间里，水样的保存技术就显得至关重要。

有些检测项目的水样在采样现场采取一些简单的保护性措施后，能够保存一段时间。水样允许保存的时间与水样的性质、分析指标、溶液的酸碱度、保存容器和存放温度等多种因素有关。

不同水样允许的存放时间也有所不同。一般认为，水样的最大存放时间为：清洁水样

72h；轻污染水样 48h；重污染水样 12h。

采取适当的保护措施，虽然能够降低待测成分的变化程度或减缓变化的速度，但并不能完全抑制这种变化。水样保存的基本要求只能是应尽量减少其中各种待测组分的变化，要求做到：①减缓水样的生物化学作用；②减缓化合物或络合物的氧化还原作用；③减少被测组分的挥发损失；④避免沉淀、吸附或结晶物析出所引起的组分变化。

水样主要的保护性措施有以下几种：

（一）选择合适的保存容器

不同材质的容器对水样的影响不同，一般可能存在吸附待测组分或自身杂质溶出污染水样的情况，因此应该选择性质稳定、杂质含量低的容器。一般常规检测中，常使用聚乙烯和硼硅玻璃材质的容器。

（二）冷藏或冷冻

水样在低温下保存，能抑制微生物的活动，减缓物理作用和化学反应速度。如将水样保存在 $-22 \sim -18$℃的冷冻条件下，会显著提高水样中磷、氮、硅化合物以及生化需氧量等检测项目的稳定性。而且，这类保存方法对后续分析测定无影响。

（三）加入保存药剂

在水样中加入合适的保存试剂，能够抑制微生物活动，减缓氧化还原反应发生。加入的方法可以是在采样后立即加入，也可以在水样分样时根据需要分瓶分别加入。

不同的水样、同一水样的不同检测项目要求使用的保存药剂不同。保存药剂主要有生物抑制剂、pH 值调节剂、氧化或还原剂等类型，具体的作用如下：

1.生物抑制剂

在水样中加入适量的生物抑制剂可以阻止生物作用。常用的试剂有氯化汞（$HgCl_2$），加入量为每升水样 $20 \sim 60$mg；对于需要测汞的水样，可加入苯或三氯甲烷，每升水样加 $0.1 \sim 1.0$ mL；对于测定苯酚的水样，用 H_3PO_4 调水样的 pH 值为 4 时，加入 $CuSO_4$，可抑制苯酚菌的分解活动。

2.pH 值调节剂

加入酸或碱调节水样的 pH 值，可以使一些处于不稳定态的待测组分转变成稳定态。例如，测定水样中的金属离子，常加酸调节水样使 pH<2，达到防止金属离子水解沉淀或被容器壁吸附的目的；测定氰化物或挥发酚的水样.需要加入 NaOH 调节其 pH≥12，使两者分别生成稳定的钠盐或酚盐。

3.氧化或还原剂

在水样中加入氧化剂或还原剂可以阻止或减缓某些组分发生氧化、还原反应。例如，在水样中加入抗坏血酸，可以防止硫化物被氧化；测定溶解氧的水样则需要加入少量硫酸锰和碘化钾—叠氮化钠试剂将溶解氧固定在水中。

对保存药剂的一般要求是有效、方便、经济，而且加入的任何试剂都不应给后续的分析测试工作带来影响。对于地表水和地下水，加入的保存试剂应该使用高纯品或分析纯试剂，最好用优级纯试剂。当添加试剂的作用相互有干扰时，建议采用分瓶采样、分别加入的方法保存水样。

（四）过滤和离心分离

水样浑浊也会影响分析结果。用适当孔径的滤器可以有效地除去藻类和细菌，滤后的样品稳定性提高。一般而言，可用澄清、离心、过滤等措施分离水样中的悬浮物。

国际上，通常将孔径为 0.45 μm 的滤膜作为分离可滤态与不可滤态的介质，将孔径为 0.2 μm 的滤膜作为除去细菌的介质。采用澄清后取上清液或用滤膜、中速定量滤纸、砂芯漏斗或离心等方式处理水样时，其阻留悬浮性颗粒物的能力大体为：滤膜＞离心＞滤纸＞砂芯漏斗。

欲测定可滤态组分，应在采样后立即用 0.45 μm 的滤膜过滤，暂时无 0.45 的滤膜时，含泥沙较多的水样可用离心方法分离；含有机物多的水样可用滤纸过滤；采用自然沉降取上层清液测定可滤态物质是不妥当的。如果要测定全组分含量，则应在采样后立即加入保存药剂，分析测定时充分摇匀后再取样。

《水与废水检测分析方法》以及相关国家标准中均有详细的保存技术推荐。实际应用时，具体分析指标的保存条件应该和分析方法的要求一致，相关国家标准中有规定保存条件的应该严格执行国家标准。

三、水样预处理

（一）样品消解

在进行环境样品（水样、土壤样品、固体废物和大气采样时截留下来的颗粒物）中无机元素的测定时，需要对环境样品进行消解处理。消解处理的作用是破坏有机物、溶磺颗粒物，并将各种价态的待测元素氧化成单一高价态或转换成易于分解的无机化合物。常用的消解方法有湿式消解法和干灰化法。

常用的消解氧化剂有单元酸体系、多元酸体系和碱分解体系，最常使用的单元酸为硝酸。采用多元酸的目的是提高消解温度、加快氧化速度和改善消解效果。在进行水样消解时，应根据水样的类型及采用的测定方法进行消解酸体系的选择。各消解酸体系的适用范围如下。

1.硝酸消解法

对于较清洁的水样或经适当润湿的土壤等样品，可用硝酸消解。其方法要点是：取混匀的水样 50-200 mL 于锥形瓶中，加入 5 ~ 10 mL 浓硝酸，在电热板上加热煮沸缓慢蒸发至小体积，试液应清澈透明，呈浅色或无色，若反应不明显应补加少许硝酸继续消解。消解至近干时，取下锥形瓶，稍冷却后加 2%HNO_3 或 HCD20 mL，温热溶解可溶盐。若有沉淀，应过滤，滤液冷至室温后于 50 mL 容量瓶中定容，待分析测定。

环保部发布了环境保护标准《水质 金属总量的消解 硝酸消解法》，该方法控制温度（95±5）℃，用硝酸和过氧化氢破坏样品中的有机质，氧化消解水样，适用于地表水、地下水、生活污水和工业废水中 20 种金属总量的消解硝酸消解法。

2.硝酸—硫酸消解法

硝酸—硫酸混合酸体系是最常用的消解组合，应用广泛。两种酸都具有很强的氧化能力，其中硫酸沸点高（338℃），两者联合使用，可大大提高消解温度箱效果。

常用的硝酸与硫酸的比例为 5：2。一般消解时，先将硝酸加入待消解样品中，加热蒸发至小体积，稍冷却后再加入硫酸、硝酸，继续加热蒸发至冒大量白烟，稍冷却后加入 2% 的 HNO_3 温热溶解可溶盐。若有沉淀，应过滤，滤液冷至室温后定容，待分析测定。

欲测定水样中的铅、钡或锶等元素时，该体系不宜采用。因为这些元素易与硫酸反应生成难溶硫酸盐，可改选用硝酸—盐酸混合酸体系。

3.硝酸—高氯酸消解法

两种酸都是强氧化性酸，联合使用可消解含难氧化有机物的环境样品，如高浓度有机废水、植物样和污泥样品等。其方法要点是：取适量水样或经适当润湿的处理好的土壤等样品于锥形瓶中，加 5 ~ 10mL 硝酸，在电热板上加热、消解至大部分有机物被分解。取下锥形瓶，稍冷却，再加 2 ~ 5 mL 高氯酸，继续加热至开始冒白烟，如试液呈深色，再补加硝酸，继续加热至浓厚白烟将尽，取下锥形瓶，稍冷却后加入 2% 的 HNO_3 溶解可溶盐。若有沉淀，应过滤，滤液冷至室温后定容，待分析测定。

因为高氯酸能与含羟基有机物激烈反应，有发生爆炸的危险.故应先加入硝酸氧化水样中的羟基有机物，稍冷后再加高氯酸处理。

4.硝酸—氢氟酸消解法

氢氟酸能与液态或固态样品中的硅酸盐和硅胶态物质发生反应，形成四氟化硅而挥发分离，因此，该混合酸体系应用范围比较专一，选择性比较高。但需要指出的是：氢氟酸能与玻璃材质发生反应，消解时应使用聚四氟乙烯材质的烧杯等容器。

5.多元消解法

为提高消解效果，在某些情况下（如处理测总铬的废水时），特别是样品基体比较复杂时，需要使用三元以上混合酸消解体系。通过多种酸的配合使用，克服单元酸或二元酸消解所起不到的作用。

6.碱分解法

碱分解法适用于按上述酸消解法不易分解或会造成某些元素的挥发性损失的环境样品。其方法要点是：在各类环境样品中，加入氢氧化钠和过氧化氢溶液或者氨水和过氧化氢溶液，加热至缓慢沸腾消解至近干时，稍冷却后加入水或稀碱溶液，温热溶解可溶盐。若有沉淀，应过滤，滤液冷至室温后于 50 mL 容量瓶中定容，待分析测定。碱分解法的主要优点是熔样速度快，熔样完全，特别适用于元素全分析，但不适于制备需要测定汞、硒、铅、砷、镉等易挥发元素的样品。

7.干灰化法

干灰化法又称干式消解法或高温分解法，多用于固态样品如沉积物、底泥等底质以及土壤样品的消解。

其操作过程是：取适量水样于白瓷或石英蒸发皿中，于水浴上先蒸干，固体样品可直接放入增埚中，然后将蒸发皿或增蜗移入马弗炉内，于 450～550℃灼烧到残渣呈灰白色，使有机物完全分解去除。取出蒸发皿，稍冷却后，用适量 2%HNO$_3$（或 HCl）溶解样品灰分，过滤后滤液经定容后，待分析测定。该法能有效分析样品中的有机物，消解完全，但不适用于挥发性组分的分析。

8.微波消解法

微博消解是结合高压消解和微波快速加热的一项消解技术，以待测样品和消解酸的混合物为发热体，从样品内部对样品进行激烈搅拌、充分混合和加热，加快了样品的分解速度，缩短了消解时间，提高了消解效率。在微波消解过程中，样品处于密闭容器中，也避免了待测元素的损失和可能造成的污染。该方法早期主要用于土壤、沉积物、污泥等复杂基体样品，发展至今，其用途已扩展到水和废水样品。2013 年环保部发布了水质金属总量的微波消解法（HJ 678-2013），主要适用于地表水、地下水、生活污水和工业废水中包括银（Ag）、铝（Al）、砷（As）、铍（Be），钡（Ba），钙（Ca）、镉（Cd）等在内的 20 种金属元素总量的微波酸消解预处理。国标上将整个消解步骤分成了三步：第一步，先取 25 mL 水样于消解罐中，加入 1.0 mL 过氧化氢及适量硝酸，置于通风橱中待反应平稳后加盖旋紧；第二步，将消解罐放在微波消解仪中按升温程序升温 10 min 至 180℃并保持 15 min；程序运行完毕后，将消解罐置于通风橱内冷却至室温，放气开盖，转移定容待测。

商品化的微波消解装置已经开始普及，但由于环境样品基体的复杂性不同及其与传统消解手段的差异，在确定微波消解方案时，应对所选消解试剂、消解功率和消解时间进行条件优化。

（二）样品分离与富集

在水质分析中，由于水样中的成分复杂，干扰因素多，而待测物的含量大多处于痕量水平（10^{-6}或10^{-8}），常低于分析方法的检出下限，因此在测定前必须进行水样中待测组分的分离与富集，以排除分析过程中的干扰，提高待测物浓度，满足分析方法检出限的要求。为了选择与评价分离、富集技术，常涉及下面两个概念。

富集倍数的大小依赖于样品中待测痕量组分的浓度和所采用的测试技术。若采用高效、高选择性的富集技术，高于10的富集倍数是可以实现的。随着现代仪器技术的发展，仪器检测下限不断降低，富集倍数提高的压力相对减轻，因此富集倍数为$10^2 \sim 10^3$就能满足痕量分析的要求。

当欲分离组分在分离富集过程中没有明显损失时，适当地采用多级分离方法可有效地提高富集倍数。

常用于环境样品分离与富集的方法有过滤、挥发、蒸馏、溶剂萃取、离子交换、吸附和低温浓缩等，比较先进的方法有固相萃取、微波萃取和超临界流体萃取等技术。近年来，一些和仪器分析联用的在线富集技术也得到了快速发展，如吹扫捕集、热脱附、固相微萃取等，下面将分别做简要介绍。

1.挥发和蒸发浓缩法

挥发法是将易挥发组分从液态或固态样品中转移到气相的过程，包括蒸发、蒸馏、升华等多种方式。一般而言，在一定温度和压力下，当待测组分或基体中某一组分的挥发性和蒸气压足够大，而另一种小到可以忽略时，就可以进行选择性挥发，达到定量分离的目的。

物质的挥发性与其分子结构有关，即与分子中原子间的化学键有关。挥发效果则依赖于样品量大小、挥发温度、挥发时间以及痕量组分与基体的相对含量。样品量的大小将直接影响挥发时间和完全程度。汞是唯一在常温下具有显著蒸气压的金属元素，冷原子荧光测汞仪就是利用汞的这一特性进行液体样品中汞含量的测定的。

利用外加热源进行样品的待测组分或基体的加速挥发过程称为蒸发浓缩。如加热水样，使水分慢慢蒸发，可以达到大幅度浓缩水样中重金属元素的目的。为了提高浓缩效率，缩短蒸发时间，常常可以借助惰性气体的参与实现欲挥发组分的快速分离。

2.蒸馏浓缩法

蒸馏是基于气—液平衡原理实现组分分离的，具体来讲就是利用各组分的沸点及其蒸气压大小的不同实现分离的目的。在水溶液中，不同组分的沸点不尽相同。当加热时，较易挥发的组分富集在蒸气相，对蒸气相进行冷凝或吸收时，挥发性组分在馏出液或吸收液中得到富集。

蒸馏主要有常压蒸馏和减压蒸馏两类。

常压蒸馏适合于沸点在40℃～150℃之间的化合物的分离。测定水样中的挥发酚、氰化物和氨氮等检测项目时，均采用的是常压蒸馏方法。

减压蒸馏适合于沸点高于150℃（常压下）或沸点虽低于此温度但在蒸馏过程中极易分解的化合物的分离。减压蒸馏装置除减压系统外与常压蒸馏装置基本相同，但所用的减压蒸馏瓶和接受瓶要求必须耐压。整个系统的接口必须严密不漏。克莱森（Claisen）蒸馏头常用于防爆沸和消泡沫，其通过一根开口毛细管调节气流向蒸馏液内不断冲气以击碎泡沫并抑制爆沸。

3.固相萃取技术

固相萃取技术（solid-phase extraction，SPE）自20世纪70年代后期问世以来，由于其高效、可靠及耗用溶剂量少等优点，在环境等许多领域得到了快速发展。在国外，其已逐渐取代传统的液—液萃取而成为样品预处理的可靠而有效的方法。

SPE技术基于液相色谱的原理，可近似看作一个简单的色谱过程。吸附剂作为固定相，而流动相是萃取过程中的水样。当流动相与固定相接触时.其中的某些痕量物质（目标物）就保留在固定相中。这时，如果用少量的选择性溶剂洗脱，即可得到富集和纯化的目标物。

典型的SPE一般分为五个步骤：①根据欲富集的水样量及保留目标物的性质确定吸附剂类型及用量；②对选取的柱子进行条件化，即通过适当的溶剂进行活化，再通过去离子水进行条件化；③水样通过；④对柱子进行样品纯化，即洗脱某些非目标物，这时所选用的溶剂主要与非目标物的性质有关；⑤用1～5 mL的洗脱剂对吸附柱进行洗脱，收集洗脱液即可用于后续分析。

影响SPE处理效率的因素有很多，如吸附剂类型及用量、洗脱剂性质、样品体积及组分、流速等，其中的关键因素是吸附剂和洗脱剂。根据吸附机理的不同，固相萃取吸附剂主要分为正相、反相、离子交换和抗体键合等类型。

一般而言，应根据水中待测组分的性质选择适合的吸附剂。水溶性或极性化合物通常选用极性的吸附剂，而非极性的组分则选择非极性的吸附剂更为合适；对于可电离的酸性或碱性化合物则适合选择离子交换型吸附剂。例如，欲富集水中的杀虫剂或药物，通常均选择键合硅胶08吸附剂，杀虫剂或药物被稳定地吸附于键合硅胶表面，当用小体积甲醇或乙醚等有机溶剂解吸后，目标物被高倍富集。

吸附剂的用量与目标物性质（极性、挥发性）及其在水样中的浓度直接相关。通常，增加吸附剂用量可以增加对目标物的吸附容量.可通过绘制吸附曲线来确定吸附剂的合适用量。

4.在线预处理技术

环境样品具有基体组分复杂、待测物浓度低、干扰物多等特点，通常都要经过复杂的前处理后才能进行分析测定。传统的人工预处理操作步骤多、处理周期长、试剂使用量大，较易产生系统与人为误差。近年来，仪器分析领域在线预处理技术发展迅速。这意味着，样品中的污染物可以通过在线的预处理装置直接达到去除干扰物质和浓缩富集的目的，预处理进样在线连续完成，既节省了大量的前处理时间和精力，又可以达到仪器分析的灵敏度要求，应用日益广泛。目前比较成熟的有顶空分析、吹扫捕集、热脱附及固相微萃取等技术。

顶空分析（head space）是通过样品基质上方的气体成分来测定这些组分在原样品中的含量。这是一种间接分析方法，其基本理论依据是在一定条件下气相和样品相（液相和固相）之间存在着分配平衡，所以气相的组成能反映样品中挥发性物质的组成。对于复杂样品中易挥发组分的顶空分析进样大大简化了样品预处理过程，只取气相部分进行分析，避免了高沸点组分污染色谱系统，同时减少了样品基质对分析的干扰。顶空分析有直接进样、平衡加压、加压定容等多种进样模式，可以通过优化操作参数而适合于多种环境样品的分析。如土壤、污泥和水中易挥发物的分析，水中三氯甲烷、四氯化碳、三氯乙烯、四氯乙烯、三溴甲烷等挥发性有机物，也可以用顶空进样技术进行检测分析。

吹扫捕集技术（purge trap）与顶空技术类似，是用氮气、氦气或其他惰性气体将挥发性及半挥发性被测物从样品中抽提出来，但吹扫捕集技术需要让气体连续通过样品，将其中的易挥发组分从样品中吹脱后在吸附剂或冷阱中捕集浓缩，然后经热解吸将样品送入气相色谱或气质联用仪进行分析。吹扫捕集是一种非平衡态的连续萃取，因此又被称为"动态顶空浓缩法"。影响吹扫效率的因素主要有吹扫温度、样品的溶解度、吹扫气的流速及流量、捕集效率和解吸温度及时间等。吹扫捕集法在挥发性和半挥发性有机化合物分析、有机金属化合物的形态分析中起着越来越重要的作用，环境检测中常用吹扫捕集技术分析饮用水或废水中的臭味物质、易挥发有机污染物。吹扫捕集法对样品的前处理无须使用有机溶剂，对环境不造成二次污染，而且具有取样量少、富集效率高、受基体干扰小及容易实现在线检测等优点。相对于静态顶空技术，吹扫捕集灵敏度更高，平衡时间更短，且可分析沸点较高的组分。

固相微萃取（solid phase microextraction，SPME）是以固相萃取为基础发展起来的新型样品前处理技术，无需有机溶剂，操作也很简便，既可在采样现场使用，也可以和色谱类仪器联用自动操作。SPME的基本原理和实现过程与固相萃取类似，包括吸附和解吸两步。吸附过程中待测物在样品及萃取头外固定的聚合物涂层或液膜中平衡分配.遵循相似相溶原理，当单组分单相体系达到平衡时，涂层上富集的待测物的量与样品中的待测物浓度呈正相关关系。解吸过程则取决于 SPME 后续的分离手段或者分析仪器。如果连接气相色谱萃取纤维直接插入进样口后进行热解吸，而连接液相色谱则是通过溶剂进行洗脱。在环境样品分析中，SPME 有两种萃取方式：一种是将萃取纤维直接暴露在样品中的直接萃取法，适于分析气体样品和洁净水样中的有机化合物；另一种是将纤维暴露于样品顶空中的顶空萃取法，可用于废水、油脂、高分子量腐殖酸及固体样品中挥发性、半挥发性有机化合物的分析。

第三节　金属污染物的测定

一、铬的测定

铬存在于电镀、冶炼、制革、纺织、制药、炼油、化工等工业废水污染的水体中。富铬地区地表水径流中也含铬。自然形成的铬常以元素或三价状态存在，铬是人体必需的微量元素之一，金属铬对人体是无毒的，缺乏铬反而还可引起动脉粥样硬化，所以天然的铬给人体造成的危害并不大。铬是变价金属，污染的水中铬有三价、六价两种价态，一般认为六价铬的毒性比三价铬高约 100 倍，即使是六价铬，不同的化合物其毒性也不一样，三价铬也是如此。三价铬是一种蛋白质凝固剂。六价铬更易为人体吸收，对消化道和皮肤具刺激性，而且可在体内蓄积，产生致癌作用。铬抑制水体的自净，累积于鱼体内，也可使水生生物致死用含铬的水灌溉农作物，铬还可富集于果实中。

铬的测定可采用二苯碳酰二肼分光光度法、原子吸收分光光度法和硫酸亚铁铵滴定法。

（一）二苯碳酰二肼分光光度法测定六价铬

1.方法原理

在酸性溶液中，六价铬与二苯碳酰二肼反应，生成紫红色化合物，其色度在测量范围内与含量成正比，与 540 nm 波长处进行比色测定，利用标准曲线法求水样中铬的含量。

2.测定要点

第一，对于清洁水样可直接测定；对于色度不大的水样，可以用丙酮代替显色剂的空白水样作参比测定；对于浑浊、色度较深的水样，以氢氧化锌作共沉淀剂，调节溶液 pH 值为 8~9，此时 Cr^{3+}、Fe^{3+}、Cu^{2+} 均形成氢氧化物沉淀，可被过滤除去，与水样中的 Cr（Ⅵ）分离；存在亚硫酸盐、二价铁等还原性物质和次氯酸盐等氧化物时，也应采取相应措施消除干扰。

第二，用优级纯 $K_2Cr_2O_7$ 配制铬标准溶液，分别取不同的体积于比色管中，加水定容，加酸（ H_2SO_4 、 H_3PO_4 ）控制 pH，加显色剂显色，以纯溶剂（丙酮）为参比分别测其吸光度，将测得的吸光度经空白校正后，绘制吸光度对六价铬含量的标准曲线。

第三，取适量清洁水样或经过预处理的水样，与标准系列同样操作，将测得的吸光度经空白校正后，从标准曲线上查得并计算原水样中六价铬含量。

（二）总铬的测定

三价铬不与二苯碳酰二肼反应，因此必须将三价铬氧化至六价铬后，才能显色。

在酸性溶液中，以 $KMnO_4$ 氧化水样中的三价铬为六价铬，过量的 $KMnO_4$ 用 $NaNO_2$ 分解，过量的 $NaNO_2$ 以 $CO(NH_2)_2$ 分解，然后调节溶液的 pH，加入显色剂显色，按测定六价铬的方法进行比色测定。

注意， $KMnO_4$ 氧化三价铬时，应加热煮沸一段时间，随时添加 $KMnO_4$ 使溶液保持红色，但不能过量太多。还原过量的 $KMnO_4$ 时，应先加尿素，后加 $KMnO_4$ 溶液。

（三）硫酸亚铁铵[Fe（NH₄）₂（SO₄）₂]滴定法

本法适用于总铬浓度大于 1 mg/L 的废水，其原理为在酸性介质中，以银盐作催化剂，用过硫酸铵将三价铬氧化成六价铬。加少量氯化钠并煮沸，除去过量的过硫酸铵和反应中产生的氯气。以苯基代邻氨基苯甲酸作指示剂，用硫酸亚铁铵标准溶液滴定，至溶液呈亮绿色。根据硫酸亚铁铵溶液的浓度和进行试剂空白校正后的用量，可计算出水样中总铬的含量。

二、砷的测定

砷不溶于水，可溶于酸和王水中。砷的可溶性化合物都具有毒性，三价砷化合物比五价砷化合物毒性更强。砷在饮水中的最高允许浓度为 0.05 mg/L，口服 As_2O_3 （俗称砒霜）5～10mg 可造成急性中毒，致死量为 60～200mg。砷还有致癌作用，能引起皮肤病。

地面水中砷的污染主要来源于硬质合金、染料、涂料、皮革、玻璃脱色、制药、农药、防腐剂等工业废水，化学工业、矿业工业的副产品会含有气体砷化物。含砷废水进入水体中，一部分随悬浮物、铁锰胶体物沉积于水底沉积物中，另一部分存在于水中。

砷的检测方法有分光光度法、阳极溶出伏安法及原子吸收法等。新银盐分光光度法测定快速、灵敏度高。二乙氨基二硫代甲酸银是一经典方法。

（一）新银盐分光光度法

1.方法原理

硼氢化钾（ KBH_4 或 $NaBH_4$ ）在酸性溶液中，产生新生态的氢，将水中无机砷还原成砷化氢气体，以硝酸—硝酸银—聚乙烯醇—乙醇溶液为吸收液。砷化氢将吸收液中的银离子还原成单质胶态银，使溶液呈黄色，颜色强度与生成氢化物的量成正比。黄色溶液在 400 nm 处有最大吸收，峰形对称。颜色在 2h 内无明显变化（20℃以下）。

取最大水样体积 250 mL，本方法的检出限为 0.0004 mg/L，测定上限为 0.012 mg/L。方法适用于地表水和地下水痕量砷的测定。

2.干扰及消除

本方法对砷的测定具有较好的选择性。但在反应中能生成与砷化氢类似氢化物的其他离子有正干扰，如锑、铋、锡等；能被氢还原的金属离子有负干扰，如锰、钴、铁等；常见离子不干扰。

（二）二乙氨基二硫代甲酸银分光光度法

锌与酸作用，产生新生态氢。在碘化钾和氯化亚锡存在下，使五价砷还原为三价砷，三价砷被新生态氢还原成气态砷化氢。用二乙氨基二硫代甲酸银—三乙醇胺的三氯甲烷溶液吸收砷，生成红色胶体银，在波长 510 nm 处测其吸光度。空白校正后的吸光度用标准曲线法定量。

本方法可测定水和废水中的砷。

三、镉的测定

镉是毒性较大的金属之一。镉在天然水中的含量通常小于 0.01 mg/L，低于饮用水的水质标准，天然海水中更低，因为镉主要在悬浮颗粒和底部沉积物中，水中镉的浓度很低、欲了解镉的污染情况，需对底泥进行测定。

镉污染不易分解和自然消化，在自然界中是累积的。废水中的可溶性镉被土壤吸收，形成土壤污染，土壤中可溶性镉又容易被植物所吸收，形成食物中镉量增加，人们食用这些食品后，镉也随着进入人体，分布到全身各器官，主要贮积在肝、肾、胰和甲状腺中，镉也随尿排出，但持续时间很长。

镉污染会产生协同作用，加剧其他污染物的毒性。实际上，单一的或纯净的含镉废水是少见的，所以呈现更大的毒性。我国规定，镉及其无机化合物，工厂最高允许排放浓度为 0.1 mg/L，并且不得用稀释的方法代替必要的处理。镉污染主要来源于以下几个方面：

第一，金属矿的开采和冶炼，镉属于稀有金属，天然矿物中镉与锌、铅、铜等共存，因此在矿石的浮选、冶炼、精炼等过程中便排出含镉废水。

第二，化学工业中涤纶、涂料、塑料、试剂等工厂企业使用镉或镉制品做原料或催化剂的某些生产过程中产生含镉废水。

第三，生产轴承、弹簧、电光器械和金属制品等机械工业与电器、电镀、印染、农药、陶瓷、蓄电池、光电池、原子能工业部门废水中亦含有不同程度的镉。

测定镉的方法，主要有原子吸收分光光度法、双硫腙分光光度法、阳极溶出伏安法等。

（一）原子吸收分光光度法

原子吸收分光光度法，又称原子吸收光谱分析，简称原子吸收分析。它是根据某元素的基态原子对该元素的特征谱线的选择性吸收来进行测定的分析方法。镉的原子吸收分光光度法有直接吸入火焰原子吸收分光光度法、萃取火焰原子吸收分光光度法、离子交换火焰原子吸收分光光度法和石墨炉原子分光光度法。

1.直接吸入火焰原子分光光度法

该方法测定速度快、干扰少，适于分析废水：地下水和地面水，一般仪器的适用浓度范围为 0.05 ~ 1.00 mg/L。

（1）方法原理

将试样直接吸入空气—乙炔火焰中，在 228.8 nm 处测定吸光度。火焰中形成的原子蒸气对光产生吸收，将测得的样品吸光度和标准溶液的吸光度进行比较，确定样品中被测元素的含量。

（2）试样测量

首先将水样进行消解处理，然后按说明书启动、预热、调节仪器，使之处于工作状态。依次用 0.2% 硝酸溶液将仪器调零，用标准系列分别进行喷雾，每个水样进行三次读数，三次读数的平均值作为该点的吸光度。以浓度为横坐标，吸光度为纵坐标绘制标准曲线。同样测定试样的吸光度，从标准曲线上查得水样中待测离子浓度，注意水样体积的换算。

2.萃取火焰原子吸收分光光度法

本法适用于地下水和地面水的清洁。分析生活污水和工业废水以及受污染的地面水时样品预先消解。一般仪器的适用浓度范围为 1 ~ 50 μg/L。

一吡咯烷二硫代氨基甲酸铵—甲基异丁酮，（APDC-MIBK）萃取程序是取一定体积预处理好的水样和一系列标准溶液，调 pH 为 3，各加入 2 mL 2% 的 APDC 溶液摇匀，静置 1 min，加入 10 mL MIBK，萃取 1 min，静置分层弃去水相，用滤纸吸干分液漏斗颈内残留液。有机相置于 10 mL 具塞试管中，盖严。按直接测定条件点燃火焰以后，用 MtBK 喷雾，降低乙烧/空气比，使火焰颜色和水溶液喷雾时大致相同。用萃取标准系列中试剂空白的有机相将仪器调零，分别测定标准系列和样品的吸光度，利用标准曲线法求水样中的 Cd^{2+} 含量。

（二）双硫腙分光光度法

1.方法原理

在强碱性溶液中，Cd^{2+} 与双硫腙生成红色配合物。用氯仿萃取分离后，于 518 nm 波长处进行比色测定。

2.方法适用范围

各种金属离子的干扰均可用控制 pH 和加入络合剂的方法除去。当有大量有机物污染时，需把水样消解后测定。本方法适用于受镉污染的天然水和废水中镉的测定，最低检出浓度为 0.001 mg/L，测定上限为 0.06 mg/L。

四、铅的测定

铅的污染主要来自铅矿的开采，含铅金属冶炼，橡胶生产，含铅油漆颜料的生产和使用，蓄电池厂的熔铅和制粉，印刷业的铅版、铅字的浇铸，电缆及铅管的制造，陶瓷的配釉，铅质玻璃的配料以及焊锡等工业排放的废水。汽车尾气排出的铅随降水进入地面水中，亦造成铅的污染。

铅通过消化道进入人体后，即积蓄于骨髓、肝、肾、脾、大脑等处，形成所谓"贮存库"，以后慢慢从中放出，通过血液扩散到全身并进入骨骼，引起严重的累积性中毒。世界上地面水中，天然铅的平均值大约是 0.5 μg/L，地下水中铅的浓度在 1~60 μg/L，当铅浓度达到 0.1 mg/L 时，可抑制水体的自净作用。铅进入水体中与其他重金属一样，一部分被水生物浓集于体内，另一部分则随悬浮物絮凝沉淀于底质中，甚至在微生物的参与下可能转化为四甲基铅。铅不能被生物代谢所分解，在环境中属于持久性的污染物。

测定铅的方法有双硫腙分光光度法、原子吸收分光光度法、阳极溶出伏安法。

在 pH 为 8.5~9.5 的氨性柠檬酸盐—氰化物的还原性介质中，铅与双硫腙形成可被三氯甲烷萃取的淡红色的双硫腙铅螯合物。

有机相可于最大吸收波长 510 nm 处测量，利用工作曲线法求得水样中铅的含量，本方法的线性范围为 0.01–0.3 mg/L。本方法适用于测定地表水和废水中痕量铅。

测定时，要特别注意器皿、试剂及去离子水是否含痕量铅，这是获得准确结果的关键。所用 KCN 毒性极大，在操作中一定要在碱性溶液中进行，严防接触手上破皮之处。Bi^{3+}、Sn^{2+} 等干扰测定，可预先在 pH 为 2~3 时用双硫腙三氯甲烷溶液萃取分离。为防止双硫腙被一些氧化物质如 Fe^{3+} 等氧化，在氨性介质中加入了盐酸羟胺和亚硫酸钠。

五、汞的测定

汞（Hg）及其化合物属于剧毒物质，可在体内蓄积。进入水体的无机汞离子可转变为毒性更大的有机汞，由食物链进入人体，引起全身中毒。

天然水含汞极少，水中汞本底浓度一般不超过 0.1 mg/L。由于沉积作用，底泥中的汞含量会大一些，本底值的高低与环境地理地质条件有关。我国规定生活饮用水的含汞量不得高于 0.001 mg/L；工业废水中，汞的最高允许排放浓度为 0.05 mg/L，这是所有的排放标准中最严的。地面水汞污染的主要来源是重金属冶炼、食盐电解制碱、仪表制造、农药、军工、造纸、氯碱工业、电池生产、医院等工业排放的废水。

由于汞的毒性大、来源广泛，汞作为重要的测定项目为各国所重视，对其的研究较普遍，分析方法较多。化学分析方法有：硫氰酸盐法、双硫腙法、EDTA 配位滴定法及沉淀重量法等。仪器分析方法有：阳极溶出伏安法、气相色谱法、中子活化法、X 射线荧光光谱法、冷原子吸收法、冷原子荧光法、中子活化法等。其中冷原子吸收法、冷原子荧光法是测定水中微量、痕量汞的特异方法，其干扰因素少，灵敏度较高。双硫腙分光光度法是测定多种金属离子的适用方法，如能掩蔽干扰离子和严格掌握反应条件，也能得到满意的结果。

（一）冷原子吸收法

1.方法原理

汞蒸气对波长为 253.7 nm 的紫外线有选择性吸收，在一定的浓度范围内，吸光度与汞浓度成正比。

水样中的汞化合物经酸性高锰酸钾热消解，转化为无机的二价汞离子，再经亚锡离子还原为单质汞，用载气或振荡使之挥发，该原子蒸气对来自汞灯的辐射，显示出选择性吸收作用，通过吸光度的测定，分析待测水样中汞的浓度。

2.测定要点

（1）水样的预处理

取一定体积水样于锥形瓶中，加硫酸、硝酸和高锰酸钾溶液、过硫酸钾溶液，置沸水浴中使水样近沸状态下保温 1h，维持红色不褪，取下冷却。临近测定时滴加盐酸羟胺溶液，直至刚好使过剩的高锰酸钾褪色及二氧化锰全部溶解为止。

（2）标准曲线绘制

依照水样介质条件，用 $HgCl_2$ 配制系列汞标准溶液。分别吸取适量汞标准溶液于还原瓶内，加入氯化亚锡溶液，迅速通入载气，记录表头的指示值。以经过空白校正的各测量值（吸光度）为纵坐标，相应标准溶液的汞浓度为横坐标，绘制出标准曲线。

（3）水样测定

取适量处理好的水样于还原瓶中，与标准溶液进行同样的操作，测定其吸光度，扣除空白值从标准曲线上查得汞浓度，如果水样经过稀释，要换算成原水样中汞（Hg, Mg/L）

的含量。其计算式为：

$$汞含量 = C \times \frac{V_6}{V} \times \frac{V_1 + V_2}{V_1}$$

式中，C 为试样测量所得汞含量，$\mu g/L$；V 为试样制备所取水样体积，mL；V_6 为试样制备最后定容体积，为最初采集水样时体积，mL；V_1 为采样时加入试剂总体积，mL。

3.注意事项

第一，样品测定时，同时绘制标准曲线，以免因温度、灯源变化影响测定准确度。

第二，试剂空白应尽量低，最好不能检出。

第三，对汞含量高的试样，可采用降低仪器灵敏度或稀释办法满足测定要求，但以采用前者措施为宜。

（二）冷原子荧光法

它是在原子吸收法的基础上发展起来的，是一种发射光谱法。汞灯发射光束经过由水样中所含汞元素转化的汞蒸气云时，汞原子吸收特定共振波的能量，使其由基态激发到高能态，而当被激发的原子回到基态时，将发出荧光，通过测定荧光强度的大小，即可测出水样中汞的含量，这就是冷原子荧光法的基础。检测荧光强度的检测器要放置在和汞灯发射光束成直角的位置上。本方法最低检出浓度为 0.05 $\mu g/L$，测定上限可达到 1 $\mu g/L$，且干扰因素少，适用于地面水、生活污水和工业废水的测定。

（三）双硫腙分光光度法

水样于 95℃，在酸性介质中用高锰酸钾和过硫酸钾消解，将无机汞和有机汞转化为二价汞。

用盐酸羟胺将过剩的氧化剂还原，在酸性条件下；汞离子与双硫腙生成橙色螯合物，用有机溶剂萃取，再用碱液洗去过剩的双硫腙，于 485 nm 波长处测定吸光度。以标准曲线法求水样中汞的含量。

汞的最低检出浓度（取 250 mL 水样）为 0.002 mg/L，测定上限为 0.04 mg/L，本方法适用于工业废水和受汞污染的地面水的检测。

第四节 非金属无机化合物的测定

一、pH 的测定

天然水的 pH 在 7.2 ~ 8 的范围内。当水体受到酸、碱污染后，引起水体 pH 值的变化。

通过对 pH 值的测量，可以估计哪些金属已水解沉淀，哪些金属还留在水中。水体的酸污染主要来自冶金、搪瓷、电镀、轧钢、金属加工等工业的酸洗工序和人造纤维、酸法造纸排出的废水，以及酸性矿山排水。碱污染主要来源于碱法造纸、化学纤维、制碱、制革、炼油等工业废水。

水体受到酸碱污染后，pH 发生变化，在水体 PH<6.5 或 PH>8.5 时，水中微生物生长受到抑制，使得水体自净能力受到阻碍并腐蚀船舶和水中设施。酸对鱼类的鳃有不易恢复的腐蚀作用；碱会引起鱼鳃分泌物凝结，使鱼呼吸困难，不宜鱼类生存。长期受到酸、碱污染将导致人类生态系统的破坏。为了保护水体，我国规定河流水体的 pH 应在 6.5 ~ 9。

测 pH 的方法有玻璃电极法和比色法，其中玻璃电极法基本上不受溶液的颜色、浊度、胶体物质、氧化剂和还原剂以及高含盐量的干扰。但当 PH>10 时，产生较大的误差，使读数偏低，称为"钠差"。克服"钠差"的方法除了使用特制的"低钠差"电极外，还可以选用与被测溶液 pH 相近的标准缓冲溶液对仪器进行校正。

（一）玻璃电极法

1.玻璃电极法原理

以饱和甘汞电极为参比电极，玻璃电极为指示电极组成电池。在 25℃下，溶液中每变化 1 个 pH 单位，电位差就变化 59.9mV，将电压表的刻度变为 pH 刻度，便可直接读出溶液的 pH，温度差异可以通过仪器上的补偿装置进行校正。

2.所需仪器

各种型号的 pH 计及离子活度计，玻璃电极、甘汞电极。

3.注意事项

第一，玻璃电极在使用前应浸泡激活。通常用邻苯二甲酸氢钾、磷酸二氢钾+磷酸氢二钠和四硼酸钠溶液依次校正仪器，这三种常用的标准缓冲溶液，目前市场上有售。

第二，本实验所用蒸馏水为二次蒸馏水，电导率小于 2fiO/cm，用前煮沸以排出 CO_2。

第三，pH 是现场测定的项目，最好把电极插入水体直接测量。

（二）比色法

酸碱指示剂在其特定 pH 范围的水溶液中产生不同颜色，向标准缓冲溶液中加入指示剂，将生成的颜色作为标准比色管，与加入同一种指示剂的水样显色管目视比色，可测出水样的 pH。本法适用于色度很低的天然水，饮用水等。如水样有色、浑浊或含较高的游离余氯、氧化剂、还原剂，均干扰测定。

二、溶解氧的测定

溶解氧就是指溶解于水中分子状态的氧，即水中的 O_2，以 DO 表示。溶解氧是水生生物生存不可缺少的条件。溶解氧的一个来源是水中溶解氧未饱和时，大气中的氧气向水体渗入；另一个来源是水中植物通过光合作用释放出的氧。溶解氧随着温度、气压、盐分的变化而变化，一般说来，温度越高，溶解的盐分越大，水中的溶解氧越低；气压越高，水中的溶解氧越高。溶解氧除了被通常水中硫化物、亚硝酸根、亚铁离子等还原性物质所消耗外，也被水中微生物的呼吸作用以及水中有机物质被好氧微生物氧化分解所消耗。所以说，溶解氧是水体的资本，是水体自净能力的表示。

天然水中溶解氧近于饱和值（9 mg/L），藻类繁殖旺盛时，溶解氧呈过饱和。水体受有机物及还原性物质污染可使溶解氧降低，当 DO 小于 4.5 mg/L 时，鱼类生活困难。当 DO 消耗速率大于氧气向水体中溶入的速率时，DO 可趋近于 0，厌氧菌得以繁殖使水体恶化。所以，溶解氧的大小，反映出水体受到污染，特别是有机物污染的程度，它是水体污染程度的重要指标，也是衡量水质的综合指标。

测定水中溶解氧的方法有碘量法及其修正法和膜电极法。清洁水可用碘量法，受污染的地面水和工业废水必须用修正的碘量法或膜电极法。

三、氰化物的测定

氰化物主要包括氢氰酸（HCN）及其盐类（如 KCN、NaCN）。氰化物是一种剧毒物质，也是一种广泛应用的重要工业原料。在天然物质中，如苦杏仁、枇杷仁、桃仁、木薯及白果，均含有少量 KCN。一般在自然水体中不会出现氰化物，水体受到氰化物的污染，往往是由于工厂排放废水以及使用含有氰化物的杀虫剂所引起，它主要来源于金属、电镀、精炼、矿石浮选、炼焦、染料、制药、维生素、丙烯腈纤维制造、化工及塑料工业。

人误服或在工作环境中吸入氰化物时，会造成中毒。其主要原因是氰化物进入人体后，可与高铁型细胞色素氧化酶结合，变成氧化高铁型细胞色素氧化酶，使之失去传递氧的功能，引起组织缺氧而致中毒。

测定氰化物的方法主要有硝酸银滴定法、分光光度法、离子选择电极法等。测定之前，通常先将水样在酸性介质中进行蒸馏，把能形成氰化氢的氰化物蒸出，使之与干扰组分分离。常用的蒸馏方法有以下两种。

第一，酒石酸—硝酸锌预蒸馏。在水样中加入酒石酸和硝酸锌，在 pH 约为 4 的条件下加热蒸馏，简单氰化物及部分配位氰（如：$[Zn(CN)_4]^{2-}$）以 HCN 的形式蒸馏出来，用氢氧化钠溶液吸收，取此蒸馏液测得的氰化物为易释放的氰化物。

第二，磷酸—EDTA 预蒸馏。向水样中加入磷酸和 EDTA，在 pH<2 的条件下，加热

蒸馏，利用金属离子与 EDTA 配位能力比与 CN⁻强的特性，使配位氧化物离解出 CNL 并在磷酸酸化的情况下，以 HCN 形式蒸馏出。此法测得的是全部简单氰化物和绝大部分配位氰化物，而钴氰配合物则不能蒸出。

四、氨氮的测定

水中的氨氮是指以游离氨（NH_3）和氨离子（NHT）形式存在的氮，两者的组成比决定于水的 pH，当 pH 偏高时，游离氨的比例较高，反之，则铵盐的比例高。水中氨氮来源主要为生活污水中含氮有机物受微生物作用的分解产物，某些工业废水，如石油化工厂、畜牧场及它的废水处理厂、食品厂、化肥厂、炼焦厂等排放的废水及农田排水、粪便是生活污水中氮的主要来源。在有氧环境中，水中氨可转变为亚硝酸盐或硝酸盐。

我国水质分析工作者，把水体中溶解氧参数和氨浓度参数结合起来，提出水体污染指数的概念与经验公式，用以指导给水生产和作为评价给水水源水质优劣标准，所以氨氮是水质重要测量参数。氨氮的分析方法有滴定法、纳氏试剂分光光度法、苯酚—次氯酸盐分光光度法、氨气敏电极法等。

五、亚硝酸盐氮的测定

亚硝酸盐是含氮化合物分解过程的中间产物，极不稳定，可被氧化成硝酸盐，也易被还原成氨，所以取样后立即测定，才能检出 NO_2^-。亚硝酸盐实际是亚铁血红蛋白病的病原体，它可与仲胺类（RRNH）反应生成亚硝胺类（RRN–NO），它们之中许多具有强烈的致癌性。所以 NO₇是一种潜在的污染物，被列为水质必测项目之一。

水体亚硝酸盐的主要来源是污水、石油、燃料燃烧以及硝酸盐肥料工业，染料、药物、试剂厂排放的废水。淡水、蔬菜中亦含有亚硝酸盐，含量不等，熏肉中含量很高。亚硝酸盐氮的测定，通常采用重氮偶合比色法。按试剂不同分为 N—（1—萘基）—乙二胺比色法和 α—萘胺比色法。两者的原理和操作基本相同。

N—（1—萘基）—乙二胺分光光度法

在 pH 为 1.8+0.3 的磷酸介质中，亚硝酸盐与对氨基苯磺酰胺反应，生成重氮盐，再与 N—（1—萘基）—乙二胺偶联生成红色染料，于 540 nm 处进行比色测定。

本法适用于饮用水、地面水、地下水、生活污水和工业废水中亚硝酸盐氮的测定。最低检出浓度为 0.003 mg/L，测定上限为 0.20 mg/L。

必须注意的是下面两点：①水样中如有强氧化剂或还原剂时则干扰测定，可取水样加 HgCb 溶液过滤除去 Fe^{3+}、Ca^{2+}的干扰，分别在显色之前加 KF 或 EDTA 掩蔽。水样如有颜色和悬浮物时，可于 100 mL 水样中加入 2 mL 氢氧化铝悬浮液进行脱色处理，滤去 Al（OH）₃沉淀后再进行显色测定。②实验用水均为不含亚硝酸盐的水，制备时于普通蒸馏水中加入少许 KMnO₄ 晶体，使呈红色，再加 Ba（OH）₂或 Ca（OH）₂使成碱性。置全玻璃蒸馏器中蒸馏，弃去 50 mL 初储液，收集中间约 70%不含锰的馏出液。

第五节　有机化合物综合指标的测定

水体中有机化合物种类繁多，难以对每一个组分逐一定量测定，目前多采用测定有机化合物的综合指标来间接表征有机化合物的含量。综合指标主要有化学需氧量、高锰酸盐指数、生化需氧量、总需氧量和总有机碳等。有机化合物的污染源主要有农药、医药、染料以及化工企业排放的废水。

一、化学需氧量

化学需氧量（chemical oxygen demand.COD）是指在一定条件下，氧化 1L 水样中还原性物质所消耗的氧化剂的量，以氧的质量浓度（mg/L）表示。化学需氧量反映了水体受还原性物质污染的程度。水中的还原性物质包括有机物、亚硝酸盐、亚铁盐、硫化物等。水被有机物污染是很普遍的，因此化学需氧量也作为有机物相对含量的指标之一。

化学需氧量随测定时所用氧化剂的种类、浓度、反应温度和时间、溶液的酸度、催化剂等变化而不同。水样中化学需氧量的测定方法有重铬酸钾法、氯气校正法、碘化钾碱性高锰酸钾法和快速消解分光光度法。

1.重铬酸钾法

在水样中加入一定量的重铬酸钾溶液及硫酸汞溶液，并在强酸介质下以硫酸银作催化剂，按照图 8-1 或图 8-2 所示装置回流 2h 后，以 1，10—邻二氮菲为指示剂，用硫酸亚铁铵标准溶液滴定水样中未被还原的重铬酸钾，由消耗的硫酸亚铁铵的量计算出回流过程中消耗的重铬酸钾的量，并换算成消耗氧的质量浓度，即为水样的化学需氧量。

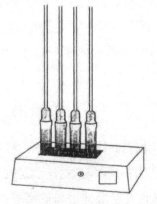

图 8-1　COD 测定回流装置(一)　　图 8-2　COD 测定回流装置(二)

当污水 COD 大于 50 mg/L 时，可用 0.25mol/L 的 $K_2Cr_2O_7$ 标准溶液；当污水 COD 为 5 ~ 50 mg/L 时，可用 0.025 mol/L 的 $K_2Cr_2O_7$ 标准溶液。

$K_2Cr_2O_7$ 氧化性很强，可将大部分有机物氧化，但吡啶不被氧化，芳香族有机物不易被氧化。挥发性直链脂肪族化合物、苯等有机物存在于蒸气相，氧化不明显。

氯离子能被 $K_2Cr_2O_7$ 氧化，并与硫酸银作用生成沉淀，影响测定结果，在回流前加入适量的硫酸汞去除。但当水中氯离子浓度大于 1 000 mg/L 时，不能采用此方法测定。

COD（O_2, mg/L）按下计算：

$$COD(O_2, mg/L) = \frac{1}{4} \times \frac{c(V_0 - V_1)M(O_2) \times 10^3}{V}$$

式中，c 为硫酸亚铁铵标准溶液的浓度，mol/L；V_0 为空白试验所消耗的硫酸亚铁铵标准溶液的体积，为水样测定所消耗的硫酸亚铁铵标准溶液的体积，mL；V 为水样的体积，mL；M（O_2）为氧气的摩尔质量，g/mol。

2.氯气校正法

按照重铬酸钾法测定的 COD 值即为表观 COD。将水样中未与 Hg_{2+} 配位而被氧化的那部分氯离子所形成的氯气导出，用氢氧化钠溶液吸收后，加入碘化钾，用硫酸调节溶液为 pH 为 2 ~ 3，以淀粉为指示剂，用硫代硫酸钠标准溶液滴定，由此计算出与氯离子反应消耗的重铬酸钾，并换算为消耗氧的质量浓度，即为氯离子校正值。表观 COD 与氯离子校正值的差即为所测水样的 COD。

3.碘化钾碱性高锰酸钾法

在碱性条件下，在水样中加入一定量的高锰酸钾溶液，在沸水浴中反应一定时间，以氧化水中的还原性物质。加入过量的碘化钾，还原剩余的高锰酸钾，以淀粉为指示剂，用硫代硫酸钠滴定释放出来的碘。根据消耗高锰酸钾的量，换算成相对应的氧的质量浓度，用 COD_{OH-kI} 表示。该方法适用于油气田和炼化企业高氯废水中化学需氧量的测定。

由于碘化钾碱性高锰酸钾法与重铬酸盐法的氧化条件不同，对同一样品的测定值也不同。而我国的污水综合排放标准中 COD 指标是指重铬酸钾法的测定结果。可按下式将 COD_{OH-KI} 换算为 COD_{cr}：

$$COD_{Cr} = \frac{COD_{oH-KI}}{K}$$

式中，K 为碘化钾碱性高锰酸钾法的氧化率与重铬酸盐法氧化率的比值，可以分别用碘化钾碱性高锰酸钾法和重铬酸盐法测定同一有代表性的废水样品的需氧量来确定。

若用碘化钾碱性高锰酸钾法和重铬酸盐法测定同一有代表性的废水样品的需氧量分别为 COD_1 和 COD_2，则 K 值可以用下式计算：

$$K = \frac{\text{COD}_1}{\text{COD}_2}$$

若水中含有几种还原性物质，则取它们的加权平均 K 值作为水样的 K 值。

4.快速消解分光光度法

试样中加入已知量的重铬酸钾溶液，在强硫酸介质中，以硫酸银作为催化剂，经高温消解后，溶液中的铬以 $Cr_2O_7^{2-}$ 和 CF^{3+} 两种形态存在。

二、高锰酸盐指数

高锰酸盐指数（permanganate index）是指在一定条件下，以高锰酸钾为氧化剂氧化水样中的还原性物质所消耗的高锰酸钾的量，以氧的质量浓度（mg/L）来表示。

因高锰酸钾在酸性介质中的氧化能力比在碱性介质中的氧化能力强，故常分为酸性高锰酸钾法和碱性高锰酸钾法，分别适用于不同水样的测定。

取一定量水样（一般取 100 mL），在酸性或碱性条件下，加入 10.0 mL 高高锰酸溶液，沸水浴 30 min 以氧化水样中还原性无机物和部分有机物。加入过量的草酸钠溶液还原剩余的高锰酸钾，再用高锰酸钾标准溶液滴定过量的草酸钠。反应式如下：

水样未稀释时，高锰酸盐指数（100mg/L）按下式计算：

$$\text{高锰酸盐指数（}O_2，\text{mg/L}\text{）} = \frac{1}{4} \times \frac{c\left[(10+V_1)K-10\right]M(O_2)}{V} \times 10^3$$

式中，c 为草酸钠 $\left(\frac{1}{2}Na_2C_2O_4\right)$ 标准溶液的浓度，mol/L；V_1 为滴定水样消耗高锰酸钾标准溶液的体积，mL；K 为校正系数[每毫升高锰酸钾标准溶液相当于草酸钠标准溶液的体积（mL）]；$M(O_2)$ 为氧气的摩尔质量，g/mol；V 为水样的体积，mL。

若水样的高锰酸盐指数超过 5mg/L 时，应少取水样稀释后再测定。稀释后水样的高锰酸盐指数（O_2，mg/L）按下式计算：

高锰酸盐指数（O_2，mg/L）=

$$\frac{1}{4} \times \frac{c\left\{\left[(10+V_1)K-10\right]-\left[(10+V_0)K-10\right]f\right\}M(O_2)}{V} \times 10^3$$

式中，c 为草酸钠 $\left(\frac{1}{2}Na_2C_2O_4\right)$ 标准溶液的浓度，mol/L；V_1 为滴定水样消耗高锰酸钾标准溶液的体积，mL；V_0 为空白试验消耗高锰酸钾标准溶液的体积，mL；K 为校正系数[每毫升高锰酸钾标准溶液相当于草酸钠标准溶液的体积（mL）]；/为稀释水样中含稀释水的比值；$M(O_2)$ 为氧气的摩尔质量，g/mol；V 为水样的体积，mL；

V 为原水样的体积，mL。

国际标准化组织（ISO）建议高锰酸盐指数仅限于测定地表水、饮用水和生活污水。

若水样中氯离子含量不高于 300 mg/L 时，采用酸性高锰酸钾法；若氯离子含量高于 300mg/L 时，采用碱性高锰酸钾法。

三、生化需氧量

生化需氧量（biochemical oxygen demand，BOD）是指在规定的条件下，微生物分解水中某些物质（主要为有机物）的生物化学过程中所消耗的溶解氧。由于规定的条件是在 20+1℃条件下暗处培养 5d，因此被称为五日生化需氧量，用 BOD 表示，单位为 mg/L。

BOD 是反映水体被有机物污染程度的综合指标，也是研究污水的可生化降解性和生化处理效果，以及生化处理污水工艺设计和动力学研究中的重要参数。

测定五日生化需氧量的方法可以分为溶解氧含量测定法、微生物传感器快速测定法和测压法三类。溶解氧的含量测定法是分别测定培养前后培养液中溶解氧的含量，进而计算出 BOD 的值。根据水样是否稀释或接种又分为非稀释法、非稀释接种法、稀释法和稀释接种法。如样品中的有机物含量较少，BOD_5 的质量浓度不大于 6 mg/L，且样品中有足够的微生物，用非稀释法测定；若样品中的有机物含量较少，BOD_5 的质量浓度不大于 6 mg/L，但样品中缺少足够的微生物，如酸性废水、碱性废水、高温废水、冷冻保存的废水或经过氯化处理等的废水，须采用非稀释接种法测定。若试样中的有机物含量较多，BOD_5 的质量浓度大于 6 mg/L，且样品中有足够的微生物，采用稀释法测定；若试样中的有机物含量较多，BOD_5 的质量浓度大于 6 mg/L，但试样中无足够的微生物必须采用稀释接种法测定。该方法适用于地表水、工业废水和生活污水中 BOD_5 的测定。

1.溶解氧含量测定法

（1）非稀释法

第一，水样的采集与保存。采集的样品应充满并密封于棕色玻璃瓶中，样品量不小于 1 000 mL，在 0～4℃的暗处运输和保存，并于 24h 内尽快分析。

第二，试样的制备与培养。若样品中溶解氧浓度低，需要用曝气装置曝气 15 min，充分振摇赶走样品中残留的空气泡；若样品中氧过饱和，使样品量达到容器 2/3 体积，用力振荡赶出过饱和氧。将试样充满溶解氧瓶中，使试样少量溢出，防止试样中的溶解氧质量浓度改变，使瓶中存在的气泡靠瓶壁排出，盖上瓶塞。在制备好的试样的溶解氧瓶上加上水封，在瓶塞外罩上密封罩，防止培养期间水封水蒸发干，在恒温培养箱中于 20±1℃条件下培养 5d±4h。

第三，溶解氧的测定与结果计算。在制备好试样 15 min 后测定试样在培养前溶解氧的质量浓度，在培养 5d 后测定试样在培养后溶解氧的质量浓度。测定前待测试样的温度应

达到 $20 \pm 2\,^{\circ}\!C$，测定方法可采用碘量法或电化学探头法，按下式计算 BOD_5。

$$BOD_5\left(O_2, mg/L\right) = DO_1 - DO_2$$

式中，DO_1 为水样在培养前溶解氧的质量浓度，mg/L；DO_2 为水样在培养后溶解氧的质量浓度，mg/L。

（2）非稀释接种法

向不含有或少含有微生物的工业废水中引入能分解有机物的微生物的过程，称为接种。用来进行接种的液体称为接种液。

第一，接种液的制备。获得适用的接种液的方法有：购买接种微生物用的接种物质，按说明书的要求操作配制接种液；采用未受工业废水污染的生活污水，要求化学需氧量不大于 300 mg/L，总有机碳不大于 100 mg/L；采取含有城镇污水的河水或湖水；采用污水处理厂的出水。

当需要测定某些含有不易被一般微生物所分解的有机物工业污水的 BOD5 时，需要进行微生物的驯化。通常在工业废水排污口下游适当处取水样作为废水的驯化接种液，也可采用一定量的生活污水，每天加入一定量的待测工业废水，连续曝气培养，当水中出现大量的絮状物时（驯化过程一般需 3 ~ 8d），表明微生物已繁殖，可用作接种液。

第二，接种水样、空白样的制备与培养。水样中加入适量的接种液后作为接种水样，按非稀释法同样的培养方法培养。若试样中含有硝化细菌，有可能发生硝化反应，需在每升试样中加入 2 mL 丙烯基硫脲硝化抑制剂（1.0g/L）。

在每升稀释水（配制方法见稀释法）中加入与接种水样中相同量的接种液作为空白样，需要时每升空白样中加入 2 mL 丙烯基硫脲硝化抑制剂（1.0g/L）。与接种水样同时、同条件进行培养。

第三，溶解氧的测定与结果计算。采用碘量法或电化学探头法分别测定培养前后接种水样、空白样中溶解氧的质量浓度，按下式计算 BOD_5。

$$BOD_5\left(O_2, mg/L\right) = \left(DO_1 - DO_2\right) - \left(D_1 - D_2\right)$$

式中，DO_1 为接种水样在培养前溶解氧的质量浓度，mg/L；DO_2 为接种水样在培养后溶解氧的质量浓度，mg/L；D_1 为空白样在培养前溶解氧的质量浓度，mg/L；D_2 为空白样在培养后溶解氧的质量浓度，mg/L。

（3）稀释法

第一，水样的预处理。若样品或稀释后样品 pH 值不在 6 ~ 8 的范围内，应用盐酸溶液（0.5 mol/L）或氢氧化钠溶液（0.5 mol/L）调节其 pH 值至 6 ~ 8；若样品中含有少量余氯，一般在采样后放置 1 ~ 2h，游离氯即可消失。对在短时间内不能消失的余氯，可加入适量亚硫酸钠溶液去除样品中存在的余氯和结合氯；对于含有大量颗粒物、需要较大稀释倍数的样品或经冷冻保存的样品，测定前均需将样品搅拌均匀；若样品中有大量藻类存在，会导致 BOD_5 的测定结果偏高。当分析结果精度要求较高时，测定前应用滤孔为 1.6 的滤膜过滤，检测报告中注明滤膜滤孔的大小。

第二，稀释水的制备。在 5-20L 的玻璃瓶中加入一定量的水，控制水温在 20±1℃，用曝气装置至少曝气 1h，使稀释水中的溶解氧达到 8 mg/L 以上。使用前每升水中加磷酸盐缓冲溶液、硫酸镁溶液（11 g/L）、氯化钙溶液（27.6 g/L）和氯化铁溶液（0.15 g/L）各 1.0 mL，混匀，于 20℃保存。在曝气的过程中应防止污染，特别是防止带入有机物、金属、氧化物或还原物。稀释水中氧的质量浓度不能过饱和，使用前需开口放置 1h，且应在 24h 内使用。

第三，稀释水样、空白样的制备与培养。用稀释水（配制方法同非稀释接种法）稀释后的样品作为稀释水样。按照确定的稀释倍数，将一定体积的试样或处理后的试样用虹吸管加入已盛有部分稀释水的稀释容器中，加稀释水至刻度，轻轻混合避免残留气泡。若稀释倍数超过 100 倍，可进行两步或多步稀释。若样品中含有硝化细菌，有可能发生硝化反应，需在每升培养液中加入 2 mL 丙烯基硫脲硝化抑制剂（1.0 g/L），在制备好的稀释水样的溶解氧瓶上加上水封，在瓶塞外罩上密封罩，在恒温培养箱中于 20+1℃条件下培养 5d+4h。

以稀释水作为空白样，需要时每升稀释水中加入 2 mL 丙烯基硫脲硝化抑制剂（1.0 g/L）。与稀释水样同时、同条件进行培养。

第四，溶解氧的测定与结果计算。采用碘量法或电化学探头法分别测定培养前后稀释水样、空白样中溶解氧的质量浓度，按下式计算 BOD5。

$$BOD_5\left(O_2, mg/L\right) = \left(DO_1 - DO_2\right) - \left(D_1 - D_2\right)$$

式中，DO_1 为接种水样在培养前溶解氧的质量浓度，mg/L；DO_2 为接种水样在培养后溶解氧的质量浓度，mg/L；D_1 为空白样在培养前溶解氧的质量浓度，mg/L；D_2 为空白样在培养后溶解氧的质量浓度，mg/L；D_2 为稀释水在培养液中所占比例为水样在培养液中所占比例。

2.微生物传感器快速测定法

微生物传感器（microorganism sensor）由氧电极和微生物菌膜组成，当含有饱和溶解氧的样品进入流通池中与微生物传感器接触时，样品中溶解的可生化降解的有机物受到微生物菌膜中菌种的作用而消耗一定量的氧，使扩散到氧电极表面上氧质量减少。当样品中可生化降解的有机物向菌膜扩散速度（质量）达到恒定时，此时扩散到氧电极表面上的氧质量也达到恒定，从而产生一个恒定的电流。由于恒定电流差值与氧的减少量存在定量关系，可直接读取仪器显示浓度值，或由工作曲线查出水样中的 BOD_5。

该法适用于地表水、生活污水及不含对微生物有明显毒害作用的工业废水中 BOD_5 的测定。

3.测压法

在密闭的培养瓶中，系统中的溶解氧由于微生物降解有机物而不断消耗。产生与耗氧量相当的 CO_2 被吸收后，使密闭系统的压力降低，通过压力计测出压力降，即可求出水样的 BOD_5。在实际测定中，先以标准葡萄糖谷氨酸溶液的 BOD 和相应的压差进行曲线校正，便可直接读出水样的 BOD_5。

四、总需氧量

总需氧量（total oxygen demand，TOD）是指水中能被氧化的物质，主要是有机质在燃烧中变成稳定的氧化物时所需要的氧量，结果以氧气的质量浓度（mg/L）表示。

总需氧量常用 TOD 测定仪来测定，将一定量水样注入装有铝催化剂的石英燃烧管中，通入含已知氧浓度的载气（氮气）作为原料气，则水样中的还原性物质在 900℃下被瞬间燃烧氧化，测定燃烧前后原料气中氧浓度减少量，即可求出水样的 TOD 值。

TOD 是衡量水体中有机物污染程度的一项指标。TOD 值能反映几乎全部有机物质经燃烧后变成 CO_2、H_2O、NO、SO_2 等所需要的氧量，它比 BOD_5、SOD 和高锰酸盐指数更接近理论需氧量值。

五、总有机碳

总有机碳（total organic carbon，TOC）指溶解和悬浮在水中所有有机物的含碳量，是以碳的含量表示水体中有机物质总量的综合指标。近年来，国内外已研制各种总有机碳分析仪，按工作原理可分为燃烧氧化—非色散红外吸收法、电导法、气相色谱法、湿法氧化—非色散红外吸收法等。目前广泛采用燃烧氧化—非色散红外吸收法。

1.差减法

将试样连同净化气体分别导入高温燃烧管（900℃）和低温反应管（150℃）中，经高温燃烧管的试样被高温催化氧化，其中的有机碳和无机碳均转化为二氧化碳；低温石英管中装有磷酸浸渍的玻璃棉，能使无机碳酸盐在 150P 分解为二氧化碳，而有机物却不能被氧化分解。将两种反应管中生成的二氧化碳分别导入非分散红外检测器，分别测得总碳（TC）和无机碳（1C），二者之差即为总有机碳（TOC）。

2.直接法

试样经过酸化将其中的无机碳转化为二氧化碳，曝气去除二氧化碳后，再将试样注入高温燃烧管中，以铝和三氧化钴或三氧化二铬为催化剂，使有机物燃烧转化为二氧化碳，导入非分散红外检测器直接测定总有机碳。

该方法适用于地表水、地下水、生活污水和工业废水中总有机碳（TOC）的测定，检出限为 0.1 mg/L，测定下限为 0.5 mg/L。

由于该法可使水样中的有机物完全氧化，因此 TOC 比 COD、BOD_5 和高锰酸盐指数能更准确地反映水样中有机物的总量。当地表水中无机碳含量远高于总有机碳时，会影响总有机碳的测定精度。地表水中常见共存离子无明显干扰.当共存离子浓度较高时，可影响红外吸收，用无二氧化碳水稀释后再测。

第九章　空气质量和废气检测

第一节　空气污染基本知识

一、空气污染

包围在地球周围厚度为 1000~1400 km 的气体称为大气，其中近地面约 10 km 厚度的气层是对人类及生物生存起重要作用的空气层。平时所说的环境空气是指人群、动物、植物和建筑物等所暴露的室外空气，清洁的空气是人类和生物赖以生存的环境要素之一。

空气污染通常是指由于人类活动或自然过程引起某些物质进入空气中，呈现出足够的浓度，持续了足够的时间，并因此而危害了人体的舒适、健康和福利或危害了环境。

二、空气污染的危害

空气污染会对人体健康和动、植物产生危害，对各种材料产生腐蚀损害。

对人体健康的危害可分为急性作用和慢性作用。急性作用，是指人体受到污染的空气侵袭后，在短时间内即表现出不适或中毒症状的现象。历史上曾发生慢性作用是指人体在含低浓度污染物的空气长期作用下产生的慢性危害。这种危害往往不易引人注意，而且难以鉴别，其危害途径是污染物与呼吸道黏膜接触，主要症状是眼、鼻黏膜刺激，慢性支气管炎、哮喘、肺癌及因生理机能障碍而加重高血压、心脏病的病情。根据动物试验的结果，已确定有致癌作用的污染物质多达数十种，如某些多环芳烃、脂肪烃类、金属类（砷、镍、铍等）。近年来，世界各国肺癌发病率和死亡率明显上升，特别是工业发达国家增长尤其快速，而且城市高于农村。大量事实和研究证明，空气污染是重要的致癌因素之一。

空气污染对动物的危害与对人的危害情况相似，对植物的危害可分为急性、慢性和不可见三种。急性危害是在高浓度污染物作用下短时间内造成的危害，常使作物产量显著降低，甚至枯死。慢性危害是在低浓度污染物作用下长时间内造成的危害，会影响植物的正常发育，有时出现危害症状，但大多数症状不明显。不可见危害只造成植物生理上的障碍，使植物生长在一定程度上受到抑制，但从外观上一般看不出症状。常采用植物生产力测定、叶片内污染物分析等方法判断慢性和不可见危害情况。

空气污染能使某些物质发生质的变化，造成损失，如 SO^- 能很快腐蚀金属制品及使皮革、纸张、纺织制品等变脆，光化学烟雾能使橡胶轮胎龟裂等。

第二节　空气污染检测方案的制订

制订环境空气质量检测方案的程序同制订水质检测方案一样。首先要根据检测目的进行调查研究，收集相关的资料；然后经过综合分析，确定检测项目，设置检测点位，选定采样频率、采样方法和检测技术，建立质量保证程序和措施，提出进度安排计划和对检测结果报告的要求等。

一、环境空气质量检测点位布设

环境空气质量检测点位的布设应遵循代表性、可比性、整体性、前瞻性和稳定性的原则。根据检测评价的目的可将环境空气质量检测点位分为污染监控点、路边交通点、环境空气质量评价城市点、环境空气质量评价区域点和环境空气质量背景点。

（一）污染监控点

为检测本地区主要固定污染源及工业园区等污染源聚集区对当地环境空气质量的影响而设置的检测点。每个点代表范围一般为半径 100～500 m 的区域，有时也可扩大到半径 0.5～4 km（较高的点源）的区域。原则上应设在可能对人体健康造成影响的污染物高浓度区以及主要固定污染源对环境空气质量产生明显影响的地区。

（二）路边交通点

为检测道路交通污染源对环境空气质量影响而设置的检测点。其代表范围为人们日常生活和活动场所中受道路交通污染源排放影响的道路两旁及其附近区域。一般应在行车道的下风侧，根据车流量的大小、车道两侧的地形、建筑物的分布等情况确定路边交通点的位置，采样口距道路边缘距离不得超过 20m。

（三）环境空气质量评价城市点

环境空气质量评价城市点是以检测城市建成区的空气质量整体状况和变化趋势为目的而设置的检测点，参与城市环境空气质量评价。每个点代表范围一般为半径 0.5～4 km 的区域，有时也可扩大到半径大于 4 km 的区域。

（四）环境空气质量评价区域点

以检测区域范围空气质量状况和污染物区域传输及影响范围为目的而设置的检测点，参与区域环境空气质量评价。区域点原则上应远离城市建成区和主要污染源 20 km 以上，应根据我国的大气环流特征设置在区域大气环流路径上。

（五）环境空气质量背景点

以检测国家或大区域范围的环境空气质量本底水平为目的而设置的检测点。每个点的代表性范围一般为半径 100 km 以上的区域。背景点原则上应远离城市建成区和主要污染源 50 km 以上，设置在不受人为活动影响的清洁地区。

二、调查及资料收集

（一）污染源分布及排放情况

通过调查，弄清检测区域内的污染源类型、数量、位置、排放的主要污染物及其排放量，同时还要了解所用原料、燃料及消耗量。注意区分高烟囱排放的较大污染源与低烟囱排放的小污染源。

（二）气象资料

污染物在空气中的扩散、迁移和一系列的物理、化学变化在很大程度上取决于当时当地的气象条件。因此，要收集检测区域的风向、风速、气温、气压、降水量、日照时间、相对湿度、温度垂直梯度和逆温层底部高度等资料。

（三）地形资料

地形对当地的风向、风速和大气稳定情况有影响，是设置检测网点应当考虑的重要因素。为掌握污染物的实际分布状况，检测区域的地形越复杂，要求布设的检测点越多。

（四）土地利用和功能分区情况

检测区域内土地利用情况及功能区划分也是设置检测网点应考虑的重要因素之一。不同功能区的污染状况是不同的，如工业区、商业区、混合区、居民区等。另外，还可以按照建筑物的密度、有无绿化地带等作进一步分类。

（五）人口分布及人群健康状况

环境保护的目的是维护自然环境的生态平衡，保护人群的健康。因此，掌握检测区域的人口分布、居民和动植物受空气污染危害情况及流行性疾病等资料，有助于检测方案的制订。

三、环境空气质量检测项目

环境空气质量评价城市点检测项目分为基本项目和其他项目如表 9-1 所示，环境空气质量评价区域点、背景点的检测项目如表 9-2 所示。

表 9-1　环境空气质量评价城市点检测项目

基本项目	其他项目	基本项目	其他项目
二氧化硫 二氧化氮 一氧化碳	总悬浮颗粒物氮氧化物铅	臭氧可吸入颗粒物细颗粒物	苯并［a］芘

表 9-2　环境空气质量评价区域点、背景点的检测项目

基本项目		二氧化硫、二氧化氮、一氧化碳、臭氧、可吸入颗粒物 PM10，细颗粒物 PM2.5
其他 项目	湿沉降 有机物 温室气体 颗粒物主要理 化特性	降雨量、pH、电导率、氯离子、硝酸根离子、硫酸根离子、钙离子、镁离子、钾离子、钠离子、铵离子 挥发性有机物、持久性有机物 二氧化碳、甲烷、氧化亚氮、六氟化硫、氢氟碳化物、全氟碳化物 颗粒物数浓度谱分布，PM10 或 PM2.5 中的硫酸盐、硝酸盐、氯盐、钾盐、钠盐、铵盐、钙盐、镁盐

四、采样点布设方法

常见的采样点布设方法有功能区布点法、网格布点法、同心圆布点法和扇形布点法。

（一）功能区布点法

多用于区域性常规检测。布点时先将检测地区按环境空气质量标准划分成若干功能区，如工业区、商业区、居民区、交通密集区、清洁区等，再按具体污染情况和人力、物力条件在各区域内设置一定数目的采样点。各功能区的采样点数不要求平均，一般在污染较集中的工业区和人口较密集的居民区多设采样点。

（二）网格布点法

对于多个污染源，且在污染源分布较均匀的情况下，通常采用此布点法。该法是将检测区域地面划分成若干均匀网状方格，采样点设在两条直线的交点处或方格中心。网格大小视污染强度、人口分布及人力、物力条件等确定。若主导风向明显，下风向设点要多一些，一般约占采样点总数的 60%。

（三）同心圆布点法

主要用于多个污染源构成的污染群，且重大污染源较集中的地区。先找出污染源的中心，以此为圆心在地面上画若干个同心圆，再从圆心作若干条放射线，将放射线与圆周的交点作为采样点。圆周上的采样点数目不一定相等或均匀分布，常年主导风向的下风向应多设采样点。

（四）扇形布点法

适用于孤立的高架点源，且主导风向明显的地区。以点源为顶点，成 45° 扇形展开，夹角可大些，但不能超过 90°，采样点设在扇形平面内距点源不同距离的若干弧线上。每条弧线上设 3~4 个采样点，相邻两点与顶点的夹角一般取 10°~20°，在上风向应设对照点。

五、采样时间

采样时间是指每次采样从开始到结束所经历的时间，也称采样时段，分为 24 h 连续采样和间断采样。

24 h 连续采样是指 24 h 连续采集一个环境空气样品，检测污染物 24 h 平均浓度的采样方式。适用于测定环境空气中二氧化硫、二氧化氮、可吸入颗粒物、总悬浮颗粒物、苯并［a］芘、氰化物、铅的采样。

间断采样是指在某一时段或 1 h 内采集一个环境空气样品，检测该时段或该小时环境空气中污染物的平均浓度所采用的采样方法。

对环境空气中的总悬浮颗粒物、可吸入颗粒物、铅、苯并［a］芘及氰化物，其采样频率及采样时间应根据《环境空气质量标准》中各污染物检测数据统计的有效性规定确定；对其他污染物的检测，其采样频率及采样时间应根据检测目的、污染物浓度水平及检测分析方法的检测限确定。要获得 1 h 平均浓度值，样品的采样时间应不少于 45 min；要获得 24h 平均浓度值，气态污染物的累计采样时间应不少于 18 h.颗粒物的累计采样时间应不少于 12 h。

通常，硫酸盐化速率及氟化物采样时间为 7~30d。但要获得月平均浓度值.样品的采样时间应不少于 15 d。

第三节　空气样品的采集方法和采样仪器

一、采样方法

按采样原理可将空气采样方法分为直接采样法、富集（浓缩）采样法和无动力采样法三种；按采样时间和方式可分为间断采样和24h连续采样。

（一）直接采样法

当大气污染物浓度较高，或测定方法较灵敏，用少量气样就可以满足检测分析要求时，用直接采样法。如用氢火焰离子化检测器测定空气中的苯系物。常用的采样工具有塑料袋、注射器、采样管和真空采样瓶等。

（二）富集采样法

当大气中被测物质浓度很低，或所用分析方法灵敏度不高时，需用富集采样法对大气中的污染物进行浓缩。富集采样的时间一般都比较长，测得结果是在采样时段内的平均浓度。富集采样法有溶液吸收法、固体阻留法和低温冷凝法。

（三）无动力采样法

将采样装置或气样捕集介质暴露于环境空气中，不需要抽气动力，利用环境空气中待测污染物分子的自然扩散、迁移、沉降或化学反应等原理直接采集污染物的采样方式。其检测结果可代表一段时间内环境空气污染物的时间加权平均浓度或浓度变化趋势。

自然降尘量、硫酸盐化速率及空气中氟化物的测定常采用无动力采样法。

二、采样仪器

（一）气态污染物采样器

采样器主要由流量计、流量调节阀、稳流器、计时器及采样泵等组成。采样流量范围为 0.5~2.0 L/min。常见的采样器分为单路、双路和多路，一般可用交流、直流两种电源。双路采样器可同时采集两种污染物，多路采样器可以同时采集多种污染物，也可以采集平行样。有的采样器上带有恒温装置，将采样吸收瓶放在恒温装置内，就可以保证在采集样品过程中吸收液温度保持恒定。

这不仅可以提高吸收效率，而且可以保证待测组分的稳定。

（二）颗粒污染物采样器

常见的颗粒污染物采样器分为大流量和中流量两种。

1.大流量采样器

大流量采样器由采样夹、抽气风机、流量记录仪、计时器及控制系统、壳体等组成。

2.中流量采样器

中流量采样器是一种用于环境科学技术及资源科学技术领域的分析仪器，于2015年启用。

（三）24h连续采样系统

1.采样系统组成

主要由采样头、采样总管、采样支管、引风机、气体样品吸收装置及采样器等组成。

（1）采样头

采样头为一个能防雨、防雪、防尘及其他异物（如昆虫）的防护罩，其材质为不锈钢或聚四氟乙烯。采样头、进气口距采样亭顶盖上部的距离应为1~2m。

（2）采样总管

通过采样总管将环境空气垂直引入采样亭内，采样总管内径为30~150mm，内壁应光滑。采样总管气样入口处到采样支管气样入口处之间的长度不得超过3m，其材质为不锈钢、玻璃或聚四氟乙烯等。为防止气样中的湿气在采样总管中发生凝结，可对采样总管采取加热保温措施，加热温度应在环境空气露点以上，一般在40℃左右。在采样总管上，二氧化硫进气口应先于二氧化氮进气口。

（3）采样支管

通过采样支管将采样总管中的气样引入气样吸收装置。采样支管内径一般为4~8mm，内壁应光滑，采样支管的长度应尽可能短，一般不超过0.5m，采样支管的进气口应置于采样总管中心和采样总管气流层流区内。采样支管材质应选用聚四氟乙烯或不与被测污染物发生化学反应的材料。

（4）引风机

用于将环境空气引入采样总管内，同时将采样后的气体排出采样亭外的动力装置，安装于采样总管的末端。采样总管内样气流量应为采样亭内各采样装置所需采样流量总和的5~10倍。采样总管进气口到出气口气流的压力降要小，以保证气样的压力接近于环境空气大气压。

（5）采样器

采样器应具有恒温、恒流控制装置和流量、压力及温度指示仪表，采样器应具备定时、自动启动及计时的功能。进行采样时，二氧化硫及二氧化氮吸收瓶在加热槽内的最佳温度分别为23℃~29℃及16℃~24℃，且在采样过程中保持恒定。要求计时器在24h内的时间误差应小于5min。

2.采样操作

采样前应对采样总管和采样支管进行清洗，并对采样系统的气密性、采样流量、温度控制系统及时对控制系统进行检查，确保各项功能正常后方可进行采样。采样时，将装有吸收液的吸收瓶，连接到采样系统中，启动采样器，进行采样。记录采样流量、开始采样时间、温度和压力等参数。采样结束后，取下样品，并将吸收瓶进、出口密封，填写气态污染物现场采样记录表。

3.采样质量保证

第一，采样总管及采样支管应定期清洗，干燥后方可使用。一般采样总管至少每6个月清洗1次，采样支管至少每月清洗1次。

第二，吸收瓶阻力测定应每月1次，当测定值与上次测定结果之差大于0.3 kPa时，应做吸收效率测试，吸收效率应大于95%。不符合要求的，不能继续使用。

第三，采样系统不得有漏气现象，每次采样前应进行采样系统的气密性检查。确认不漏气后，方可采样。

第四，使用临界限流孔控制采样流量时，采样泵的有载负压应大于70 kPa，且24 h连续采样时，流量波动应不大于5%。

第五，定期更换过滤膜，一般每周1次，当干燥器硅胶有1/2变色时，需进行更换。

第四节　颗粒物的测定

一、总悬浮颗粒物

总悬浮颗粒物（TSP）的测定是指一定体积的空气通过已恒重的滤膜，空气中的悬浮颗粒物被阻留在滤膜上，根据采样前后滤膜质量之差及采样体积，计算出 TSP 的质量浓度。滤膜经处理后，可进行化学组分分析。

根据采样流量不同，可分为大流量采样法和中流量采样法。大流量采样（1.1 ~ 1.7m³/min），使用大流量采样器连续采样 24 h，按下式计算 TSP 浓度：

$$c_{TSP} = \frac{W}{Q_n t}$$

式中，C_{TSP} 为 P 浓度，mg/m^3；W 为阻留在滤膜上的 TSP 质量，mg；Q_n 为标准状态下的采样流量，m^3/min；t 为采样时间，min。

按照技术规范要求，采样器在使用期内，每月应用孔板校准器或标准流量计对采样器流量进行校准。

二、可吸入颗粒物（飘尘）

粒径小于 $10\mu m$ 的颗粒物，称为可吸入颗粒物或飘尘，常用 P mL 这一符号表示。测定飘尘的方法有重量法、压电晶体振荡法、β 射线吸收法及光散射法等。

（一）重量法

重量法根据采样流量不同，分为大流量采样重量法和小流量采样重量法。

大流量法使用带有 10 Mm 以上颗粒物切割器的大流量采样器采样。根据采样前后滤膜质量之差及采样体积，即可计算出飘尘的浓度。使用时，应注意定期清扫切割器内的颗粒物；采样时，必须将采样头及入口各部件旋紧，以免空气从旁侧进入采样器造成测定误差。

小流量法使用小流量采样器。使一定体积的空气通过配有分离和捕集装置的采样器，首先将粒径大于 10 的颗粒物阻留在撞击挡板的入口挡板外，飘尘则通过入口挡板被捕集在预先恒重的玻璃纤维滤膜上，根据采样前后的滤膜质量及采样体积计算飘尘的浓度，用 mg/m^3 表示。滤膜还可供进行化学组分分析。

（二）压电晶体振荡法

这种方法以石英谐振器为测定飘尘的传感器。其工作原理，气样经粒子切割器剔除粒径大于 10 μm 的颗粒物，小于 10 μm 的飘尘进入测量气室。测量气室内有高压放电针、石英谐振器及电极构成的静电采样器，气样中的飘尘因高压电晕放电作用而带上负电荷，继之在带正电的石英谐振器电极表面放电并沉积，除尘后的气样流经参比室内的石英谐振器排出。因参比石英谐振器没有集尘作用，当没有气样进入仪器时，两谐振器固有振荡频率相同，无信号送入电子处理系统，数显屏幕上显示零。当有气样进入仪器时，则测量石英谐振器因集尘而质量增加，使其振荡频率（ f_1 ）降低，两振荡器频率之差（ Δf ）经信号处理系统转换成飘尘浓度并在数显屏幕上显示，从而换算得知飘尘浓度。

（三）β 射线吸收法

该测量方法的原理基于 β 射线通过特定物质后，其强度衰减程度与所透过的物质质量有关，与物质的物理、化学性质无关。β 射线飘尘测定仪的工作原理是通过测定清洁滤带（未采尘）和采尘滤带（已采尘）对射线吸收程度的差异来测定采尘量的。

假设同强度的 β 射线分别穿过清洁滤带和采尘滤带后的强度为 N（计数）和 N（计数），则二者关系为：

$$N = N_0^{-K+\Delta M}$$

式中，K——质量吸收系数，cm^2/rag ；ΔM——滤带单位面积上尘的质量，mg/cm^2 。设滤带采尘部分的面积为 S，采气体积为 V，则大气中含尘浓度 c 为：

$$c = \frac{\Delta MS}{V} = \frac{S}{VK} \ln \frac{N_0}{N}$$

因此：当仪器工作条件选定后，气样含尘浓度只决定于 R 射线穿过清洁滤带和采尘滤带后的两次计数值。

β 射线源可用 ^{14}C，^{60}Co 等；检测器采用计数管，对放射性脉冲进行计数，反映 β 射线的强度。

（四）颗粒物分布

飘尘粒径分布有两种表示方法，一种是不同粒径的数目分布，另一种是不同粒径的质量浓度分布。前者用光散射式粒子计数器测定，后者用根据撞击捕集原理制成的采样器分级捕集不同粒径范围的颗粒物，再用重量法测定。这种方法设备较简单，应用比较广泛，所用采样器称多级喷射撞击式或安德森采样器。

第五节 降水检测

大气降水检测的目的是了解在降雨（雪）过程中通过大气中沉降到地球表面的沉降物的主要组成、性质及有关组分的含量，为分析大气污染状况和提出控制污染途径、方法提供基础资料和依据。

一、布设采样点的原则

降水采样点的设置数目应视区域具体情况而定。我国技术规范规定，人口 50 万以上的城市布三个采样点，50 万以下的城市布两个点，一般县城可设一个采样点。采样点位置要兼顾城市、农村或清洁对照区。

采样点的设置位置应考虑区域的环境特点，如地形、气象、工农业分布等。采样点应尽可能避开排放酸、碱物质和粉尘的局地污染源、主要街道交通污染源，四周应无遮挡雨、雪的高大树木或建筑物。

二、样品的采集

1.采样器

采集雨水使用聚乙烯塑料桶或玻璃缸，其上口直径为 20 cm，高为 20cm，也可采用自动采样器，采集雪水用上口径为 40cm 以上的聚乙烯塑料容器。一种分段连续自动采集雨水的采样器，将足够数量的容积相同的采水瓶并行排列，当第一个瓶子装满后，则自动关闭，雨水继续流入第二、第三个瓶子等。例如，在一次性降雨中，每 1 mm 降雨量收集 100 mL 雨水，共收集三瓶，以后的雨水再收集在一起。

2.采样方法

第一，每次降雨（雪）开始，立即将清洁的采样器放置在预定的采样点支架上，采集全过程（开始到结束）雨（雪）样。如遇连续几天降雨（雪），则每天上午 8 时开始，连续采集 24h 为一次样。

第二，采样器应高于基础面 1.2 m 以上。

第三，样品采集后，应贴上标签、编好号，记录采样地点、日期、采样起止时间、雨量等。降雨起止时间、降雨量、降雨强度等可使用自动雨量计测量。

3.水样的保存

由于降水中含有尘埃颗粒物、微生物等微粒，所以除用于测定 pH 值和电导率的降水样无须过滤外，测定金属和非金属离子的水样均需用孔径 0.45 μm 的滤膜过滤。

降水中的化学组分含量一般都很低，易发生物理变化、化学变化和生物作用，故采样后应尽快测定。如需要保存，一般不主张添加保存剂，而应在密封后放于冰箱中。

三、降水中组分的测定

应根据检测目的确定检测项目。我国环境检测技术规范中对大气降水例行检测有明确的规定。pH 值、电导率、K^+、Na^+、Ca^{2+}、Mg^{2+}、SO_4^{2-}，NH_4^+，NO_3^-，Cl^-，每月测定不少于一次，每月选一个或几个随机降水样品分析上述十个项目。

降水的测定方法与"水和废水检测"中对应项目的测定方法相同，在此仅做简单介绍。

（一）pH 值的测定

pH 值测定是酸雨调查最重要的项目。清洁的雨水一般 pH 值为 5.6，雨水的 pH 值小于该值时即为酸雨。常用测定方法为 pH 玻璃电极法。

（二）电导率的测定

雨水的电导率大体上与降水中所含离子的浓度成正比，测定雨水的电导率能够快速地推测雨水中溶解物质的总量。一般用电导率仪或电导仪测定。

（三）硫酸根的测定

降水中的 SO_4^{2-} 主要来自气溶胶和颗粒物中可溶性硫酸盐及气态 SO_2 经催化氧化形成的硫酸雾，其一般浓度范围为几个 mg/L 到 100 mg/L。该指标用于反映大气被含硫化合物污染的状况。其测定方法有铬酸锐—二苯碳酰肼二分光光度法、硫酸钡比浊法、离子色谱法等。

（四）硝酸根的测定

大气中 NO_2 和颗粒物中的可溶性硝酸盐进入降水中形成 NO_3^-，其浓度一般每升在几个毫克以内，出现数十毫克每升的情况较少。该指标可反映大气被氮氧化物污染的状况，氮氧化物也是导致降水 pH 值降低的因素之一。测定方法有镉柱还原—偶氮染料分光光度法、紫外分光光度法及离子色谱法等。

（五）氯离子的测定

氯离子是衡量大气中因氯化氢导致降水 pH 值降低的标志，也是判断海盐粒子影响的标志，其浓度一般在几个毫克每升，但有时高达几十毫克每升。测定方法有硫氰酸汞—高铁分光光度法、离子色谱法等。

（六）铵离子的测定

大气中的氨进入降水中形成铵离子，它们能中和酸雾，对抑制酸雨是有利的。然而，其随降水进入河流、湖泊后，会导致水富营养化。大气中氨的浓度冬天较低、夏天较高，一般在几毫克每升。其常用测定方法为钠氏试剂分光光度法或次氯酸钠—水杨酸分光光度法。

（七）钾、钠、钙、镁等离子的测定

降水中 K+、Na+的浓度一般在几毫克每升，常用空气—乙炔（贫焰）原子吸收分光光度法测定。

Ca^{2+}是降水中的主要阳离子之一，其浓度一般在几毫克每升至数十毫克每升，它对降水中的酸性物质起着重要的中和作用。其测定方法有原子吸收分光光度法、络合滴定法等。

Mg^{2+}在降水中的含量一般在几毫克每升以下，常用原子吸收分光光度法测定。

第六节　污染源检测

空气污染源包括固定污染源和流动污染源。对污染源进行检测的目的是检查污染源排放废气中的有害物质是否符合排放标准的要求；评价净化装置的性能和运行情况及污染防治措施的效果；为大气质量管理与评价提供依据。

污染源检测的内容包括：排放废气中有害物质的浓度（mg/m³）；有害物质的排放量（kg/h）；废气排放量（m³/h）。在有害物质排放浓度和废气排放量的计算中，都采用现行检测方法中推荐的标准状态（温度为 0℃，大气压力为 101.3 kPa 或 760mm Hg 柱）下的干气体表示。

污染源检测要求生产设备处于正常运转状态下进行；根据生产过程所引起的排放情况的变化特点和周期进行系统检测；测定工业锅炉烟尘浓度时，应稳定运转，并不低于额定负荷的 85%。

一、固定污染源检测

（一）采样点数目

烟道内同一断面上各点的气流速度和烟尘浓度分布通常是不均匀的，因此，必须按照一定原则进行多点采样。采样点的位置和数目主要根据烟道断面的形状、尺寸大小和流速分布情况确定。

1.圆形烟道

在选定的采样断面上设两个相互垂直的采样孔。将烟道断面分成一定数量的等面积同心圆环，沿着两个采样孔中心线设四个采样点。若采样断面上气流速度较均匀，可设一个采样孔，采样点数减半。当烟道直径小于 0.3 m，且流速均匀时，可在烟道中心设一个采样点。

2.矩形（或方形）烟道

将烟道断面分成一定数目的等面积矩形小块，各小块中心即为采样点位置。

3.拱形烟道

因这种烟道的上部为半圆形，下部为矩形，故可分别按圆形和矩形烟道的布点方法确定采样点的位置及数目。

当水平烟道内有积灰时，应将积灰部分的面积从断面内扣除，按有效面积设置采样点。

在能满足测压管和采样管达到各采样点位置的情况下，要尽可能地少开采样孔。一般开两个互成 90° 的孔，最多开四个。采样孔的直径应不小于 75 mm。当采集有毒或高温烟气，且采样点处烟气呈正压时，采样孔应设置防喷装置。

（二）基本状态参数的测定

1.温度的测量

对于直径小、温度低的烟道，可使用长杆水银温度计。对于直径大、温度高的烟道，则要用热电偶测温毫伏计测量。根据所测温度的高低，应选用不同材料的热电偶。测量 800 ℃以下的烟气可选用镍常—康铜热电偶；测量 1 300℃以下烟气选用镍铬—镍铝热电偶；测量 1 600℃以下的烟气则需用铂—铂铑热电偶。

2.压力的测量

烟气的压力分为全压（P1）、静压（Ps）和动压（Pv）。静压是单位体积气体所具有的势能，表现为气体在各个方向上作用于器壁的压力。动压是单位体积气体具有的动能，是使气体流动的压力。全压是气体在管道中流动具有的总能量。在管道中任意一点上，三者的关系为：$P_1 = Ps + Pv$，测量烟气压力常用测压管和压力计。

（1）测压管常用的测压管有两种，即标准皮托管和 S 型皮托管。

标准皮托管的结构。它是一根弯成 90° 的双层同心圆管，其开口端与内管相通，用来测量全压；在靠近管头的外管壁上开有一圈小孔，用来测量静压。标准皮托管具有较高的测量精度，其校正系数近似等于 1，但测孔很小，如果烟气中烟尘浓度大，易被堵塞，因此只适用于含尘量少的烟气，或用作其他测压管的校正。

S 型皮托管由两根相同的金属管并联组成，其测量端有两个大小相等、方向相反的开口。测量烟气压力时，一个开口面向气流，接受气流的全压；另一个开口背向气流，接受气流的静压。由于气体绕流的影响，测得的静压比实际值小，因此，在使用前必须用标准皮托管进行校正。其开口较大，可用于测烟尘含量较高的烟气。

（2）压力计

常用的压力计有 U 形压力计和倾斜式微压计。

U 形压力计较为常见，是一个内装工作液体的 U 形玻璃管。常用的工作液体有乙醇、水、汞，根据被测烟气的压力范围而定。U 形压力计的误差可达 $1 \sim 2mmH_2O$（$1mmH_2O=9.80665Pa$），故不适宜测量微小压力。

倾斜式微压计构造，由一截面积（F）较大的容器和一截面积（f）很小的玻璃斜管组成，内装工作溶液，玻璃管上的刻度表示压力读数。测压时，将微压计容器开口与测压系统中压力较高的一端相连，斜管与压力较低的一端相连，作用在两个液面上的压力差使液柱沿斜管上升。

（三）含湿量的测定

与大气相比，烟气中的水蒸气含量较高，变化范围较大，为便于比较。检测方法规定以除去水蒸气后标准状态下的干烟气为基准表示烟气中有害物质的测定结果。含湿量的测定方法有重量法、冷凝法、干湿球法等。

1.重量法

一定体积的烟气，通过装有吸收剂的吸收管，吸收管增加的重量即为所采烟气中的水蒸气质量。

装置所带的过滤器可防止烟尘进入采样管；保温或加热装置可防止水蒸气冷凝。U 形吸湿管由硬质玻璃制成，常用的吸湿剂有氯化钙、氧化钙、硅胶、氧化铝、五氧化二磷、过氯酸镁等。

2.冷凝法

一定体积的烟气，通过冷凝，根据获得的冷凝水量和从冷凝器排出的烟气中的饱和水蒸气量计算烟气的含湿量。含湿量可按下式计算：

$$X_w = \frac{1.24G_w + V_s \dfrac{P_z}{P_A + P_r} \times \dfrac{273}{273 + t_r} \times \dfrac{P_A + P_r}{101.3}}{1.24G_w + \dfrac{273}{273 + t_r} \times \dfrac{P_A + P_r}{101.3}} \times 100\%$$

Gw 为冷凝器中的冷凝水量，g；

Vs 为测量状态下抽取烟气的体积，L；

Pz 为冷凝器出口烟气中饱和水蒸气压，kPa。

3.干湿球温度计法

烟气以一定流速通过干湿球温度计，根据干湿球温度计读数及有关压力计算烟气含湿量。

（四）烟尘浓度测定的采样方法

抽取一定体积的烟气通过已知质量的捕尘装置，根据捕尘装置采样前后的质量差和采样体积，计算烟尘的浓度。

烟气的采样包括移动采样与定点采样两类。移动采样是指为测定烟道断面上烟气中烟尘的平均浓度，用同一个尘粒捕集器在已确定的各采样点上移动采样，各点的采样时间相同，这是目前普遍采用的方法；定点采样是指为了解烟道内烟尘的分布状况和确定烟尘的平均浓度.分别在断面的每个采样点采样，即每个采样点采集一个样品。

二、流动污染源检测

汽车尾气是石油体系燃料在内燃机内燃烧后的产物，含有 NO、碳氢化合物、CO 等有害组分。汽车尾气中污染物的含量与其行驶状态有关，空转、加速、匀速、减速等行驶状态下尾气中的污染物含量均应测定。

1.汽车怠速 CO、燃类化合物的测定

一般采用非色散红外气体分析仪对其进行测定，可直接显示 co 和烟类化合物的测定结果。测定时，先将汽车发动机由怠速加速至中等转速，维持 5s 以上，再降至怠速状态，插入取样管（深度不少于 300 mm）测定，读取最大指示值。若为多个排气管，应取各排气管测定值的算术平均值。

2.汽油车尾气中 NOx 的测定

在汽车尾气排气管处用取样管将废气引出（用采样泵），经冰浴（冷凝除水）、玻璃棉过滤器（除油尘），抽取到 100 mL 注射器中，然后将抽取的气样经氧化管注入冰乙酸—对氨基苯磺酸—盐酸基乙二胺吸收显色液，显色后用分光光度法测定，测定方法同大气中 NOx 的测定。

3.尾气烟度的测定

汽车柴油机或柴油车排出的黑烟含有多种颗粒物，其组分复杂，有碳、氧、氢、灰分和多环芳烃化合物等。

烟度的含义是使一定体积的排气透过一定面积的滤纸后，滤纸被染黑的程度，用波许单位（Rb）表示。当一定体积的尾气通过一定面积的白色滤纸时，排气中的炭粒就附着在滤纸上，将滤纸染黑，然后用光电测量装置测量染黑滤纸的吸光度，以吸光度大小表示烟度大小。规定洁白滤纸的烟度为零，全黑滤纸的烟度为10。滤纸式烟度计烟度刻度计算式为：

$$R_b = 10 \times \left(1 - \frac{I}{I_0}\right)$$

式中，Rb 为波许烟度单位；I 为被测烟样滤纸反射光强度；I0 为洁白滤纸反射光强度。

烟度可用波许烟度计直接测定。

第十章 环境污染自动检测

第一节 空气污染自动检测技术

一、空气污染连续自动检测系统的组成及功能

空气污染连续自动检测系统是一套区域性空气质量实时检测网，在严格的质量保证程序控制下连续运行，无人值守。它由一个中心站和若干个子站（包括移动子站）及信息传输系统组成。为保证系统的正常运转，获得准确、可靠的检测数据，还设有质量保证机构，负责监控、监督、改进整个系统的运行质量，及时检修出现故障的仪器设备，保管仪器设备、备件和有关器材。

中心站配有功能齐全、存储容量大的计算机，应用软件，收发传输信息的无线电台和打印、绘图、显示仪器等输出设备，以及数据存储设备。其主要功能是：向各子站发送各种工作指令，管理子站的工作；定时收集各子站的检测数据，并进行数据处理和统计检验；打印各种报表，绘制污染物质分布图；将各种检测数据储存到磁盘或光盘上，建立数据库，以便随时检索或调用；当发现污染指数超标时，向污染源行政管理部门发出警报，以便采取相应的对策。

检测子站除作为检测环境空气质量设置的固定站外，还包括突发性环境污染事故或者特殊环境应急检测用的流动站，即将检测仪器安装在汽车、轮船上，可随时开到需要场所开展检测工作。子站的主要功能是：在计算机的控制下，连续或间歇地检测预定污染物；按一定时间间隔采集和处理检测数据，并将其打印和短期储存；通过信息传输系统接收中心站的工作指令，并按中心站的要求向其传输检测数据。

二、子站布设及检测项目

（一）子站数目和站位选址

自动检测系统中子站的设置数目取决于检测目的、检测网覆盖区域面积、地形地貌、

气象条件、污染程度、人口数量及分布、国家的经济力量等因素，其数目可用经验法或统计法、模式法、综合优化法确定。经验法是常用的方法，包括人口数量法、功能区布点法、几何图形布点法等。

子站内的检测仪器长期连续运转，需要有良好的工作环境。如房屋应牢固，室内要配备控温、除湿、除尘设备；连续供电，且电源电压稳定；仪器维护、维修和交通方便等。

（二）检测项目

检测空气污染的子站检测项目分为两类：一类是温度、湿度、大气压、风速、风向及日照量等气象参数；另一类是二氧化硫、氮氧化物、一氧化碳、可吸入颗粒物或总悬浮颗粒物、臭氧、总烃、甲烷、非甲烷烃等污染参数。随子站代表的功能区和所在位置不同，选择的检测参数也有差异。我国《环境检测技术规范》规定，安装空气污染自动检测系统的子站的测点分为 I 类测点和 II 类测点。I 类测点的检测数据要求存入国家环境数据库，II 类测点的检测数据由各省、市管理。I 类测点测定温度、湿度、大气压、风向、风速五项气象参数和表 10-1 中所列的污染参数，II 类测点的测定项目可根据具体情况确定。

表 10-1　I 类测点测定项目

必测项目	选测项目
一氧化硫 氮氧化物 可吸入颗粒物或总悬浮颗粒物 一氧化碳	臭氧 总烃

三、子站内的仪器装备

子站内装备有自动采样和预处理装置、污染物自动检测仪器及其校准设备、气象参数检测仪、计算机及其外围设备、信息收发及传输设备等。

采样系统可采用集中采样和单独采样两种方式。集中采样是在每个子站设一总采样管，由引风机将空气样品吸入，各仪器均从总采样管中分别采样，但总悬浮颗粒物或可吸入颗粒物应单独采样。单独采样系指各检测仪器分别用采样泵采集空气样品。在实际工作中，多将这两种方式结合使用。

校准设备包括校正污染检测仪器零点、量程的零气源和标准气源（如标准气发生器、标准气钢瓶）、标准流量计和气象仪器校准设备等.在计算机和控制器的控制下，每隔一定时间（如 8 h 或 24 h）依次将零气和标准气输入各检测仪器进行零点和量程校准。校准完毕，计算机给出零值和跨度值报告。

四、空气污染连续自动检测仪器

（一）二氧化硫自动检测仪

用于连续或间歇自动测定空气中 SO_2 的检测仪器以脉冲紫外荧光 SO_2 自动检测仪应用最广泛。其他还有紫外荧光 SO_2 自动检测仪、电导式 SO_2 自动检测仪、库仑滴定式 SO_2 自动检测仪及比色式 SO_2 自动检测仪等。

1.脉冲紫外荧光 SO_2 自动检测仪

该仪器是依据荧光光谱法原理设计的干法仪器，具有灵敏度高、选择性好、适用于连续自动检测等特点，被世界卫生组织（WHO）推荐在全球检测系统采用。

当用波长 190～230 nm 脉冲紫外线照射空气样品时，则空气中的 SO_2 分子对其产生强烈吸收，被激发至激发态，即：

$$SO_2 + hv_1 \rightarrow SO_2^*$$

激发态的 SO_2^* 分子不稳定，瞬间返回基态，发射出波长为 330 nm 的荧光，即：

$$SO_i^* \rightarrow SO_2 + hv_2$$

当 SO_2 浓度很低、吸收光程很短时，发射的荧光强度和 SO_2 浓度成正比，用光电倍增管及电子测量系统测量荧光强度，并与标准气发射的荧光强度比较，即可得知空气中 SO_2 的浓度。

该方法测定 SO_2 的主要干扰物质是水分和芳香烃化合物。水分从两个方面产生干扰，一是使 SO_2 溶于水造成损失；二是 SO_2 遇水发生荧光猝灭造成负误差，可用渗透膜渗透法或反应室加热法除去。芳香烃化合物在 190～230 nm 紫外线激发下也能发射荧光造成正误差，可用装有特殊吸附剂的过滤器预先除去。

荧光计的工作原理是：脉冲紫外光源发射的光束通过激发光滤光片（光谱中心波长 220 nm）后获得所需波长的脉冲紫外光射入反应室，与空气中的 SO_2 分子作用，使其激发而发射荧光，用设在入射光垂直方向上的发射光滤光片（光谱中心波长 330 nm）和光电转换装置测其强度。脉冲光源可将连续光变为交变光，以直接获得交流信号，提高仪器的稳定性。脉冲光源可通过使用脉冲电源或切光调制技术获得。

气路系统的流程是：空气样品经除尘过滤器后，通过采样电磁阀进入渗透膜除湿器、除烃器到达反应室，反应后的干燥气体经流量计测量流量后由抽气泵抽引排出。

仪器日常维护工作主要是定期进行零点和量程校准，定期更换紫外灯、除尘过滤器、渗透膜除湿器和除烃器填料等。

2.电导式 SO_2 自动检测仪

电导法测定空气中二氧化硫的原理基于：用稀的过氧化氢水溶液吸收空气中的二氧化

硫，并发生氧化反应：

$$SO_2 + H_2O \rightarrow 2H^+ + SO_3^{2-}$$

$$SO_3^{2-} + H_2O_2 \rightarrow SO_4^{2-} + H_2O$$

生成的硫酸根离子和氢离子，使吸收液电导率增加，其增加值取决于气样中二氧化硫含量，故通过测量吸收液吸收二氧化硫前后电导率的变化，并与吸收液吸收 SO_2 标准气前后电导率的变化比较，便可得知气样中二氧化硫的浓度。

电导式 SO_2 自动检测仪有间歇式和连续式两种类型。间歇式测量结果为采样时段的平均浓度，连续式测量结果为不同时间的瞬时值。电导式 SO_2 连续自动检测仪的工作原理：它有两个电导池，一个是参比电导池，用于测量空白吸收液的电导率（κ_1）；另一个是测量电导池，用于测量吸收 SO 后的吸收液电导率（κ_2）。空白吸收液的电导率在一定温度下是恒定的，因此，通过测量电路测知两种吸收液电导率差值（$\kappa_2 - \kappa_1$），便可得到任一时刻气样中的 SO_2 浓度。也可以通过比例运算放大电路测量，κ_2 / κ_1 来实现对 SO_2 浓度的测定。当然，仪器使用前需用 SO_2 标准气或标准硫酸溶液校准。

（二）臭氧自动检测仪

连续或间歇自动测定空气中 O_3 的仪器以紫外吸收 O_3 自动检测仪应用最广，其次是化学发光 O_3 自动检测仪。

1.紫外吸收 O_3 自动检测仪

该仪器测定原理基于 O_3 对 254 nm 附近的紫外线有特征吸收，根据吸光度确定空气中的浓度。单光路型紫外吸收 O_3 自动检测仪的工作原理：气样和经去除器 3 除 O_3 后的背景气交变地通过气室 6，分别吸收紫外线光源 1 经滤光器 2 射出的特征紫外线，由光电检测系统测量透过气样的光强 I 和透过背景气的光强 IO，经数据处理器根据 I/IO 计算出气样中 O_3 浓度，直接显示和记录消除背景干扰后的测定结果。仪器还定期输入零气、标准气进行零点和量程校正。

2.化学发光 O_3 自动检测仪

该仪器的测定原理基于能与乙烯发生气相化学发光反应，即气样中。3 与过量乙烯反应，生成激发态甲醛，而激发态甲醛分子瞬间返回基态，放出波长为 300～600 nm 的光，峰值波长 435 nm，其发光强度与 O_3 浓度呈线性关系。化学发光反应如下：

$$2O_3 + 2C_2H_4 \rightarrow 2C_2H_4O_3 \rightarrow 4HCHO^* + O_2$$

$$HCHO^* \rightarrow HCHO + h\nu$$

上述反应对是特效的，SO_2、NO、NO_2、Cl_2 等共存时不干扰测定。

乙烯法化学发光 O_3 自动检测仪的工作原理：测定过程中需通入四种气体。反应气乙烯由钢瓶供给，经稳压、稳流后进入反应室；空气经活性炭过滤器净化后作为零气抽入反应室，供调节仪器零点；气样经粉尘过滤器除尘后进入反应室；空气经过滤净化进入标准

O_3发生器，产生标准浓度的 O_3 进入反应室校准仪器量程。测量时，将三通阀旋至测量挡，气样被抽入反应室与乙烯发生化学发光反应，其发射光经滤光片滤光投至光电倍增管上，将光信号转换成电信号，经阻抗转换和放大器后，送入显示和记录仪表显示、记录测定结果。反应后的废气由抽气泵抽入催化燃烧除烃装置，将废气中剩余乙烯燃烧后排出。为降低光电倍增管的暗电流和噪声，提高仪器的稳定性，还安装了半导体制冷器，使光电倍增管在较低的温度下工作。

第二节　污染源烟气连续检测系统

烟气连续排放检测系统（continuous emission monitoring system）是指对固定污染源排放烟气中污染物浓度及其总量和相关排气参数进行连续自动检测的仪器设备。通过该系统跟踪测定获得的数据，一是用于评价排污企业排放烟气污染物浓度和排放总量是否符合排放标准.实施实时监管；二是用于对脱硫、脱硝等污染治理设施进行监控.使其处于稳定运行状态。《固定污染源烟气排放连续检测技术规范》和《固定污染源烟气排放连续检测系统技术要求及检测方法》中，对 CEMS 的组成、技术性能要求、检测方法及安装、管理和质量保证等都做了明确规定。

一、CEMS 的组成及检测项目

CEMS 由颗粒物（烟尘）CEMS、烟气参数测量、气态污染物 CEMS 和数据采集与处理四个子系统组成。

CEMS 检测的主要污染物有：二氧化硫、氮氧化物和颗粒物。根据燃烧设备所用燃料和燃烧工艺的不同，可能还需要检测一氧化碳、氯化氢等。检测的主要烟气参数有：含氧量、含湿量（湿度）、流量（或流速）、温度和大气压。

二、烟气参数的测量

烟气温度、压力、流量（或流速）、含氧量、含湿量及大气压都是计算烟气污染物浓度及其排放总量需要的参数。

温度常用热电偶温度仪或热电阻温度仪测量；流量（或流速）常用皮托管流速测量仪或超声波测速仪、靶式流量计测量；烟气压力可由皮托管流速测量仪的压差传感器测得；含湿量常用测氧仪测定烟气除湿前、后含氧量计算得知，也可以用电容式传感器湿度测量仪测量；含氧量用氧化锆氧分析仪或磁氧分析仪、电化学传感器氧量测量仪测量；大气压用大气压计测量。

三、颗粒物（烟尘）自动检测仪

烟尘的测定方法有浊度法、光散射法、β射线吸收法等。使用这些方法测定时，烟气中其他组分的干扰可忽略不计，但水滴有干扰，不适合在湿法净化设备后使用。

（一）浊度法

浊度法测定烟尘的原理基于烟气中颗粒物对光的吸收。图 10-1 是一种双光程浊度仪测定原理图。光源和检测器组合件安装在烟囱的左侧，反光镜组合件安装在烟囱的右侧。当被斩光器调制的入射光束穿过烟气到达反光镜组合件时，被角反射镜反射后再次穿过烟气返回到检测器，根据用测定烟尘的标准方法对照确定的烟尘浓度与检测器输出信号间的关系，经仪器校准后即可显示、输出实测烟气的烟尘浓度。仪器配有空气清洗器，以保持与烟气接触的光学镜片（窗）清洁。仪器经过改进，调制、校准及光源的参比等功能用特种 LCD 材料来实现，使整个系统无运动部件，提高了稳定性。LCD 材料具有通过改变电压可以改变其通光性的特点。

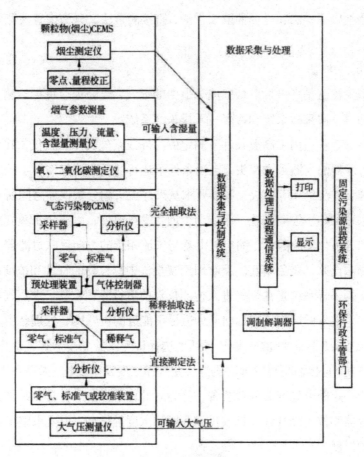

图 10-1　CEMS 组成示意图

（二）光散射法

光散射法基于颗粒物对光的散射作用，通过测量偏离入射光一定角度的散射光强度，间接测定烟尘的浓度。根据散射光偏离入射光的角度不同，其检测仪器有后散射烟尘检测仪、边散射烟尘检测仪和前散射烟尘检测仪。

四、气态污染物的测定

烟气具有温度高、含湿量大、腐蚀性强和含尘量高的特点。检测环境恶劣，测定气态污染物需要选择适宜的采样、预处理方式及自动检测仪。

（一）采样方式

连续自动测定烟气中气态污染物的采样方式分为抽取采样法和直接测量法。抽取采样法又分为完全抽取采样法和稀释抽取采样法，直接测量法又分为内置式测量法和外置式测量法。

1.完全抽取采样法

完全抽取采样法是直接抽取烟囱或烟道中的烟气，经处理后进行检测，其采样系统有两种类型，即热—湿采样系统和冷凝—干燥采样系统。

热—湿采样系统适用于高温条件下测定的红外或紫外气体分析仪，其采样和预处理系统。它由带过滤器的高温采样探头、高温条件下运行的反吹清扫系统、校准系统及气样输送管路、采样泵、流量计等组成。仪器要求从采样探头到分析仪器之间所有与气体介质接触的组件均采取加热、控温措施，保持高于烟气露点温度，以防止水蒸气冷凝，造成部件堵塞、腐蚀和分析仪器故障。压缩空气沿着与气流相反的方向反吹过滤器，把过滤器孔中滞留的颗粒物吹出来，避免堵塞。反吹周期视烟气中颗粒物的特性和浓度而定。

冷凝—干燥采样系统是在烟气进入检测仪器前进行除颗粒物、水蒸气等净化、冷却和干燥处理。如果在采样探头后离烟囱或烟道尽可能近的位置安装处理装置，称为预处理采样法，具有输送管路不需要加热、能较灵活地选择检测仪器和按干烟气计算排放量等优点。但维护不够方便，且传输距离较远时仍然会使气样浓度发生变化。如果在进入检测仪器前，距离采样探头一定距离处安装处理装置，称为后处理采样法。其具有维护方便、能更灵活地选择检测仪器和按干烟气计算排放量和污染物浓度等优点，但要求整个采样管路保持高于烟气露点的温度

2.稀释抽取采样法

这种采样方法是利用探头内的临界限流小孔，借助于文丘里管形成的负压作为采样动力，抽取烟气样品，用干燥气体稀释后送入检测仪器。有两种类型稀释探头，一种是烟道

内稀释探头，另一种是烟道外稀释探头。二者的工作原理相同，主要不同之处在于：前者在位于烟道中的探头部分稀释烟气，输送管路不需要加热、保温；后者将临界限流小孔和文丘里管安装在烟道外探头部分内，如果距离检测仪器远，输送管路需要加热、保温。因为烟气进入检测仪器前未经除湿，故测定结果为湿基浓度。

稀释抽取采样法的优点在于：烟气能以很低的流速进入探头的稀释系统，可以比完全抽取采样法的进气流量低两个数量级。如烟气流量 2～5L/min，进入探头稀释系统的流量只有 20～50 mL/min，这就解决了完全抽取采样法需要过滤和调节处理大量烟气的问题，可以进入空气污染检测仪器测定。

3.直接测量法

直接测量法类似于测量烟气烟尘，将测量探头和测量仪器安装在烟囱（道）上，直接测量烟气中的污染物。这种测量系统一般有两种类型：一种是将传感器安装在测量探头的端部，探头插入烟囱（道）内，用电化学法或光电法测量，相当于在烟囱（道）中一个点上测量，称为内置式，如用氧化锆氧量分析仪测量烟气含氧量；另一种是将测量仪器部件分装在烟囱（道）两侧，用吸收光谱法测量，如将光源和光电检测器单元安装在烟囱（道）的一侧，反射镜单元安装在另一侧，入射光穿过烟气到达反射镜单元，被反射镜反射，进入光电检测器，测量污染物对特征光的吸收，相当于线测量，这种方式将光学镜片全部装在烟囱（道）外，不易受污染，称为外置式。这种方法适用于低浓度气体测量，有单光束型和双光束型，可用双波长法、差分吸收光谱法、气体过滤相关光谱法等测量。

（二）检测仪器

一台检测烟气中气态污染物的仪器，除采样单元外，还包括测量单元（光学部件和光电转换器或电化学传感器）、校准系统、自动控制和显示记录单元、信号处理单元等。烟气中主要气态污染物常用的检测仪器如下：

SO_2：非色散红外吸收自动检测仪、非色散紫外吸收自动检测仪、紫外荧光自动检测仪、定电位电解自动检测仪。

NOx：化学发光自动检测仪、非色散红外吸收自动检测仪、非色散紫外吸收自动检测仪。

CO：非色散红外吸收自动检测仪、定电位电解自动检测仪。

第三节　水污染源连续自动检测系统

一、水污染源连续自动检测系统的组成

水污染源连续自动检测系统由流量计、自动采样器、污染物及相关参数自动检测仪、数据采集及传输设备等组成，是水污染源防治设施的组成部分。这些仪器的主机安装在距离采样点不大于50m、环境条件符合要求、具备必要的水电设施和辅助设备的专用房屋内。

数据采集、传输设备用于采集各自动检测仪测得的检测数据，经数据处理后，进行存储、记录和发送到远程监控中心，通过计算机进行集中控制，并与各级环境保护管理部门的计算机联网，实现远程监管，提高了科学监管能力。

二、废（污）水处理设施连续自动检测项目

对于不同类型的水污染源，各个国家都制定了相应的排放标准，规定了排放废（污）水中污染物的允许浓度。我国已颁布了30多种废（污）水排放标准，标准中要求控制的污染物项目有些是相同的，有些是行业特有的，要根据不同行业的具体情况，选择那些能综合反映污染程度，危害大，并且有成熟的连续自动检测仪的项目进行检测，对于没有成熟连续自动检测仪的项目，仍需要手工分析。目前，废（污）水主要连续自动检测的项目有：pH、氧化还原电位（ORP）、溶解氧（DO）、化学需氧量（COD）、紫外吸收值（UVA）、总有机碳（TOO、总氮（TN）、总磷（TP）、浊度（Tur）、污泥浓度（MLSS）、污泥界面、流量（队）、水温（Q、废（污）水排放总量及污染物排放总量等。其中，COD、UVA、TOC都是反映有机物污染的综合指标，当废（污）水中污染物组分稳定时，三者之间有较好的相关性。因为COD检测法消耗试剂量大，检测仪器比较复杂，易造成二次污染，故应尽可能使用不用试剂、仪器结构简单的UVA连续自动检测仪测定，再换算成COD。

企业排放废水的检测项目要根据其所含污染物的特征进行增减，如钢铁、冶金、纺织、煤炭等工业废水需增测汞、镉、铅、铬、砷等有害金属化合物和硫化物、氟化物、氧化物等有害非金属化合物。

三、检测方法和检测仪器

pH、溶解氧、化学需氧量、总有机碳、UVA、总氮、总磷、浊度的检测方法和自动检测仪器与地表水连续自动检测系统相同。废（污）水的检测环境较地表水恶劣，水样进入检测仪器前的预处理系统往往比地表水复杂。

污染物排放总量是根据检测仪器输出的浓度信号和流量计输出的流量信号，由检测系统中的负荷运算器进行累积计算得到，可输出TP、TN、COD的lh排放量、lh平均浓度、

日排放量和日平均浓度。这些数据由显示器显示，打印机打印和送到存储器储存，并利用数据处理和传输设备进行信号处理，输送到远程监控中心。

第四节 地表水污染连续自动检测系统

一、地表水污染连续自动检测系统的组成与功能

地表水污染连续自动检测系统由若干个水质自动检测站和一个远程监控中心组成。水质自动检测站在自动控制系统控制下，有序地开展对预定污染物及水文参数连续自动检测工作，无人值守、昼夜运转，并通过有线或无线通信设备将检测数据和相关信息传输到远程监控中心，接受远程监控中心的监控。远程监控中心设有计算机及其外围设备，实施对各水质自动检测站状态信息及检测数据的收集和监控，根据需要完成各种数据的处理，报表、图件制作及输出工作，向水质自动检测站发布指令等。

建立地表水污染连续自动检测系统的目的是对江、河、湖、海、渠、库的主要水域重点断面水体的水质进行连续检测，掌握水质现状及变化趋势，预警或预报水质污染事故，提高科学监管水平。

二、水质自动检测站的布设及装备

对于水质自动检测站的布设，首先也要调查研究，收集水文、气象、地质和地貌、水体功能、污染源分布及污染现状等基础资料；根据建站条件、环境状况、水质代表性等因素进行综合分析，确定建站的位置、检测断面、检测垂线和检测点。水质自动检测站由采水单元、配水和预处理单元、自动检测仪单元、自动控制和通信单元、站房及配套设施等组成。

采水单元包括采水泵、输水管道、排水管道及调整水槽等。采水头一般设置在水面下0.5~1.0m处，与水底有足够的距离，使用潜水泵或安装在岸上的吸水泵采集水样。设计采水方式要因地制宜，如栈桥式、利用现有桥梁式、浮筏式、悬臂式等。

配水和预处理单元包括去除水样中泥沙的过滤、沉降装置，手动和自动管道反冲洗装置及除藻装置等。

自动检测仪单元装备有各种污染物连续自动检测仪、自动取样器及水文参数（流量或流速、水位、水向）测量仪等。

自动控制和通信单元包括计算机及应用软件、数据采集及存储设备、有线和无线通信设备等。具有处理和显示检测数据，根据对不同设备的要求进行相应控制，实时记录采集到的异常信息，并将信息和数据传输至远程监控中心等功能。

检测站房配有水电供给设施、空调机、避雷针、防盗报警装置等。

三、检测项目与检测方法

地表水质检测项目分为常规指标、综合指标和单项污染指标。其中，五项常规指标都要测定。

五项综合指标都是反映有机物污染状况的指标，根据水体污染情况，可选择其中一项测定，地表水一般测定高锰酸盐指数。单项污染指标则根据检测断面所在水域水质状况确定。另外，还要测定水位、流速、降水量等水文参数以及气温、风向、风速、日照量等气象参数，以及污染物通量等。

四、水污染连续自动检测仪器

（一）常规指标自动检测仪

五项常规指标的测定不需要复杂的操作程序，已广泛应用的水质五参数自动检测仪将五种自动检测仪安装在同一机箱内，使用方便，便于维护。

1.水温自动检测仪

测量水温一般用感温元件如铂电阻或热敏电阻作为传感器。将感温元件浸入被测水中并接入电桥的一个桥臂上；当水温变化时，感温元件的电阻随之变化，则电桥平衡状态被破坏，有电压信号输出，根据感温元件电阻变化值与电桥输出电压变化值的定量关系实现对水温的测量。

2.电导率自动检测仪

在连续自动检测中，常用自动平衡电桥式电导仪和电流测量式电导仪测量。后者采用了运算放大器，可使读数和电导率呈线性关系。

3.溶解氧自动检测仪

（1）隔膜电极法 DO 自动检测仪

隔膜电极法（氧电极法）测定水中溶解氧应用最广泛。有两种隔膜电极，一种是原电池型隔膜电极，另一种是极谱型隔膜电极。由于后者使用中性内充液，维护较简便，适用于自动检测系统。电极可安装在流通式发送池中，也可浸于搅动的水样（如曝气池）中。该仪器设有清洗系统，定期自动清洗沾附在电极上的污物。

（2）荧光光谱法 DO 自动检测仪

用荧光光谱法检测水中溶解氧，可以有效地消除水样 pH 值的波动和干扰物质对测定的影响，具有不需要化学试剂、维护工作量小等优点，已用于废（污）水处理连续自动检测。

荧光光谱法 DO 自动检测仪由荧光 DO 传感器、测量和控制器两部分组成。荧光 DO

传感器的最前端为覆盖一层荧光物质的透明材料的传感器帽，主体内有红色发光二极管（红色 LED）、蓝色发光二极管（蓝色 LED）和光敏二极管、信号处理器等。当蓝色发光二极管发射脉冲光穿过透明材料的传感器帽照射到荧光物质层时，则荧光物质分子被激发，从基态跃迁到激发态，因激发态分子不稳定，瞬间又返回基态，发射出比照射光波长长的红光。如果氧分子与荧光物质层接触，可以吸收高能荧光物质分子的能量，使红光辐射强度降低，甚至猝灭。也就是说，红色辐射光的最大强度和衰减时间取决于其周围氧的浓度，在一定条件下，二者有定量关系，故通过用发光二极管及信号处理器测量荧光物质分子从被激发到返回基态所需时间即可得知溶解氧的浓度。红色发光二极管在蓝色发光二极管发射蓝光的同时发射红光，作为蓝光激发荧光物质后发射红光时间的参比。荧光 DO 传感器周围的溶解氧浓度越大，荧光物质的发光时间越短，这样，将溶解氧浓度测定简化为时间的测量。市场上有多种型号的荧光光谱法 DO 自动检测仪出售，如美国哈希公司、日本岛津制作所及北泽产业（株）、英国电子仪器公司等都有类似的产品。

（二）综合指标自动检测仪

1.高锰酸盐指数自动检测仪

有分光光度式和电位滴定式两种高锰酸盐指数自动检测仪，它们都是基于以高锰酸钾溶液为氧化剂氧化水中的有机物等可氧化物质，通过高锰酸钾溶液消耗量计算出耗氧量（以 mg/L 为单位表示），只是测量过程和测量方式有所不同。

有两种分光光度式高锰酸盐指数自动检测仪，一种是程序式高锰酸盐指数自动检测仪，另一种是流动注射式高锰酸盐指数自动检测仪。前者是一种将高锰酸盐指数标准测定方法操作过程程序化和自动化，用分光光度法确定滴定终点，自动计算高锰酸盐指数的仪器，测定速度慢，试剂用量较大；后者是将水样和高锰酸钾溶液注入流通式毛细管反应后，进入测量池测量吸光度，并换算成高锰酸盐指数的仪器。

流动注射式高锰酸盐指数自动检测仪。在自动控制系统的控制下，载流液由陶瓷恒流泵连续输送至反应管道中，当按照预定程序通过电磁阀将水样和高锰酸钾溶液切入反应管道（流通式毛细管）后，被载流液载带，并在向前流动过程中与载流液渐渐混合；在高温、高压条件下快速反应后，经过冷却，流过流通式比色池，由分光光度计测量液流中剩余高锰酸钾对 530nm 波长光吸收后透过光强度的变化值，获得具有峰值的响应曲线，将其峰高与标准水样的峰高比较，自动计算出水样的高锰酸盐指数。完成一次测定后，用载流液清洗管道，再进行下一次测定。

2.化学需氧量（COD）自动检测仪

这类仪器有流动注射—分光光度式 COD 自动检测仪、程序式 COD 自动检测仪和库仑滴定式 COD 自动检测仪。流动注射—分光光度式 COD 自动检测仪工作原理与流动注射式高锰酸盐指数自动检测仪相同，只是所用氧化剂和测定波长不同。

程序式 COD 自动检测仪基于在酸性介质中，加入过量的重铬酸钾标准溶液氧化水样中的有机物和无机还原性物质，用分光光度法测定剩余的重铬酸钾量，计算出水样消耗重铬酸钾量和 COD。仪器利用微型计算机或程序控制器将量取水样、加液、加热氧化、测定及数据处理等操作自动进行。恒电流库仑滴定式 COD 自动检测仪也是利用微型计算机将各项操作按预定程序自动进行，只是将氧化水样后剩余的重铬酸钾用库仑滴定法测定，根据消耗电荷量与加入的重铬酸钾总量所消耗的电荷量之差，计算出水样的 COD。

3.总有机碳（TOC）自动检测仪

这类仪器有燃烧氧化—非色散红外吸收 TOC 自动检测仪和紫外照射—非色散红外吸收 TOC 自动检测仪。但要使其成为间歇式自动检测仪，需要安装自控装置，将加入水样和试剂、燃烧氧化和测定、数据处理和显示、清洗等操作按预定程序自动进行。后者的工作原理是在自动控制装置的控制下，将水样、催化剂（TiO_2 悬浮液）、氧化剂（过硫酸钾溶液）导入反应池，在紫外线的照射下，水样中的有机物氧化成二氧化碳和水，被载气带入冷却器除去水蒸气，送入非色散红外气体分析仪测定二氧化碳，由数据处理单元换算成水样的 TOC。仪器无高温部件，易于维护，但灵敏度较燃烧氧化—非色散红外吸收法低。

4.紫外吸收值（UVA）自动检测仪

由于溶解于水中的不饱和烃和芳香烃等有机物对 254nm 附近的紫外线有强烈吸收，而无机物对其吸收甚微。实验证明，某些废（污）水或地表水对该波长附近紫外线的吸光度与其 COD 有良好的相关性，故可用来反映有机物的含量。该方法操作简便，易于实现自动测定，目前在国外多用于监控排放废（污）水的水质，当紫外吸收值超过预定控制值时，就按超标处理。

（三）单项污染指标自动检测仪

1.总氮（TN）自动检测仪

这类仪器测定原理是：将水样中的含氮化合物氧化分解成 NO_2 或 NO，NO_3^-，用化学发光分析法或紫外分光光度法测定。根据氧化分解和测定方法不同，有三种 TN 自动检测仪。

（1）紫外氧化分解—紫外分光光度 TN 自动检测仪

测定原理是将水样、碱性过硫酸钾溶液注入反应器中，在紫外线照射和加热至 70℃ 条件下消解，则水样中的含氮化合物氧化分解生成 NO_3^-；加入盐酸溶液除去 CO_2 和 CO_3^{2-} 后，输送到紫外分光光度计，于 220nm 波长处测其吸光度，通过与标准溶液吸光度比较，自动计算出水样中 TN 浓度，并显示和记录。

（2）密闭燃烧氧化—化学发光 TN 自动检测仪

将微量水样注入置有催化剂的高温燃烧管中进行燃烧氧化，则水样中的含氮化合物分解生成 NO_2，经冷却、除湿后，与 O_3 发生化学发光反应，生成 NO_2，测量化学发光强度，通过与标准溶液发光强度比较，自动计算 TN 浓度，并显示和记录。

（3）流动注射—紫外分光光度 TN 自动检测仪

利用流动注射系统，在注入水样的载液（NaOH 溶液）中加入过硫酸钾溶液，输送到加热至 150℃ ~ 160℃ 的毛细管中进行消解，将含氮化合物氧化分解生成 NO_2，用紫外分光光度法测定 NO_2 浓度，自动计算 TN 浓度，并显示、记录。

2.总磷（TP）自动检测仪

测定总磷的自动检测仪有分光光度式和流动注射式，它们都是基于将水样消解，将不同价态的含磷化合物氧化分解为磷酸盐，经显色后测其对特征光（880 nm）的吸光度，通过与标准溶液的吸光度比较，计算出水样 TP 浓度。

3.氨氮自动检测仪

按照仪器的测定原理，有分光光度式和氨气敏电极式两种氨氮自动检测仪。

（1）分光光度式氨氮自动检测仪

这类仪器有两种类型，一种是将手工测定的标准方法操作程序化和自动化的氨氮自动检测仪。即在自动控制系统的控制下，按照预定程序自动采集水样送入蒸馏器，加入氢氧化钠溶液，加热蒸馏，使水样中的离子态氨转化成游离氨，进入吸收池被酸（硫酸或硼酸）溶液吸收后，送到显色反应池，加入显色剂（水杨酸一次氯酸溶液或纳氏试剂）进行显色反应，待显色反应完成后，再送入比色池测其对特征波长（前一种显色剂为 697nm，后一种显色剂为 420nm）光的吸光度，通过与标准溶液的吸光度比较，自动计算水样中氨氮浓度，并显示、记录；测定结束后，自动抽入自来水清洗测定系统，转入下一次测定，一个周期需要 60min。另一种类型是流动注射—分光光度式氨氮自动检测仪。在自动控制系统的控制下，将水样注入由蠕动泵输送来的载流液（NaOH 溶液）中，在毛细管内混合并进行富集后，送入气液分离器的分离室，释放出氨气并透过透气膜，被由恒流泵输送至另一毛细管内的酸碱指示剂（溴百里酚蓝）溶液吸收，发生显色反应，将显色溶液送入分光光度计的流通比色池，用光电检测器测其对特征光的吸光度，获得吸收峰高，通过与标准溶液吸收峰高比较，自动计算出水样的氨氮浓度。仪器最短测定周期为 10min，水样不需要预处理。

在自动控制系统的控制下，将水样导入测量池，加入氢氧化钠溶液，则水样中的离子态氨转化成游离氨，并透过氨气敏电极的透气膜进入电极内部溶液，使其 pH 值发生变化，通过测量 pH 的变化并与标准溶液 pH 的变化比较，自动计算水样氨氮浓度。仪器结构简单, 试剂用量少, 测量浓度范围宽, 但电极易受污染。

五、水质检测船

　　水质检测船是一种水上流动的水质分析实验室, 它用船作运载工具, 装上必要的检测仪器、相关设备和实验材料, 可以灵活地开到需要检测的水域进行检测工作, 以弥补固定检测站的不足; 可以方便地寻找追踪污染源, 进行污染物扩散、迁移规律的研究; 可以在大水域范围内进行物理、化学、生物、底质和水文等参数的综合观测, 取得多方面的数据。在水质检测船上, 一般装置有水体、底质、浮游生物等采样系统或工具, 固定检测站和水质分析实验室中必备的分析仪器、化学试剂、玻璃仪器及相关材料、水文、气象参数测量仪器及其他辅助设备和设施, 如标准源、烘箱、冰箱、实验台、通风及生活设施等, 还备有浸入式多参数水质检测仪, 可以垂直放入水体不同深度, 同时测量 pH、水温、溶解氧、电导率、氧化还原电位和浊度等参数。

第五节　环境检测网

　　环境检测网是运用计算机和现代通信技术将一个地区、一个国家, 乃至全球若干个业务相近的检测站及其管理层按照一定组织、程序相互联系, 传递环境检测数据、信息的网络系统。通过该系统的运行, 达到信息共享, 提高区域性检测数据的质量, 为评价大尺度范围环境质量和科学管理提供依据的目的。下面介绍我国环境检测网情况。

一、环境检测网管理与组成

　　我国环境检测网由生态环境部会同资源管理、工业、交通、军队及公共事业等部门的行政领导组成的国家环境检测协调委员会负责行政领导, 其主要职责是商议全国环境检测规划和重大决策问题。由各部门环境检测专家组成国家环境检测技术委员会负责技术管理, 主要职责是: 审议全国环境检测技术决策和重要检测技术报告; 制定全国统一的环境检测技术规范和标准检测分析方法, 并进行监督管理。环境检测技术委员会秘书组设在中国环境检测总站。

　　全国环境检测网由国家环境检测网、各部门环境检测网及各行政区域环境检测网组成。国家环境检测网由各类跨部门、跨地区的生态与环境质量检测系统组成, 其主要检测点是从各部门、各行政区域现行的检测点中优选出来的, 由各部门分工负责, 开展生态检测和环境质量检测工作。部门环境检测网与资源管理、环境保护、工业、交通、军队等部门自成体系的纵向环境检测网, 在国家环境检测网分工的基础上, 根据自身功能特点和减少重复的原则, 工作各有侧重。如资源管理部门以生态环境质量检测为主; 工业、交通、军队等部门以污染源检测为主；行政区域环境检测网由省、市级横向环境检测网组成，省级环境检测网以对所辖地区环境质量检测为主；市级环境检测网以污染源检测为主。

环境检测网的实体是环境质量检测网和污染源检测网。国家环境质量检测网由生态检测网、空气质量检测网、地表水质量检测网、地下水质量检测网、海洋环境质量检测网、酸沉降检测网、放射性检测网等组成。

二、国家空气质量检测网

该检测网由空气质量检测中心站和从城市、农村筛选出的若干个空气质量检测站组成。空气质量检测中心站分为空气质量背景检测站、城市空气污染趋势检测站和农村居住环境空气质量检测站三类。

空气质量背景检测站设在无工业区、远离污染源的地方，其检测结果用于评价所在区域空气质量，与城市空气质量相比较。城市空气污染趋势检测站分为一般趋势（检测）站和特殊趋势（检测）站两类。前者对常规项目（TSP、SO_2、NOx、PM10 及气象参数）例行检测，发布空气达标情况；后者是选择国家确定的空气污染重点城市开展特征有机污染物、臭氧检测。农村居住环境空气质量检测站建在无工业生产活动的村庄，开展空气污染常规项目的定期检测，评价空气质量状况。

三、国家地表水质量检测网

国家地表水质量检测网由地表水质量检测中心站和若干个地表水质量检测子站组成。地表水质量检测子站设在各水域，委托地方检测站负责日常运行和维护。检测子站的类型有背景检测站、污染趋势检测站、生产性水域检测站和污染物通量检测站。子站的检测断面布设在重要河流的省界，重要支流入河（江）口和入海口.重要湖泊及出入湖河流、国界河流及出入境河流，湖泊、河流的生产性水域及重要水利工程处等。

四、其他国家环境质量检测网

海洋环境质量检测网由国家海洋局组建，设有海洋环境质量检测网技术中心站、近岸海域污染检测站、近岸海域污染趋势检测断面、远海海域污染趋势检测断面。通过开展检测工作，掌握各海域水质状况和变化趋势。同时，从海洋环境质量检测网的检测站中选择部分检测站开展海洋生态检测，形成生态与环境相统一的检测网。海洋环境质量检测网的信息汇入中国环境检测总站。

地下水检测已形成由一个国家级地质环境检测院、31 个省级地质环境检测中心、200多个地（市）级地质环境检测站组成的三级检测网，布设了两万多个检测点，并陆续建设和完善了全国地下水检测数据库，完成了大量地下水检测数据的入库管理，基本上控制了全国主要平原、盆地地区地下水质量动态状况。

在生态检测网建设方面，已利用建成的生态检测站和生态研究基地，围绕农业生态系统、林业生态系统、海洋生态系统、淡水（江、河流域和湖、库）生态系统、地质环境系统开展了大量生态检测工作。逐步形成农业、林业、海洋、水利、地质矿产、环境保护部门及中国科学院等多部门合作，空中与地面结合、骨干站与基本站结合、检测与科研结合的国家生态检测网。

五、污染源检测网

建立污染源检测网的目的是及时、准确、全面地掌握各类固定污染源、流动污染源排放达标情况和排污总量。污染源检测涉及部门多、单位多，适于以城市为单元组建污染源检测网。城市污染源检测网由环境保护部门检测站（中心）负责，会同有关单位检测站组成，工业、交通、铁路、公安、军队等系统也都组建了行业污染源检测网。

六、环境检测信息网

环境检测数据、信息是通过信息系统传递的。按照我国环境检测系统组成形式、功能和分工，国家环境检测信息网分为三级运行和管理。

一级网为各类环境质量检测网基层站、城市污染源检测网基层站（城市网络组长单位）。它们将获得的各类检测数据、信息输入原始数据库，按照上级规定的内容和格式将数据、信息传送至专业信息分中心（设在省或自治区、直辖市环境检测中心站）。污染源检测数据、信息由城市网络中心（设在市级检测站）传递给专业信息分中心。基层站的硬件以微型计算机平台为主。

二级网为专业信息分中心，负责本网络基层站上报检测数据和信息的收集、存储和处理，编制检测报告，建立二级数据库，并将汇总的检测数据、信息按统一要求传送至国家环境检测信息中心。专业信息分中心的硬件以小型计算机工作站为主。

三级网为国家环境检测信息中心（设在中国环境检测总站），负责收集、存储和管理二级网上报的检测数据、信息和报告，建立三级数据库，并编制各类国家环境检测报告。

此外，各环境检测网信息分中心、国家环境检测信息中心除实现国内联网外，还应通过互联网与国际相关网络联网。如全球环境检测系统（GEMS）、欧洲大气检测与评估计划网络（EMEP）等，以及时交流并获得全球环境检测信息。

第十一章　环境检测新技术发展

第一节　超痕量分析技术

一、超痕量分析中常用的前处理方法

（一）液—液萃取法（LLE）

液—液萃取法是一种传统经典的提取方法。它是利用相似相溶原理，选择一种极性接近于待测组分的溶剂，把待测组分从水溶液中萃取出来。常用的萃取溶剂有正己烷、苯、乙醚、乙酸乙酯、二氯甲烷等。正己烷一般用于非极性物质的萃取，苯一般用于芳香族化合物的萃取，乙醚和乙酸乙酯对极性大的含氧化合物的萃取比较合适。二氯甲烷对非极性到极性的宽范围的化合物都有较高的萃取率，而且由于其沸点低，容易浓缩，密度大，分液操作方便，所以适用于多组分同时分析。但是由于二氯甲烷和苯具有强致癌性，从发展方向上来看，属于控制使用的溶剂。液—液萃取法有许多局限性，例如需要大量的有机溶剂、有时产生乳化现象影响分层以及溶剂蒸发造成样品损失等。

（二）固相萃取法（SPE）

固相萃取是一种基于液固分离萃取的试样预处理技术，由液固萃取和柱液相色谱技术相结合发展而来。固相萃取具有有机溶剂用量少、简便快速等优点，作为一种环境友好型的分离富集技术在环境分析中得到了广泛应用。一般固相萃取包括预处理（活化）、加样或吸附、洗去干扰杂质和待测物质的洗脱收集四个步骤。预处理一方面可以除去吸附剂中可能存在的杂质，减少污染；另一方面也是一个活化的过程，增加吸附剂表面和样品溶液的接触面积。加样或吸附就是用正压推动或负压抽吸使样品溶液以适当的流速通过固相萃取柱，待测物质就被保留在吸附剂上。洗去干扰杂质就是去除吸附在柱子上的少量基体干扰成分。洗脱收集就是用尽可能少的溶剂把待测物质洗脱下来，再进行分析测定。

固相萃取的核心是固相吸附剂，不但能迅速定量吸附待测物质，而且还能在合适的溶

剂洗脱时迅速定量释放出待测物质，整个萃取过程最好是完全可逆的。这就要求固相吸附剂具有多孔、很大的表面积、良好的界面活性和很高的化学稳定性等特点，还要有很高的纯度以降低空白值。

吸附剂能把待测物质尽量保留下来，用合适的溶剂定量洗脱也很重要。洗脱溶剂的强度、后续测定的衔接和检测器是否匹配是应该考虑的几个问题。溶剂强度大，待测物质的保留因子就小，可以保证吸附在固定相上的待测物质定量洗脱下来。用于洗脱的溶剂易挥发，这样方便浓缩和溶剂转换。另外，溶剂在检测器上的响应尽可能小。

固相萃取柱基本上分两种：固相萃取柱（cartridge）和固相萃取盘（disk）。商品化的固相萃取柱容积为 1~6 mL，填料质量多在 0.1~2g 之间，填料的粒径多为 40μm，上下各有一个筛板固定。这种结构导致了萃取过程中有沟流现象产生，降低了传质效率，使得加样流速不能太快，否则回收率会很低。样品中有颗粒物杂质时容易造成堵塞，萃取时间比较长。固相萃取盘与过滤膜十分相似，一般是由粒径很细（8~12 μm）的键合硅胶或吸附树脂填料加少量聚四氟乙烯或玻璃纤维丝压制而成，其厚度约为 0.5~1mm。这种结构增大了面积，降低了厚度，提高了萃取效率，增大了萃取容量和萃取流速，也不容易堵塞。盘片内紧密填充的填料基本消除了沟流现象。固相萃取盘的规格大小用盘的直径来表示，最常用的是 47mm 萃取盘，适合于处理 0.5~1L 的水样，萃取时间 10~20 min。固相萃取盘的种种优点及现有商品化固相萃取盘填料种类的多样性，使得盘式固相萃取法在各种饮用水、地下水、地表水及废水样品的痕量有机物分析测定中得到广泛应用。

（三）固相微萃取法（SPME）

固相微萃取技术是以固相萃取为基础发展而来的。最初仅利用具有很好耐热性和化学稳定性的熔融石英纤维作为吸附层进行萃取，定量定性分析茶和可乐中的咖啡因。后来又将气相色谱固定液涂渍在石英纤维表面，提高了萃取效率。1993 年美国 Supelco 公司推出了商品化固相微萃取装置，使得固相微萃取作为一种较成熟的商品化技术在环境分析、医药、生物技术、食品检测等众多领域得到应用，显示出它简单、快速，集采样、萃取、浓缩和进样于一体的优点和特点。

（四）吹脱捕集法（P&T）和静态顶空法（HS）

吹脱捕集和静态顶空都是气相萃取技术，它们的共同特点是用氢气、氮气或其他惰性气体将待测物质从样品中抽提出来。但吹脱捕集与静态顶空不同，它使气体连续通过样品，将其中的挥发组分萃取后在吸附剂或冷阱中捕集，是一种非平衡态的连续萃取，因此吹脱捕集法又称为动态顶空法。由于气体的连续吹扫，破坏了密闭容器中气、液两相的平衡，使挥发组分不断地从液相进入气相，也就是说在液相顶部的任何组分的分压都为零，从而使更多的挥发性组分不断逸出到气相中，所以它比静态顶空法的灵敏度更高，检测限能达到 μg/L 水平以下。但是吹脱捕集法也不能将待测物质从样品中百分之百抽提出来，它与吹扫温度、待测物质在样品中的溶解度和吹扫气的流速及流量等因素有关。吹扫温度高，样品容易被吹脱，但是温度升高使水蒸气量增加，影响吸附和后续测定，一般 50℃ 比较合适。溶解度高的组分，很难被吹脱，加入盐能提高吹扫效率。吹扫气的流速太快或总流量太大，待测组分不容易被吸附或是吸附之后又被吹落，一般以 40 mL/min 的流速吹扫 10—15 min 为宜。

静态顶空法是将样品加入到管形瓶等封闭体系中，在一定温度下放置达到气液平衡后，用气密性注射器抽取存在于上部顶空中的待测组分，注入气相色谱仪或气相色谱质谱仪中进行测定。该方法必须保持平衡条件恒定不变，才能保证样品测定的重复性，测定的灵敏度也没有吹脱捕集法高，但操作简便、成本低廉。

（五）索氏提取法（Soxhelt Extraction）

索氏提取器是 1879 年 Franz von Soxhlet 发明的一种传统经典的实验室样品前处理装置，用于萃取固体样品，如土壤、底泥和废弃物中的非挥发性和半挥发性有机化合物。

（六）超声提取法（Ultrasonic Extraction）

美国标准方法 3550C 规定用超声振荡的方法提取土壤、底泥和废弃物中的非挥发性和半挥发性有机化合物。为了保证样品和萃取溶剂的充分混合，称取 30g 样品与无水硫酸钠混合拌匀成散沙状，加入 100 mL 萃取溶剂浸没样品，用超声振荡器振荡 3 min，转移出萃取溶剂上清液，再加入 100 mL 新鲜萃取溶剂重复萃取 3 次。合并 3 次的提取液用减压过滤或低速离心的方法除去可能存在的样品颗粒，即可用于进一步净化或浓缩后直接分析测定。超声提取法简单快速，但有可能提取不完全。必须进行方法验证、提供方法空白值、加标回收率、替代物回收率等质控数据，以说明得到的数据结果的可信度。

（七）压力液体萃取法（PLE）和亚临界水萃取法（SWE）

压力液体萃取法（Pressurized Liquid Extraction，PLE）和亚临界水萃取法（Subcritical Water Extraction，SWE）是目前发展最快、为环境分析研究人员普遍看好的两种从固体基体中提取有机污染物的方法。压力液体萃取法也被称为加速溶剂萃取法（Accelerated Solvent Extraction；ASE），是在提高压力和增加温度的条件下，用萃取溶剂将固体中的目标化合物提取出来。它能大大加快萃取过程又明显减少溶剂的使用量。在高温高压的条件下，待测目标化合物的溶解度增加，样品基质对它的吸附作用或相互之间的作用力降低，加快了它从样品基质中解析出来并快速进入溶剂；增加压力使溶剂在较高温度下保持液态，提高温度也降低了溶剂的黏度，有利于溶剂分子向样品基质中扩散。它的特点是萃取时间短、消耗溶剂少、提取回收率高，正逐渐取代传统的索氏提取和超声提取等方法。亚临界水萃取法其实就是压力热水萃取法，是在亚临界压力和温度下（100~374℃，并加压使水保持液态），用水提取土壤、底泥和废弃物中的待测目标化合物。

（八）超临界流体萃取法（SFE）

超临界流体萃取法（Supercritical Fluid.Extraction，SFE）是利用超临界流体的溶解能力和高扩散性能发展而来的萃取技术。任何一种物质随着温度和压力的变化都会有三种相态存在：气相、液相、固相。在一个特定的温度和压力条件下，气相、液相、固相会达到平衡，这个三相共存的状态点，就叫三相点。而液、气两相达到平衡状态的点称为临界点。在临界点时的温度和压力就称为临界温度和临界压力。

二、超痕量分析测试技术

环境样品中被测组分通常是痕量或超痕量的，除了需要采用预处理技术进行富集和净化外，还需要高灵敏度的分析方法，才能满足环境样品中痕量或超痕量组分测定的要求。常用的具有高灵敏度的分析方法概述如下：

（一）光谱分析法

光谱分析法是基于光与物质相互作用时，测量由物质内部发生量子化的能级之间的跃迁而产生的发射或吸收光谱的波长和强度变化的分析方法。它包括荧光分析法、发光分析法、原子发射光谱法和原子吸收光谱法等。

1.荧光分析法

荧光物质分子吸收一定波长的紫外线以后被激发至高能态，经非发光辐射损失部分能量，回到第一激发态的最低振动能级，再跃迁到基态时，发出波长大于激发光波长的荧光。根据荧光的光谱和荧光强度，对物质进行定性或定量的方法称为荧光分析法。

2.发光分析法

发光分析是基于化学发光和生物发光而建立起来的一种新的超微量分析技术。它通过发光体系光强度测定来定量某一分析物浓度。对于一个固定的发光反应体系，发光强度正比于分析物浓度，测定发光强度的大小可以计算出分析物的含量。根据建立发光分析方法的不同反应体系，可将发光分析分为化学发光分析、生物发光分析、发光免疫分析和发光传感技术等。

发光分析因具有简便、快速、灵敏度高、样品用量少等特点，被广泛应用于环境样品中污染物的痕量检测。

3.原子发射光谱分析法

发射光谱分析是利用物质受电能或热能的作用，产生气态的原子或离子价电子的跃迁特征光谱线来研究物质的一种检测方法。用不同元素光谱线的波长可以进行定性检测，光谱线的强度则可以用来定量分析。

原子发射光谱分析常用高压火花或电弧激发，产生原子发射特征光谱。本法优点是选择性好，样品用量少，不需化学分离便可同时测定多种元素，可用于汞、铅、砷、铬、镉、锰等几十种元素的测定。近年来已用电感耦合等离子体作为原子化装置和激发源。电感耦合等离子体发射光谱法（ICP-AES）是利用高频等离子矩为能源使试样裂解为激发态原子，通过测定激发态原子回到基态时所发出谱线而实现定性定量的方法，可分析环境样品中几十种元素。

4.原子吸收光谱法

原子吸收光谱法又称原子吸收分光光度法。它是一种测量基态原子对其特征谱线的吸收程度而进行定量分析的方法。其原理是：试样中待测元素的化合物在高温下被解离成基态原子，光源发出的特征谱线通过原子蒸气时，被蒸气中待测元素的基态原子吸收。在一定条件下，被吸收的程度与基态原子数目成正比。原子吸收光谱仪主要由光源、原子化装置、分光系统和检测系统四部分组成。使用的光源为空心阴极灯，它是用被测元素作为阴极材料制成的相应待测元素灯，此灯可发射该金属元素的特征谱线。

原子吸收光谱法具有灵敏度高、干扰小、操作简便、迅速等特点。它可测定 70 多种元素，是环境中痕量金属污染物测定的主要方法，在世界上得到普遍、广泛的应用，并成为标准测定方法实施。例如美国环境保护局在水和废水分析中规定了 34 种金属用原子吸收法进行测定，日本的国家标准颁布了用火焰法测定 15 种元素，中国水质检测统一用原子吸收法测定的项目有 16 项。

（二）电化学分析法

电化学分析是应用电化学原理和实验技术建立的分析方法。通常是将待测组分以适当的形式置于化学电池中，然后测量电池的某些参数或这些参数的变化进行定性和定量分析。

1.电位滴定法

电位滴定是用标准溶液滴定待测离子的过程中，用指示电极的电位变化来代替指示剂颜色变化显示终点的一种方法。进行电位滴定时，在被测溶液中插入一个指示电极和一个参比电极，组成一个工作电池。随着滴定剂的加入，由于发生化学变化使被测离子浓度不断发生变化，因此指示电极的电位也相应发生变化。滴定达到终点附近离子浓度发生突变，这时指示电极电位也发生突变，由此来确定反应终点。

2.极谱分析法

极谱分析法是以测定电解过程中所得电压—电流曲线为基础的电化学分析方法。极谱分析法有经典极谱法、单扫描极谱法、脉冲极谱法等，其中经典极谱法的灵敏度较低。目前我国常用单扫描极谱法、脉冲极谱法来测定大气中的氮氧化物，水中亚硝酸盐及铅、镉、机等金属离子含量。

（三）色谱分析法

色谱分析法是利用不同物质在两相中吸附力、分配系数、亲和力等的不同，做相对运动时，这些物质在两相中反复多次分配，从而使各物质得到完全的分离并能由检测器检测。按流动相所处的物理状态不同，色谱分析法又分为气相色谱法和液相色谱法。

1.气相色谱法

气相色谱法是以气体为流动相对混合物组分进行分离分析的色谱分析法。根据固定相不同，气相色谱法可分为气—固色谱和气—液色谱。气—固色谱的固定相是固体吸附剂颗粒。气—液色谱的固定相是表面涂有固定液的担体。固体吸附剂品种少、重现性较差，用得较少，主要用于分离分析永久性气体和 GC，低分子碳氢化合物。气—液色谱的固定液纯度高，色谱性能重现性好，品种多，可供选择范围广，因此目前大多数气相色谱分析是气—液色谱法。气相色谱法具有高效、灵敏、快速、能同时分离分析多种组分、样品用量少等特点，在环境有机污染物的分析中得到广泛的应用，如苯、二甲苯、多环芳烃、酚类、农药等。

2.高效液相色谱法

高效液相色谱法是在经典液相色谱法的基础上，采用气相色谱法的理论和技术发展起来的一类分离分析的方法。高效液相色谱法具有高效、高速、高灵敏度等特点，它已成为环境中有机污染物分析不可缺少的重要分析方法之一。按分离机制不同，高效液相色谱法分为液—固色谱、液—液色谱、离子交换色谱（离子色谱）、空间排斥色谱。

3.色谱—质谱联用技术

气相色谱是强有力的分离手段，特别适合于分离复杂的环境有机污染物样品。同时，质谱和气相色谱在工作状态上均为气相动态分析，除了工作气压之外，色谱的每一特征都能和质谱相匹配，且都具有灵敏度高、样品用量少的共同特点。因此，GC—MS 联用既发挥了气相色谱的高分离能力，又发挥了质谱法的高鉴别力，已成为鉴定未知物结构的最有效工具之一，广泛应用于环境样品检测中。在 GC—MS 联用技术中，气相色谱仪相当于质谱仪的进样、分离装置，而质谱仪相当于气相色谱仪的检测器。

第二节　遥感环境检测技术

遥感，即遥远地感知，亦即远距离不接触物体而获得其信息。"Remote Sensing"（遥感）一词首先是由美国海军科学研究部的布鲁依特（E.L.Pruitt）提出来的。20世纪60年代初在由美国密执安大学等组织发起的环境科学讨论会上正式被采用，此后"遥感"这一术语得到科学技术界的普遍认同和广泛运用。广义的遥感泛指各种非接触、远距离探测物体的技术；狭义的遥感指通过遥感器"遥远"地采集目标对象的数据，并通过对数据的分析来获取有关地物目标、地区或现象信息的一门科学和技术。

通常遥感是指空对地的遥感，即从远离地面的不同工作平台上（如高塔、气球、飞机、火箭、人造地球卫星、宇宙飞船、航天飞机等）通过传感器，对地球表面的电磁波（辐射）信息进行探测，并经信息的传输、处理和判读分析，对地球的资源与环境进行探测和检测的综合性技术。

电磁波遥感是从远距离、高空至外层空间的平台上，利用可见光、红外、微波等探测仪器.通过摄影扫描、信息感应、传输和处理等技术过程，识别地面物体的性质和运动状态的现代化技术系统。

卫星遥感能够在一定程度上弥补传统的环境检测方法所遇到的时空间隔大、费时费力、难以具备整体、普遍意义和成本高的缺陷和困难，随着环境问题日益突出，宏观、综合、快速的遥感技术已成为大范围环境检测的一种主要技术手段。现在已可测出水体的叶绿素含量、泥沙含量、水温、TP和TN等水质参数；可测定大气气温、湿度以及CO、NO_2、CO_2、O_3、ClO_2、CH_4等污染气体的浓度分布；可应用于测定大范围的土地利用情况、区域生态调查以及大型环境污染事故调查（如海洋石油泄漏、沙尘暴和海洋赤潮等环境污染）等。

一、遥感的基本过程

遥感过程是指遥感信息的获取、传输、处理，以及分析判读和应用的全过程。遥感过程实施的技术保证依赖于遥感技术系统。遥感技术系统是一个从信息收集、存储、传输处理到分析判读、应用的完整技术体系。

遥感信息通过装载于遥感平台上的传感器获取。遥感平台是搭载传感器的工具。根据运载工具的类型划分为航天平台（如卫星，150 km以上）、航空平台（如飞机，100m至十余公里）和地面平台（如雷达，0~50m）。其中航天遥感平台目前发展最快，应用最广。常用的遥感器包括航空摄影机(航摄仪)、全景摄影机、多光谱摄影机、多光谱扫描仪(MSS)、专题制图仪（TM）、高分辨率可见光相机（HRV）、合成孔径侧视雷达（SLAR）等。

遥感信息传输是指遥感平台上的传感器所获取的目标物信息传向地面的过程，一般有直接回收和无线电传输两种方式。

遥感信息处理是指通过各种技术手段对遥感探测所获得的信息进行的各种处理。例如，为了消除探测中的各种干扰和影响，使其信息更准确可靠而进行的各种校正（辐射校正、几何校正等）处理；为了使所获遥感图像更清晰，以便于识别和判读、提取信息而进行的各种增强处理等。

遥感信息应用是遥感的最终目的。遥感信息应用则应根据专业目标的需要，选择适宜的遥感信息及其工作方法进行，以取得较好的社会效益和经济效益。

二、电磁波谱遥感的基本理论

（一）电磁波谱的划分

无线电波、红外线、可见光、紫外线、X射线都是电磁波，不过它们的产生方式不尽相同，波长也不同，把它们按波长（或频率）顺序排列就构成了电磁波谱。依照波长的长短以及波源的不同，电磁波谱可大致分为以下几种。

1.无线电波

波长为0.3米～几千米左右，一般的电视和无线电广播的波段就是用这种波。无线电波是人工制造的是振荡电路中自由电子的周期性运动产生的。依波长不同分为长波、中波、短波、超短波和微波。微波波长为1mm～1m，多用在雷达或其他通信系统。

2.红外线

波长为$7.8 \times 10^{-7} \sim 10 \mu m$，是原子的外层电子受激发后产生的。其又可划分为近红外（$0.78 \sim 3 \mu m$）、中红外（$3 \sim 6 \mu m$）、远红外（$6 \sim 15 \mu tm$）和超远红外（$15 \sim 1000 \mu m$）。

3.可见光。可见光是电磁波谱中人眼可以感知的部分，一般人的眼睛可以感知的电磁波的波长在（$78-3.8$）$\times 10^{-6}cm$之间。正常视力的人眼对波长约为555 nm的电磁波最为敏感，这种电磁波处于光学频谱的绿光区域。

4.紫外线

波长为$6 \times 10^{-10} \sim 3 \times 10^{-7}m$。这些波产生的原因和光波类似，常常在放电时发出。由于它的能量和一般化学反应所牵涉的能量大小相当，因此紫外线的化学效应最强。

5.X射线（伦琴射线）

这部分电磁波谱，波长为$6 \times 10^{-12} \sim 2 \times 10^{-9}m$。X射线是原子的内层电子由一个能态跃迁至另一个能态时或电子在原子核电场内减速时所发出的。

6.γ射线是波长为$10^{-14} \sim 10^{-10}m$的电磁波

这种不可见的电磁波是从原子核内发出来的，放射性物质或原子核反应中常有这种辐射伴随着发出。y 射线的穿透力很强，对生物的破坏力很大。

2.遥感所使用的电磁波段及其应用范围

遥感技术所使用的电磁波集中在紫外线、可见光、红外线、微波光波段。

紫外线具较高能量，在大气中散射严重。太阳辐射的紫外线通过大气层时，波长小于 0.3 的紫外线几乎都被吸收，只有 $0.3 \sim 0.38 \ \mu m$ 的紫外线部分能穿过大气层到达地面，目前主要用于探测碳酸盐分布。碳酸盐在 $0.4 \ \mu m$ 以下的短波区域对紫外线的反射比其他类型的岩石强。此外，水面漂浮的油膜比周围水面反射的紫外线要强，因此，紫外线也可用于油污染的检测。

可见光是遥感中最常用的波段。在遥感技术中，可以直接光学摄影方式记录地物对可见光的反射特征。也可将可见光分成若干波段，在同一时间对同一地物获得不同波段的影像，还可以采用扫描方式接收和记录地物对可见光的反射特征。

近红外波段也是遥感技术的常用波段。近红外在性质上与可见光近似，由于它主要是地表面反射太阳的红外辐射，因此又称为反射红外。其可以用摄影和扫描方式接收和记录地物对太阳辐射的红外反射。中红外、远红外和超远红外是产生热感的原因，所以又称为热红外。自然界中的任何物体，当其温度高于热力学温度（–273.15℃）时，均能向外辐射红外线。红外遥感是采用热感应方式探测地物本身的辐射，可用于森林火灾、热污染等的全天候遥感检测。

微波又可分为毫米波、厘米波和分米波。微波辐射也具有热辐射性质，由于微波的波长比可见光、红外线长，能穿透云、雾而不受天气影响，且能透过植被、冰雪、土壤等表层覆盖物，因此能进行多种气象条件下的全天候遥感探测。

三、遥感的分类和特点

（一）遥感的分类

遥感技术依其遥感仪器所选用的波谱性质可分为电磁波遥感技术、声呐遥感技术、物理场（如重力和磁力场）遥感技术。通常所讲的遥感往往是指电磁波遥感。电磁波遥感技术是利用各种物体/物质反射或发射出不同特性的电磁波进行遥感的，其可分为可见光、红外、微波等遥感技术。

按照传感器工作方式的不同可分为主动式遥感技术和被动式遥感技术。所谓主动式是指传感器带有能发射信号（电磁波）的辐射源，工作时向目标物发射，同时接收目标物反射或散射回来的电磁波，以此所进行的探测。被动式遥感则是利用传感器直接接收来自地物反射自然辐射源（如太阳）的电磁辐射或自身发出的电磁辐射而进行的探测。

按照记录信息的表现形式可分为图像方式和非图像方式。图像方式就是将所探测到的强弱不同的地物电磁波辐射转换成深浅不同的（黑白）色调构成直观图像的遥感资料形式，如航空相片、卫星图像等。非图像方式则是将探测到的电磁辐射转换成相应的模拟信号（如电压或电流信号）或数字化输出，或记录在磁带上而构成非成像方式的遥感资料，如陆地卫星 CCT 数字磁带等。

按照遥感器使用的平台可分为航天遥感技术、航空遥感技术、地面遥感技术。

按照遥感的应用领域可分为地球资源遥感技术、环境遥感技术、气象遥感技术、海洋遥感技术等。

（二）遥感的特点

第一，感测范围大，具有综合、宏观的特点。遥感从飞机上或人造地球卫星上，居高临下获取航空相片或卫星图像，比在地面上观察的视域范围大得多。

第二，信息量大，具有手段多、技术先进的特点。它不仅能获得地物可见光波段的信息，而且可以获得紫外、红外、微波等波段的信息。其不但能用摄影方式获得信息，而且还可以用扫描方式获得信息。遥感所获得的信息量远远超过了用常规传统方法所获得的信息量。

第三，获取信息快，更新周期短，具有动态检测特点。遥感通常为瞬时成像，可获得同一瞬间大面积区域的景观实况，现实性好；而且可通过不同时相取得的资料及相片进行对比、分析和研究地物动态变化的情况，为环境检测以及研究分析地物发展演化规律提供了基础。

四、环境遥感检测

（一）大气遥感原理

大气不仅本身能够发射各种频率的流体力学波和电磁波，而且，当这些波在大气中传播时，会发生折射、散射、吸收、频散等经典物理或量子物理效应。由于这些作用，当大气成分的浓度、气温、气压、气流、云雾和降水等大气状态改变时，波信号的频谱、相位、振幅和偏振度等物理特征就发生各种特定的变化，从而储存了丰富的大气信息，向远处传送，这样的波称为大气信号。应用红外、微波、激光、声学和电子计算机等一系列的技术手段，揭示大气信号在大气中形成和传播的物理机制和规律，区别不同大气状态下的大气信号特征，确立描述大气信号物理特征与大气成分浓度、运动状态和气象要素等空间分布之间定量关系的大气遥感方程，从而最终建立从大气信号物理特征中提取大气信息的理论和方法。

（二）水环境遥感检测

利用遥感技术进行水质检测的主要机理是被污染水体具有独特的有别于清洁水体的光谱特征，这些光谱特征体现在其对特定波长的光的吸收或反射，而且这些光谱特征能够为遥感器所捕获并在遥感图像中体现出来。对所检测水体的遥感图像进行几何校正、大气校正和解译，得出所需的光谱信息，利用经验、半经验或者其他数据分析方法，可筛选出合适的遥感波段或波段组合，将该波段组合光谱信息与水质参数的实测数据结合，可以建立相关的水质参数遥感估测模型，达到一定的精度后可用来反演水体中水质参数的相关数据，从而达到利用遥感技术对水体进行环境水质定量检测的目的。

内陆水体中影响光谱反射率的物质主要有四类：①纯水；②浮游植物，主要是各种藻类；③由浮游植物死亡而产生的有机碎屑以及陆生或湖体底泥经再悬浮而产生的无机悬浮颗粒，总称为非色素悬浮物；④由黄腐酸、腐殖酸等组成的溶解性有机物，通常称为黄色物质。

水的光谱特征主要由水本身的物质组成决定，同时又受到各种水状态的影响。在可见光波段 0.6 μm 之前，水的吸收少，反射率较低，多为透射。对于清水，在蓝光、绿光波段反射率为 4%～5%；0.6μm 以下的红光波段反射率降到 2%～3%，在近红外、短波红外部分几乎吸收全部的入射能量。这一特征与植被和土壤光谱形成明显的差异，在红外波段识别水体较为容易。

目前，在遥感对水质的定量检测机理方面，主要研究内容有悬浮泥沙、叶绿素、可溶性有机物（黄色物质）、油污染和热污染等，其中水体浑浊度（或悬浮泥沙）和叶绿素浓度是国内外研究最多也最为成熟的两部分。综合考虑空间、时间、光谱分辨率和数据可获得性，TM 数据是目前内陆水质检测中最有用也是使用最广泛得多光谱遥感数据。SPOT 卫星的 HRV 数据 JRS-1C 卫星数据和气象卫星 NOAA 的 AVH RR 数据以及中巴资源卫星数据也可用于内陆水体的遥感检测。

第三节　环境快速检测技术

随着经济社会的快速发展以及对环境检测工作高效率的迫切需要，研究高效、快速的环境污染物检测技术已成为国际环境问题的研究热点之一，尤其是水质和气体的快速检测技术发展迅速，对我国环境检测技术的发展起到了重要的推动作用。

一、便携水质多参数检测技术

便携式仪器法是利用根据污染物的热学、光学、电化学、电磁波学、气相色谱学、生物学等特点设计的仪器进行污染物现场检测的方法。便携式仪器具有防尘、防水、质轻和耐腐蚀等特性，一些还配有手提箱，所有附件一应俱全，十分便于野外操作。下面介绍几种典型或新型的水质便携式多参数检测仪。

（一）手持电子比色计

手持电子比色计（GE LC-01 型）是由同济大学设计的半定量颜色快速鉴定装置，结构简单，小巧轻便（154mm×91mm×30mm.约 360g），手持使用。该装置与传统的目视比色卡片不同，不受外部环境条件（光线、温度等）影响，晚上亦可正常使用。该比色计存储多种物质标准，用于多种环境污染物和化学物质的识别与半定量分析，配合 GEE 显色检测剂或其他水质检测包（盒）等，可对数十种化学物质或离子进行快速半定量分析，非专业人员亦可自主操作，适合于环境检测、排污监督、水质分析、食品质量检验、应急检测等。

（二）水质检验手提箱

水质检验手提箱由微型液体比色计、澍量系统、现场快速检测剂、显色剂、过滤工具等组成。

根据使用目的不同配置有氮磷硫氯检测手提箱、重金属手提箱、广谱检测手提箱等多种规格。手提箱工具齐备、小巧轻便，采用高亮度手（笔）触 LED 屏，界面清晰、直观，适合于户外使用。在水质分析、环境检测、食品检验及其他分析检验领域，尤其对矿山、企事业单位、农村、山区、高原、事故现场等水质快速或应急检测具有重要价值。

水质检验手提箱中，配备的微型液体比色仪是一种全新的小型现场检测仪器，微型液体比色仪工作原理与传统分光光度计不同，直接采用颜色传感器，无滤光、信号放大系统，避免了因部件转动、光电转换引起的测量误差。颜色测量计算系统是基于 CIE Lab 双锥色立体（bicone color solid）而设计开发，通过色调（hue）、色度（chroma）和明度（lightness）的三维矢量运算处理，计算混合体系中各颜色的色矢量（c.v.），在配色技术和颜色检测反应中有重要的应用价值。其中，在痕量物质检测领域，待测物标准系列采用二次函数拟合，误差小、范围宽，并设计单点校正标准曲线，方便操作人员修正因测量条件改变而引起的检测误差。

手提箱提供快速检测粉剂，胶囊包装，性能稳定，携带方便，可对氨（铵）、亚硝酸盐、硝酸盐、磷酸盐、硫酸盐、硫化物、氯化物、余氯、溶解氧、铬（VI，Ⅲ）、铁、铜、锌、铅、镍、锰、甲醛、挥发酚、苯胺、磷等数十种物质（离子）进行快速定量检测，灵敏度高，重现性好。

（三）现场固相萃取仪

常规固相萃取装置（SPE）只能在实验室内使用，水样流速慢，萃取时间长，不适于水样现场快速采集。同济大学研制的微型固相萃取仪（GE MSPE-02 型）为水环境样品的现场浓缩分离提供了新的方法和技术，其工作原理，与常规 SPET 作原理不同，微型固相萃取仪是将 1~2g 吸附材料直接分散到 500~2000 mL 水样中，对目标物进行选择性吸附后，通过蠕动泵导流到萃取柱，使液固得到分离，再使用 5~10 mL 洗脱剂洗脱出吸附剂上的目标物，即可用 AAS、1CP、GC、HPLC 等分析方法对目标物进行测定。

（4）便携式多参数水质现场检测仪

便携式多参数水质现场检测仪是专为现场水质测量的可靠性和耐用性而设计的仪器，可同时实现多个参数数据的实时读取、存储和分析。如默克密理博新开发的便携式多参数水质现场检测仪 Move100，内置 430 nm、530 nm、560 nm、580 nm、610 nm、660 nm 的 LED 发光二极管，可以测试氨氮、COD、砷、镉、铅、六价铬、铜、镍、挥发酚等 100 多个常见水质分析项目。

仪器内置的大部分方法符合美国 EPA 和德国 DIN 等国际标准。IP68 完全密封的防护等级，可以持续浸泡在水中（水深小于 18m 至少 24h），特别适用于野外环境测试或现场测试。仪器在现场进行测试后，可以带回实验室采用红外的方式进行数据传输，IRiM（红外数据传输模块）使用现代的红外技术，将测试结果从测试仪器传输到 3 个可选端口上，通过连接电脑实现 DA Excel 或文本文件格式储存以及打印。同时，该仪器具有 AQA 验证功能，包括吸光度值验证和在此波长下的检测结果验证。

二、大气快速检测技术

大气快速检测技术是采用便携、简易、快速的仪器或装置，在尽可能短的时间内对目标污染物的种类、浓度、污染范围及危险性做出准确科学判断的重要依据。下面对常见的几种大气污染和空气质量现场快速分析技术进行简单介绍。

（一）气体检测管

气体检测管是一种简便、快速、直读式的气体定量检测仪，可在已知有害气体或蒸气种类的条件下进行现场快速检测。其测试原理为：先用特定的试剂浸渍少量多孔性材料（如硅胶、凝胶、沸石和浮石等），然后将浸渍过试剂的多孔性材料放入玻璃管内，使空气通过玻璃管。如果空气中含有被测成分，则浸渍材料的颜色就有变化，根据其色柱长度，计算出污染物的浓度。气体检测管既可用于室内空气检测、公共场所的空气质量检测、作业现场的空气及特定气体的测试、大气环境检测等许多方面，也可用于需要控制气体成分的生产工艺中。

气体检测管根据其构造和用途可分为普通型、试剂型、短期测量管、长期测量管和扩散式测量管等。普通型是玻璃管内仅放置指示剂，能直接与待测物质起颜色反应而定性定量。试剂型是在玻璃管内不但装有指示剂，而且装有试剂溶液小瓶，在采样检测前或后，打破试剂溶液小瓶，待测物质与试剂反应产生颜色变化。扩散式测量管的特别之处是不需要抽气动力，而是利用待测物质的分子扩散作用达到采样检测的目的。气体检测管法具有体积小、质量轻、携带方便、操作简单快速、灵敏度较高和费用低等优点，且对使用人的技术要求不高，经过短时间培训就能够进行检测工作。目前，市售气体检测管种类较多，能够检测的污染物超过 500 种，可以检测的环境介质包括空气、水及土壤、有毒气体（如 CO、H_2S、Cl_2 等）、蒸气（如丙酮、苯及酒精等）、气雾及烟雾（如硫酸烟雾）等，可参照《气体检测管装置》选用合适的检测管。然而，气体检测管不能精确给出大气污染物的浓度，易受温度等因素的干扰。

（二）便携式 PM2.5 检测仪

德国 Grimm Aerosol 公司的小型颗粒物分析仪，不需要切割头，可实时分析可吸入颗粒物和可呼吸颗粒物，同时分析 8.16，32 通道不同粒径的粉尘分散度。该仪器采用激光 90° 散射，不受颗粒物颜色的影响，内置可更换的 EPA 标准 47mm PTFE 滤膜，同时进行颗粒物收集，用于称重法和化学分析。自动、精确的流量控制，能够保证分析结果的可靠，特别的保护气幕使光学系统免受污染，可靠性极高，维护量少。数据存储卡可以保存 1 个月到 1 年的连续测试数据，有线或无线的通信方式，便于在线自动检测和数据下载。内置充电池，适合各种场合的工作。

我国首款便携式 PM2.5 检测仪"汉王蓝天霾表"于 2014 年上市。该"霾表"能实时获取微环境下的 PM2.5 和 PM10 数据，并得到空气质量等级的提示，最长响应时间为 4s。其大小相当于一款手机，质量为 150g。该仪器采用了散射粒子加速度测量法，通过特殊传感器获得粒子质量、运动速度、粒径、反光强度，进一步对空气中颗粒物的粒径大小分布进行统计和分析，从而实时获取 PM2.5 和 PM10 的浓度。霾表侧重于个人微环境中的当前空气质量.比如家庭中的吸烟、油烟、周边环境等因素对家庭健康的影响。

（三）便携式烟气二氧化硫分析仪

便携式烟气二氧化硫分析仪采用定电位电解法进行测定。仪器主要由两部分组成，即气路系统和电路系统。气路系统完成烟气的采样、处理、传送等功能；电路系统则完成气电转换、信号放大、数据处理、数据的显示打印和仪器的工作状态控制等功能。仪器预热后，烟气通过烟尘过滤器去除粗烟尘。过滤后的烟气经过采样枪进入气水分离器，在气水分离器内水分和细烟尘与烟气分离，从而使基本洁净的干烟气经过薄膜泵进入传感器气室，在气室内扩散后，采集的烟气再从气室出口排出仪器。在气室里扩散的烟气与传感器发生氧化还原反应，使传感器输出微安级的电流信号。该信号进入前置放大器后，经过电流/电压的变换和信号放大，模拟量信号经数模转换器转换成计算机可识别的数字信号，经数据处理后可将测试结果显示出来。

（四）便携式甲醛检测仪

美国 InterScan 便携式甲醛检测仪采用电压型传感器，是一种化学气体检测器，在控制扩散的条件下运行。氧气的气体分子被吸收到电化学敏感电极，经过扩散介质后，在适当的敏感电极电位下气体分子发生电化学反应，这一反应产生一个与气体浓度成正比的电流，这一电流转换为电压值并送给仪表读数或记录仪记录。传感器有一个密封的储气室，这不仅使传感器寿命更长，而且消除了参比电极污染的可能性，同时可用于厌氧环境的检测。传感器电解质是不活动的类似于闪光灯和镍镉电池中的电解质，所以不需要考虑电池损坏或酸对仪器的损坏。

（五）手持式多气体检测仪

PortaSens fl 型仪器可用于检测现场环境空气中的各种气体，通过更换即插即用型传感器模块可以检测 Cl_2、H_2O_2、CH_2O、CO、NO、NO_2、H_2S、HF、HCN、SO_2、AsH_3 等 30 余种不同气体。传感器不需校准，精度一般为测量值的 5%，灵敏度为量程的 1%，可根据检测需要切换、设定量程 RS232 输出接口、专用接口电缆和专用软件用于存储气体浓度值，存储量达 12 000 个数据点；采用碱性，D 型电池，质量为 1.4kg。

第四节 生态检测

随着人们对环境问题及其规律认识的不断深化，环境问题不再局限于排放污染物引起的健康问题，还包括自然环境的保护、生态平衡和可持续发展的资源问题。因此，环境检测正从一般意义上的环境污染因子检测开始向生态环境检测过渡和拓宽。除了常见的各类污染因子外，由于人为因素影响，灾害性天气增加，导致森林植被锐减，水土流失严重，土壤沙化加剧，洪水泛滥，沙尘暴、泥石流频发，酸沉降等，使得本已十分脆弱的生态环境更加恶化。这促使人们重新审视环境问题的复杂性，用新的思路和方法了解和解决环境问题。人们开始认识到，为了保护生态环境，必须对环境生态的演化趋势、特点及存在的问题建立一套行之有效的动态检测与控制体系，这就是生态检测。生态检测是环境检测发展的必然趋势。

一、生态检测的定义

所谓生态检测，是以生态学原理为理论基础，运用可比的和较成熟的方法，在时间和空间上对特定区域范围内生态系统和生态系统组合体的类型、结构和功能及其组合要素进行系统地测定，评价和预测人类活动对生态系统的影响。为合理利用资源、改善生态环境提供决策依据。

二、生态检测的原理

生态检测是环境检测工作的深入与发展，由于生态系统本身的复杂性，要完全将生态系统的组成、结构、功能进行全方位的检测十分困难。随着生态学理论与实践的不断发展与深入，特别是景观生态学的发展，为生态检测指标的确立、生态质量评价及生态系统的管理与调控提供了基础框架。景观生态学中的一些基础理论即等级（层次）理论、空间异质性原理等成为生态检测的基本指导思想。研究生态系统的组成要素、结构与功能、发展与演替，以及人为影响与调控机制的生态系统生态学理论也为生态检测提供理论支持。生态系统生态学的研究领域主要涵盖了自然生态系统的保护和利用，生态系统的调控机制，生态系统退化的机理、恢复模型及修复技术，生态系统可持续发展问题以及全球生态问题等。

三、生态检测、环境检测和生物检测之间的关系

在环境科学、生态学及其分支学科中，生态检测、生物检测及环境检测都有各自的特点和要求。环境检测是伴随着环境科学的形成和发展而出现的，以环境为对象，运用物理、化学和生物技术方法对其中的污染物及其有关的组成成分进行定性、定量和系统的综合分析；运用环境质量数据、资料来表征环境质量的变化趋势及污染的来龙去脉。因此，环境检测属于环境科学范畴。

长期以来，生物检测属于环境检测的重要组成部分，是利用生物在各种污染环境中所发出的各种信息，来判断环境污染的状况。即通过观察生物的分布状况，生长、发育、繁殖状况，生化指标及生态系统工程的变化规律来研究环境污染的情况、污染物的毒性，并与物理、化学检测和医药卫生学的调查结合起来，对环境污染做出正确评价。

对生态检测争议一直有的，主要表现在生态检测与生物检测的相互关系上。一种观点认为生态检测包括生物检测，是生态系统层次的生物检测，是对生态系统的自然变化及人为变化所做反应的观测和评价，包括生物检测和地球物理化学检测等方面内容；也有的将生态检测与生物检测统一起来，统称为生态检测。认为生态检测是环境检测的组成部分，是利用各种技术测定和分析生命系统各层次对自然或人为的反应或反馈效应的综合表征

来判断这些干扰对环境产生的影响、危害及其变化规律，为环境质量的评估、调控和环境管理提供科学依据。这种观点表明，生态检测是一种检测方法，是对环境检测技术的一种补充，是利用"生态"作"仪器"进行环境质量检测。

另一种观点认为，随着环境科学的发展以及社会生产、科学研究等领域的检测工作实践，生态检测远远超出了现有的定义范畴。生态检测的内容、指标体系和检测方法都表现出了全面性、系统性，既包括对环境本质、环境污染、环境破坏的检测，也包括对生命系统（系统结构、生物污染、生态系统功能、生态系统物质循环等）的检测，还包括对人为干扰和自然干扰造成生物与环境之间相互关系的变化的检测。

因此，生态检测是指通过物理、化学、生物化学、生态学等各种手段，对生态环境中的各个要素、生物与环境之间的相互关系、生态系统结构和功能进行监控和测试。为评价生态环境质量、保护生态环境、恢复重建生态、合理利用自然资源提供依据，包括环境检测和生物检测。

四、生态检测的类别

生态检测从时空角度可概括地分为两大类，即宏观检测或微观检测。

（一）宏观检测

宏观检测至少应在一定区域范围之内，对一个或若干个生态系统进行检测。最大范围可扩展至一个国家、一个地区甚至全球，主要检测区域范围内具有特殊意义的生态系统的分布、面积及生态功能的动态变化。

（二）微观检测

微观检测指对一个或几个生态系统内各生态要素指标进行物理、化学、生态学方面的检测。根据检测的目的一般可分为干扰性检测、污染性检测、治理性检测、环境质量现状评价检测等。

第一，干扰性检测是指对人类固有生产活动所造成的生态破坏的检测。例如：滩涂围垦所造成的滩涂生态系统的结构和功能、水文过程和物质交换规律的改变检测；草场过牧引起的草场退化、沙化、生产力降低检测；湿地开发环境功能下降，对周边生态系统及鸟类迁徙影响的检测等。

第二，污染性检测主要是对农药、一些重金属及各种有毒有害物质在生态系统中所造成的破坏及食物链传递富集的检测。如六六六、DDT、SO_z、Cl_z、H_2S 等有害物质对农田、果树污染检测；工厂污水对河流、湖泊、海洋生态系统污染的检测等。

第三，治理性检测指对破坏了的生态系统经人类的治理后生态平衡恢复过程的检测。

如沙化土地经客土、种草治理过程的检测；退耕还林、还草过程的生态检测；停止向湖泊、水库排放超标废水后，对湖泊、水库生态系统恢复的检测等。

第四，环境质量现状评价检测。该检测往往用于较小的区域，用于环境质量本底现状评价检测。如某生态系统的本底生态检测；南极、北极等很少有人为干扰的地区生态环境质量检测；新修铁路要通过某原始森林附近，对某原始森林现状的生态检测；拟开发的风景区本底生态检测等。

总之，宏观检测必须以微观检测为基础，微观检测必须以宏观检测为指导，二者相互补充，不能相互替代。

五、生态检测的任务与特点

（一）生态检测的基本任务

生态检测的基本任务是对生态系统现状以及因人类活动所引起的重要生态问题进行动态检测；对破坏的生态系统在人类的治理过程中生态平衡恢复过程的检测；通过检测数据的集积，研究上述各种生态问题的变化规律及发展趋势，建立数学模型，为预测预报和影响评价打下基础；支持国际上一些重要的生态研究及检测计划，如 GEMS（全球环境检测系统）、MAB（人与生物圈）等，加入国际生态检测网络。

（二）生态检测的特点

1.综合性

生态检测涉及多个学科，涉及农、林、牧、副、渔、工等各个生产行业。

2.长期性

自然界中生态过程的变化十分缓慢，而且生态系统具有自我调控功能，短期检测往往不能说明问题。长期检测可能有一些重要的和意想不到的发现，如北美酸雨的发现就是典型的例子。

3.复杂性

生态系统本身是一个庞大的复杂的动态系统，生态检测中要区分自然因素和人为干扰这两种因素的作用有时十分困难。加之人类目前对生态过程的认识是逐步积累和深入的，这就使得生态检测不可能是一项简单的工作。

4.分散性

生态检测站点的选取往往相隔较远，检测网的分散性很大。同时由于生态过程的缓慢性，生态检测的时间跨度也很大，所以通常采取周期性的间断检测。

（三）生态检测指标体系

根据生态检测的定义和检测内容，传统的生态检测指标体系无法适应于现今对生态环境质量检测的要求。从我国正在开展的生态检测工作来看，生态检测构成了一个复杂的网络，各地纷纷建立生态检测网站与网络，生态检测的指标体系丰富而庞杂。

1.非生命系统的检测指标

气象条件：包括太阳辐射强度和辐射收支、日照时数、气温、气压、风速、风向、地温、降水量及其分布、蒸发量、空气湿度、大气干湿沉降等，以及城市热岛强度。

水文条件：包括地下水位、土壤水分、径流系数、地表径流量、流速、泥沙流失量及其化学组成、水温、水深、透明度等。

地质条件：主要检测地质构造、地层、地震带、矿物岩石、滑坡、泥石流、崩塌、地面沉降量、地面塌陷量等。

土壤条件：包括土壤养分及有效态含量（N、P、K、S）、土壤结构、土壤颗粒组成、土壤温度、土壤 pH、土壤有机质、土壤微生物量、土壤酶活性、土壤盐度、土壤肥力、交换性酸、交换性盐基、阳离子交换量、土壤容重、孔隙度、透水率、饱和含水量、凋萎水量等。

化学指标：包括大气污染物、水体污染物、土壤污染物、固体废物等方面的检测内容。

大气污染物：有颗粒物、SO_2、NO_2、CO、烃类化合物、H_2S、HF、PAN、O_3等。

水体污染物：包括水温、pH、溶解氧、电导率、透明度、水的颜色、气味、流速、悬浮物、浑浊度、总硬度、矿化度、侵蚀性二氧化碳、游离二氧化碳、总碱度、碳酸盐、重碳酸盐、氨氮、硝酸盐氮、亚硝酸盐氮、挥发酚、氰化物、氟化物、硫酸盐、硫化物、氯化物、总磷、钾、钠、六价铬、总汞、总砷、镉、铅、铜、溶解铁、总锰、总锌、硒、铁、锭、锌、银、大肠菌群、细菌总数、COD、BOD_5、石油类、阴离子表面活性剂、有机氯农药、六六六、滴滴涕、苯并［α］芘、叶绿素α、油、总α放射性、总β放射性、丙烯醛、苯类、总有机碳、底质（颜色、颗粒分析、有机质、总 N、总 P、pH、总汞、甲基汞、镉、铬、砷、硒、酮、铅、锌、氰化物和农药）。

土壤污染物：包括镉、汞、砷、铜、铅、铬、锌、镍、六六六、DDT、pH、阳离子交换量。

固体废物检测：包括氨、硫化氢、甲硫醇、臭气浓度、悬浮物（SS）、COD、BOD_5、大肠菌群，以及苯酚类、酞酸酯类、苯胺类、多环芳烃类等。

其他指标，如噪声、热污染、放射性物质等。

2.生命系统的检测内容

生物个体的检测，主要对生物个体大小、生活史、遗传变异、跟踪遗传标记等检测。

物种的检测，包括优势种、外来种、指示种、重点保护种、受威胁种、濒危种、对人类有特殊价值的物种、典型的或有代表性的物种。

种群的检测，包括种群数量、种群密度、盖度、频度、多度、凋落物量、年龄结构、性别比例、出生率、死亡率、迁入率、迁出率、种群动态、空间格局。

群落的检测，包括物种组成、群落结构、群落中的优势种统计、群落外貌、季相、层片、群落空间格局、食物链统计、食物网统计等。

生物污染检测，包括放射性、镉、六六六、DDT、西维因、敌菌丹、倍硫磷、异狄氏剂、杀螟松、乐果、氟、钠、钾、锂、氯、溴、镧、锑、钋、铅、铅、钙、钡、锶、镭、镀、碘、汞、铀、硝酸盐、灰分、粗蛋白、粗脂肪、粗纤维等。

3.生态系统的检测指标

主要对生态系统的分布范围、面积大小进行统计，在生态图上绘出各生态系统的分布区域，然后分析生态系统的镶嵌特征、空间格局及动态变化过程。

4.生物与环境之间相互作用关系及其发展规律的检测指标

生态系统功能指标包括：生物生产量（初级生产、净初级生产、次级生产、净次级生产）、生物量、生长量、呼吸量、物质周转率、物质循环周转时间、同化效率、摄食效率、生产效率、利用效率等。

5.社会经济系统的检测指标

包括人口总数、人口密度、性别比例、出生率、死亡率、流动人口数、工业人口、农业人口、工业产值、农业产值、人均收入、能源结构等。

（四）生态检测的新技术手段

由于生态检测的内容和指标体系的丰富和完善，分析测试方法涉及的学科领域庞杂。如气象学、海洋学、水文学、土壤学、植物学、动物学、微生物学、环境科学、生态科学。此外，新技术新方法在生态检测中的运用也十分广泛。

六、生态检测的主要技术支持

（一）"3S"技术

生态检测的新内涵中包括对大范围生态系统的宏观检测，因此，许多传统的检测技术不适应于大区域的生态检测，只有借助于现代高新技术，才能高效、快速地了解大区域生态环境的动态变化，为迅速制定治理、保护的方案和对策提供依据。遥感、地理信息系统与全球定位系统（统称3S集成）一体化的高新技术可以解决这个问题，在实际中通过建立生态环境动态检测与决策支持系统，有效获取生态环境信息，实时检测区域环境的动态变化；进而掌握该区域生态环境的现状、演变规律、特征与发展趋势，为管理者提供依据。

"3S"技术是遥感（RS）、地理信息系统（GIS）和全球定位系统（GPS）的统称。其中 GPS 主要是实时、快速地提供目标的空间位置；RS 用于实时、快速地提供检测数据；GIS 则是多种来源时空数据的综合处理和应用分析平台。传统的生态环境检测、评价方法应用范围小，只能解决局部生态环境检测和评价问题，很难大范围、实时地开展检测工作，而综合整体且准确完全的检测结果必须依赖"3S"技术。利用 RS 和 GPS 获取遥感数据、管理地貌及位置信息，然后利用 GIS 对整个生态区域进行数字表达，形成规则、决策系统。

（二）电磁台网检测系统

电磁台网检测系统克服了天然地震层析、卫星遥感等技术对包括沙漠、黄土、冰川、湖泊沉积在内的地球表层和浅层检测的不足，以其对环境变化敏感、有一定穿透深度、不同频率信号反映不同深度信息、台网观测技术方便等优点而应用到生态检测中来。该系统通过对中长电磁波衰减因子数据的研究，利用现代层析成像技术，建立高分辨率浅层三维电导率地理信息系统，为检测、研究、预测环境变化提供依据。

（三）其他高新技术

中国技术创新信息网发布了用于远距离生态检测的俄罗斯高新技术——可调节的高功率激光器。在距离 300m 的范围内，可以发现和测量烷烃的浓度，浓度范围为 0.0003% ~ 0.1%，该项技术正在推广。其他高新技术，如俄罗斯卡莫夫直升机设计局在"卡—37"的基础上，成功研制的"卡—137"多用途无人直升机，该机可用于生态检测。

综上所述，生态检测是环境科学与生物科学的交叉学科，包括环境检测和生物检测。它是通过物理、化学、生化、生态学原理等各种技术手段，对生态环境中的各个要素、生物与环境之间的相互关系、生态系统结构和功能进行监控和测试，为评价生态环境质量、保护生态环境、恢复重建生态、合理利用自然资源提供依据的过程。其检测的指标体系庞杂而富有系统性，所采用的技术手段也日益更新，大量的高新技术及其他领域的技术被不断引入到生态检测中来。

参考文献

[1]中国环境检测总站编.工业类建设项目竣工环境保护验收检测技术初步研究[M].北京：中国环境科学出版社，2013.

[2]马金香著.预防性文物保护环境检测调控技术[M].北京：科学出版社，2015.

[3]宁夏回族自治区环境检测中心站编.建设项目竣工环境保护验收检测实用技术指南验收检测培训教材[M].阳光出版社，2014.

[4]王海腾著.柳树河油页岩露天矿环境检测与预保护技术研究[M].徐州：中国矿业大学出版社，2012.

[5]环境保护部环境检测司编.环境检测管理制度汇编[M].中国环境出版社，2016.

[6]李理，梁红主编.环境检测[M].武汉：武汉理工大学出版社，2018.

[7]岳建平，徐佳主编.安全检测技术与应用[M].武汉：武汉大学出版社，2018.

[8]张艳梅著.污水治理与环境保护[M].昆明：云南科技出版社，2018.

[9]陶学宗编著.港口环境保护[M].上海：上海交通大学出版社，2018.

[10]中国环境检测总站.基于村庄分类的农村环境检测技术研究[M].中国环境出版集团.2018.

[11]环境保护部卫星环境应用中心，中国环境检测总站编.生态环境遥感检测技术[M].北京：中国环境科学出版社，2013.

[12]杨波著.水环境水资源保护及水污染治理技术研究[M].北京：中国大地出版社，2019.

[13]王思用主编；陈恒副主编.公路工程与环境保护[M].北京：光明日报出版社，2017.

[14]戴财胜主编；高彩铃，田建民，晁春艳，吴湘江副主编.环境保护概论[M].徐州：中国矿业大学出版社，2017.

[15]吴长航，王彦红主编.环境保护概论[M].北京：冶金工业出版社，2017.

[16]环境保护部科技标准司,中国环境科学学会主编.水环境保护知识问答[M].中国环境出版社，2018.

[17]罗岳平著.环境保护沉思录 2[M].北京：中国环境科学出版社，2018.

[18]张宝贵，郭爱红，周遗品主编.环境化学[M].武汉：华中科技大学出版社，2018.

[19]谢炜平主编.环境检测实训指导[M].北京：中国环境科学出版社，2015.

[20]孙骏著.环境检测知识百问[M].北京：科学普及出版社，2016.

[21]江志华，叶海仁编著.环境检测设计与优化方法[M].北京：海洋出版社，2016.

[22]中国环境检测总站编.近岸海域环境检测技术[M].北京：中国环境出版社，2013.

[23]环境保护部环境工程评估中心编.环境影响评价技术方法 2018 年版[M].中国环境出版社，2018.

[24]慕宗昭.林业工程项目环境保护管理实务[M].中国环境出版社，2018.

[25]生态环境部办公厅编.环境保护文件选编 2017 下[M].中国环境出版集团.2018.

[26]生态环境部办公厅编.环境保护文件选编 2016 上[M].中国环境出版集团.2018.

[27]生态环境部办公厅编.环境保护文件选编 2016 下[M].中国环境出版集团.2018.

[28]林静雯编著.环境保护概述[M].沈阳：东北大学出版社，2014.

[29]罗岳平著.环境保护沉思录[M].北京：中国环境科学出版社，2017.

[30]刘绮，潘伟斌主编.环境检测教程 第 2 版[M].广州：华南理工大学出版社，2014.

[31]中国环境检测总站编.应急检测技术[M].北京：中国环境出版社，2013.

[32]任福民编著.铁路环境检测与管理规划[M].北京：北京交通大学出版社，2015.

[33]刘艳霖主编.水环境检测项目训练[M].北京：中国环境科学出版社，2015.

[34]朱红钧，赵志红主编.海洋环境保护[M].东营：石油大学出版社，2015.

[35]环境保护部环境工程评估中心编；谭民强主编；苏艺，蔡梅，石静儒副主编.环境影响评价技术方法 2017 年版[M].北京：中国环境科学出版社，2017.

[36]胡荣桂，刘康主编.环境生态学[M].武汉：华中科技大学出版社，2018.

[37]郑国臣，张静波，张照韩等编著.松辽流域水环境保护理论与实践[M].北京：中国环境科学出版社，2015.